L'UNIVERS

(C.)

IMPRIMERIE GÉNÉRALE DE CH. LAHURE
Rue de Fleurus, 9, à Paris

L'UNIVERS

LES INFINIMENT GRANDS

ET LES INFINIMENT PETITS

PAR F. A. POUCHET

Correspondant de l'Institut
Directeur du Muséum d'histoire naturelle de Rouen
Professeur à l'École supérieure des sciences, etc.

PARIS
LIBRAIRIE DE L. HACHETTE ET Cie
BOULEVARD SAINT-GERMAIN, N° 77

1865

Droit de traduction réservé

BIBLIOTHÈQUE IMPÉRIALE
DÉPÔT LÉGAL

PRÉFACE.

Mon unique but, en écrivant ce livre, a été d'inspirer et de répandre, autant qu'il était en moi, le goût des sciences naturelles.

Ce n'est point un traité savant, c'est une simple étude élémentaire, faite en vue de porter le lecteur à chercher, dans d'autres livres, des connaissances plus étendues et plus approfondies.

Je serais heureux si cette étude pouvait être considérée comme le péristyle du monument où se cachent les splendeurs mystérieuses de la nature, et si elle suffisait pour donner à quelques personnes le désir de pénétrer dans le sanctuaire même, et d'en écarter les voiles.

Par le titre que j'ai adopté, mon intention a été seulement d'indiquer que j'avais puisé dans toute la création, en mettant souvent en regard les êtres les plus infimes qu'elle nous présente et ses plus grandioses productions.

J'ai glané partout, pour montrer que partout la nature nous fournit la matière d'observations curieuses. Les animaux et les plantes, la terre et les cieux se trouvent tour à tour mis en scène.

Et ceux qu'aura intéressés cette suite rapide et sommaire d'esquisses et de tableaux trouveront des développements plus complets dans les longues notes placées à la fin du volume.

Je me suis conformé ainsi au modèle tracé par Darwin dans un charmant ouvrage : puisse le public français faire à mon livre l'accueil que l'illustre naturaliste a rencontré en Angleterre !

Pour être à la hauteur de la tâche que j'ai entreprise, il eût fallu, je le sais, la science de Humboldt et la plume de Michelet · je ne m'en suis pas moins mis à l'œuvre, faisant ce que je pouvais pour réussir, et souhaitant de tout cœur que d'autres fassent mieux que moi.

Quiconque aspire au titre de savant a aujourd'hui une double mission : découvrir et vulgariser ; d'une main, il doit travailler au progrès de la science, et, de l'autre, à sa diffusion.

Les zoologistes et les botanistes qui honorent le plus notre époque moderne ont montré, en publiant leurs cahiers d'histoire naturelle, qu'ils comprenaient cette mission sacrée.

Je n'ai fait que les imiter ici, dans un ordre un peu plus étendu : j'espère qu'on me pardonnera d'avoir suivi de tels exemples.

Au Muséum d'histoire naturelle de Rouen, 1er mai 1865.

POUCHET.

I

LE RÈGNE ANIMAL

1

LE RÈGNE ANIMAL.

CHAPITRE I.

LE MONDE MICROSCOPIQUE.

Notre imagination est également confondue par l'infiniment petit et par l'infiniment grand, disait Bonnet, l'un des plus zélés vulgarisateurs de l'histoire naturelle.

En effet, les phénomènes de la création nous frappent de stupeur, soit que nos regards, en s'élevant, scrutent le mécanisme des cieux, soit qu'ils s'abaissent vers les plus infimes créatures d'ici-bas. L'immensité est partout !

Elle se révèle, et sur ce dôme azuré où resplendit une poussière d'étoiles, et sur l'atome vivant qui nous dérobe les merveilles de son organisme.

« Quiconque contemple ce spectacle avec les yeux de l'âme, dit un illustre orateur, sent la petitesse de l'homme comparativement à la grandeur de l'univers. » Mais s'il est vrai qu'un sentiment d'humilité nous subjugue en présence de l'immensité dans l'espace et de l'éternité dans le temps; si chaque pas que l'homme fait dans la carrière, si chaque ride qui sillonne son front lui dévoile sa débilité, sa faiblesse; son génie, cette émanation divine, le soutient dans sa marche en lui décelant et sa puissance et sa suprême origine.

Lorsqu'au début de nos études, nous jetons un coup d'œil sur la création, son grandiose nous étonne, et nous reconnaissons qu'aucune de nos fictions n'atteint le sublime de ses proportions.

Les cosmogonies chinoises, par exemple, nous peignent le premier organisateur du chaos, sous la figure d'un vieillard débile, énervé et chancelant, qu'on nomme le père *Pan-kou-Ché*. Celui-ci, enveloppé de rochers en désordre, tenant dans l'une de ses mains un ciseau et dans l'autre un marteau, travaille péniblement; et tout couvert de sueur, sculpte l'écorce du globe, en se frayant un chemin à travers ses blocs amoncelés.

On gémit sur la faiblesse de l'ouvrier en présence de l'immensité de l'œuvre. On l'aperçoit à peine; il est presque perdu au milieu d'énormes amas de pierres en éclats, qui encombrent le tableau: c'est un véritable pygmée accomplissant un travail herculéen.

Au contraire, en présence de leur sol si vigoureusement tourmenté par les cataclysmes, les peuples du nord de l'Europe pensaient qu'un Dieu, dans sa colère, en avait broyé la surface et entassé les débris. Mais, pour les enfants de la Scandinavie, ce n'est plus un vieillard usé et tremblant; il leur fallait une divinité empreinte de leur sauvage énergie. Pour eux, c'est le Dieu des tempêtes, le redoutable et gigantesque *Thorr*, qui, armé d'un marteau de forgeron et suspendu sur l'abîme, brise à coups redoublés la croûte terrestre, et, avec ses éclats, façonne les rochers et les montagnes..... C'est déjà un progrès sur le caduc Pan-kou-Ché; la virilité est substituée à l'impuissance sénile. C'est une réminiscence de l'épopée antique : Thorr semble un géant révolté et en fureur, saccageant tout ce qui tombe sous sa main.

Pour nous, accoutumés à nous incliner devant la toute-puissance créatrice, de semblables images paraissent bien puériles : au lieu de ces vieillards, laborieusement occupés à marteler le globe, nous ne voyons partout que l'invisible main de Dieu. Là, d'une incompréhensible délicatesse, elle anime l'insecte d'un souffle de vie; ailleurs, en s'étendant largement, elle étreint les mondes dispersés dans l'espace; elle les ébranle ou les anéantit. C'est alors qu'au milieu de ses convulsions, notre sphère fend ses montagnes, entr'ouvre ses abîmes; et sur chacun de ses gigantesques débris, comme sur chaque grain de poussière, le philosophe trouve écrite une belle page de la théologie naturelle.

En effet, chaque pic qui s'écroule étale à nos yeux les restes des générations ensevelies par les cataclysmes. Leur nombre, leur taille et leurs formes inconnus nous étonnent. Cependant, le doute devient impossible, car ces débris inanimés, dont la terre conserve fidèlement l'empreinte, semblent autant de médailles frappées par le Créateur, et respectées par la main du temps, pour nous en révéler l'histoire accidentée!

Si nous passons en revue les forces vives de notre planète, nous nous apercevons bientôt que leur puissance est sans bornes : quand elles se déchaînent dans ses entrailles, toute sa surface est ébranlée. Tantôt, elles font surgir les Alpes et l'Hymalaya, en suspendant leurs cimes dans la région des nuages. Et à un autre instant, en fendant le globe presque d'un pôle à l'autre, les Andes et l'Amérique sortent du sein de la mer; puis, les flots étonnés, en s'étalant tumultueusement sur l'ancien monde, produisent l'une de ses plus récentes catastrophes, le grand déluge : ainsi l'a voulu la suprême volonté!

Si après avoir scruté les imposants phénomènes qui s'accomplissent à la surface de la terre, nous abaissons nos regards vers ses êtres les plus infimes, là nous voyons encore se révéler, avec une magnificence inattendue, toute la sagesse de la Providence; bientôt même le spectacle de l'immensité dans les infiniment petits, ne nous étonne pas moins que l'incommensurable puissance des grandes scènes de la création. La nature animée semble imiter ce panthéisme antique, qui plaçait des parcelles de la divinité dans chacune des molécules des corps; elle, aussi, se décèle partout; armé du microscope, l'œil en découvre des indices dans chaque interstice de la matière!

Fontenelle blâmait souvent cette ancienne et verbeuse philosophie, qu'il appelait, avec raison, la philosophie des mots; le savant secrétaire de l'Académie voulait que l'intelligence ne s'exerçât que sur les faits, sur la philosophie des choses. Nous allons nous montrer docile à ses préceptes en ne nous occupant que des conquêtes de l'observation.

Rien ne donne une plus splendide idée de l'universelle

diffusion de la vie dans l'espace, que le nombre prodigieux d'organismes qu'on rencontre dans tous les corps de la nature; démonstration qui est l'une des plus récentes et des plus magnifiques conquêtes de la science. On la doit à un instrument, le Microscope, découvert il y a environ un siècle et demi. Tout d'abord, celui-ci nous initia à des choses si neuves et si inattendues, que partout on convint qu'il nous avait révélé un monde nouveau.

A la lecture des œuvres des naturalistes, quand on voit ceux-ci pénétrer si profondément les plus intimes secrets de l'anatomie et des mœurs d'êtres dont l'œil ne pourrait même nous faire soupçonner l'existence, on se demande si l'orgueil du génie ne s'est pas substitué aux simples réalités de la nature. Mais à l'aspect de leurs instruments d'une si prodigieuse précision, on devine que, quelque merveilleuses que paraissent leurs investigations, les observateurs n'ont pas dû s'égarer.

Le microscope fut découvert, en Hollande, presque en même temps, par deux savants, Leuwenhoeck et Hartzœker, qui s'en disputèrent vivement l'invention. Le premier, cependant, fut réellement le père de la micrographie; l'autre était essentiellement physicien.

Entre eux, souvent même la discussion était acerbe et malséante. Le vieux Leuwenhoeck vivait isolé et solitaire, ne voulant laisser pénétrer à personne aucun de ses secrets; sa femme et sa fille y étaient seules initiées, et sa porte restait absolument close pour son jeune et turbulent rival. Sensible à cet outrage, celui-ci s'en vengeait de son mieux; il admonestait vertement son antagoniste et prétendait que, pour le plus grand nombre, ses découvertes, publiées dans un style bas et rampant, étaient absolument chimériques. L'insulte suivait la polémique. Cependant, n'y tenant plus, et voulant à tout prix fouiller les travaux de son émule, Hartzœker, à l'aide du bourgmestre de Leyde, et sous un nom supposé, s'introduisit un jour chez Leuwenhoeck pour piller ses procédés; mais le vieux micrographe l'ayant reconnu, le congédia brusquement.

L'œuvre de Leuwenhoeck surpasse réellement ses moyens d'investigation; la perspicacité du savant a dépassé la puissance de ses instruments. On se demande encore comment il a pu deviner tant et tant de choses, que ceux-ci n'ont pu lui révéler.

En effet, le célèbre Hollandais n'a jamais possédé de microscope qu'on puisse comparer à la merveilleuse perfection de ceux dont on se sert aujourd'hui. Il n'employait que de simples lentilles, qu'il confectionnait lui-même; et c'est avec de tels instruments qu'il fit ses plus importantes découvertes. On peut vérifier cette assertion dans les collections de la Société royale de Londres, à laquelle, en mourant, il légua les principaux verres grossissants qui lui avaient fait conquérir tant de gloire.

Les plus fortes lentilles de Leuwenhoeck n'amplifiaient les objets que cent soixante fois en diamètre; tandis qu'aujourd'hui nous possédons des microscopes achromatiques qui les grossissent douze à quinze cents fois.

Tout dernièrement, on assurait même, dans les journaux scientifiques, que deux opticiens de Londres avaient réussi à confectionner des lentilles objectives qui augmentent de 7500 diamètres, ce qui équivaut à un grossissement de surface égal à 56 000 000 fois. On y ajoutait que, malgré ce résultat extraordinaire, tout se voyait avec une grande netteté (1).

La mensuration des moindres détails microscopiques a même acquis un degré de précision qui surpasse tout ce qu'on pourrait imaginer. On possède des micromètres en verre sur lesquels chaque millimètre est divisé en cinq cents parties. Ce travail s'opère avec un instrument d'une délicatesse prodigieuse. Celui-ci ne fonctionne qu'au milieu de la nuit, aux heures où, tout étant endormi, rien ne l'ébranle et n'entrave la précision de son tracé. L'ouvrier lui-même, à cet effet, n'entre point dans son atelier; un mécanisme d'horlogerie, au moment propice, met la machine en mouvement. Les invisibles divisions de la lame de verre sont burinées à l'aide d'un éclat de diamant d'une extrême finesse, qui, quand sa tâche est accomplie, se trouve totalement usé.

Mais là ne s'arrêtent pas les moyens d'investigation dont dispose le micrographe. Dans des observations d'une extrême délicatesse, il appelle à son secours des micromètres presque merveilleux, composés d'un ingénieux mécanisme, pouvant diviser un millimètre en 10 000 parties, en faisant mouvoir des fils d'araignée à l'aide d'une simple vis. Enfin, il utilise aussi de mille manières, la lumière simple ou polarisée et les réactions chimiques, pour venir au secours de ses observations.

Après l'exposition des ressources dont elle dispose, accusera-t-on encore la micrographie de ces vaines illusions que se plaisent à lui reprocher ceux qui ne se livrent pas à ses patientes investigations? Peut-être! car cette science n'a jamais cessé de rappeler les interminables dissensions qui obscurcissent son berceau ; la dispute de Leuwenhoeck et d'Hartzœker n'est point encore apaisée.

LES ANIMALCULES MICROSCOPIQUES.

Les animalcules qui composent le monde microscopique ont été longtemps désignés sous le nom d'*Infusoires;* mais celui-ci, étant tout à fait impropre, doit être abandonné, puisque beaucoup d'entre eux ne vivent pas dans les infusions. Il vaut mieux lui substituer les noms de *Microzoaires* ou de *Protozoaires*, dont le premier indique de petits animaux, le second les plus obscurs débuts de l'organisation animale.

L'anatomie de ces invisibles êtres a longtemps paru un mystère impénétrable; on en désespérait. Le baron de Gleichen, ayant délayé du carmin dans de l'eau qui contenait quelques-uns de ces animaux, fut tout étonné de les voir se remplir de matière colorante; mais ce fait important passa inaperçu. Buffon et Lamark n'en continuèrent pas moins à les considérer comme de simples parcelles de gélatine animée.

Un naturaliste français, Dujardin, échafauda toute une théorie sur de telles données. Le tissu des animalcules, selon lui, représentait une sorte de trame spongieuse, susceptible de se creuser de vacuoles accidentelles, admettant les aliments et les expulsant ensuite par une issue qui se pratiquait, à cet effet, à la périphérie du corps. Étrange théorie, dans laquelle le Microzoaire se creusait ainsi des estomacs à volonté, dans sa propre substance !

Ce que l'on a peine à croire, c'est qu'une telle hypothèse régna encore longtemps en France après la publication du magnifique ouvrage d'Ehrenberg sur l'organisation des Infusoires. Dans celui-ci, le savant naturaliste prussien démontra, pour la première fois, que ces animaux, malgré leur infime petitesse, n'en avaient pas moins une organisation interne qui parfois présentait une surprenante complication.

Le monde microscopique a lui-même ses extrêmes. Il y a autant de distance entre la taille du plus exigu de ses représentants, la Monade crépusculaire, et celle de l'un de ses plus volumineux, le Kolpode à capuchon, qu'il y en a entre un Scarabée et un Éléphant.

Rien n'est plus merveilleux que l'organisation de ces

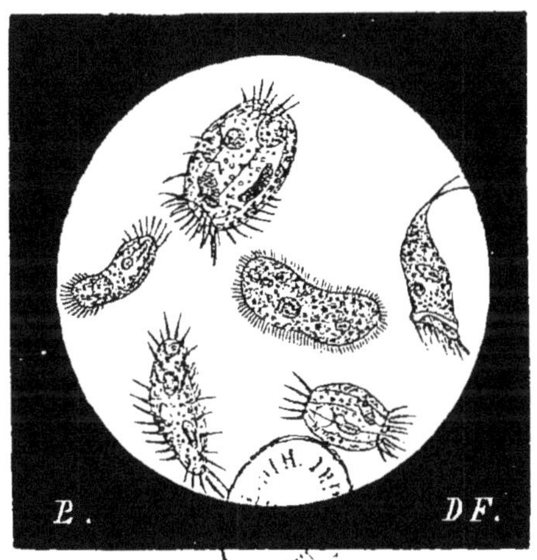

Infusoires divers.

êtres invisibles; et si d'attentives observations ne l'avaient mise hors de doute, on serait tenté de croire que les récits des naturalistes ne sont qu'une simple fiction ou qu'un audacieux mensonge. Le luxe des appareils vitaux des Microzoaires dépasse parfois, et de beaucoup, ce qui existe dans les grands animaux. Il en est qui possèdent de quinze à vingt estomacs, et sur certaines espèces, on en compte même davantage. Bien plus, chez quelques Infusoires, à cette surabondance d'organes se joint un mécanisme merveilleux : l'un de ces estomacs est muni de dents d'une prodigieuse finesse, qu'on voit se mouvoir et broyer l'aliment à travers la transparence du corps.

Malgré l'extrême petitesse de ces êtres, restés inconnus durant tant et tant de siècles, la nature ne les en a pas moins environnés de sa plus vive sollicitude. Il en est dont le corps est protégé par une cuirasse calcaire ; et chez beaucoup même, la carapace protectrice est indestructible, et de la nature de nos pierres à fusil : c'est de la silice qui la forme !

D'après Ehrenberg, quelques Microzoaires ont même des yeux, qui offrent parfois la plus belle coloration rouge. Enfin, souvent ces animalcules possèdent à l'intérieur du corps de larges vacuoles se remplissant et se vidant incessamment d'un fluide coloré. Celles-ci représentent le cœur des grands animaux, et le liquide le sang. Et ce système circulatoire a une telle ampleur relative qu'on peut assurer, sans exagération, que certains êtres microscopiques ont proportionnellement le cœur cinquante fois plus volumineux et plus puissant que le Bœuf ou le Cheval.

Si l'infinie perfection organique de ces corpuscules vivants a dépassé toutes nos prévisions, leur perpétuelle activité n'a pas moins lieu de nous étonner. L'existence de tous les animaux se compose d'alternatives d'action et de sommeil : de mouvement qui dépense les forces et de repos qui les répare. Les Infusoires ne connaissent rien de semblable : leur vie est l'emblème d'une incessante agitation. Ehrenberg, en les observant à toutes les heures de la nuit, les a constamment trouvés en mouvement, et il en conclut qu'ils n'ont jamais de repos, jamais de sommeil !

Frappé d'une telle observation, R Owen a pensé que cette extraordinaire activité pourrait bien avoir sa source dans le prodigieux développement qu'offre le système digestif de ces animalcules. En effet, un Homme, un Lion, un Tigre n'ont qu'un seul estomac; un Bœuf ou un Chameau en présentent seulement quatre ou cinq, tandis que d'invisibles Microzoaires en possèdent parfois cent !....

A mesure que la science s'est perfectionnée, l'horizon de la vie s'est élargi, et un monde microscopique, plein d'animation, s'est révélé dans tous les lieux où l'investigation a pu accéder. Les glaces polaires, les régions élevées de l'atmosphère et les ténébreuses profondeurs de l'Océan sont peuplées d'organismes vivants ; et partout leur prodigieuse concentration nous émerveille tout autant que l'infinie variété de leurs formes.

Si les belles découvertes d'Ehrenberg ne l'attestaient, qui pourrait croire que ces créatures infimes, dont la ténuité échappe à notre œil, possèdent cependant plus de résistance vitale que les êtres les plus vigoureux ! Là où la rigueur du climat tue les plus robustes végétaux, là où quelques rares animaux peuvent à peine subsister, la frêle organisation des Microzoaires ne souffre aucune atteinte. Plus de cinquante espèces d'animalcules à carapace siliceuse, ont été trouvées par James Ross, sur les glaces qui flottent en blocs arrondis dans les mers polaires, au 78e degré de latitude. Quelques-uns de ceux que cet illustre navigateur avait recueillis dans les parages de la terre Victoria, malgré la distance et les orages, n'en sont pas moins arrivés pleins de vie à Berlin.

Les profondeurs de la mer, dans ces régions désolées, nous offrent encore plus d'animation que sa surface. Dans le golfe de l'Érèbe, la sonde enfoncée à plus de 500 mètres a ramené soixante-dix-huit espèces de microzoaires siliceux. On en a même découvert à 12000 pieds de profondeur, là où ces animalcules avaient à supporter l'énorme pression de 375 atmosphères.

Ces corpuscules vivants, qui pullulent dans les plus transparentes régions de l'Océan, abondent également dans les eaux limoneuses de nos fleuves et de nos étangs ; et, sans nous en apercevoir, nous en engloutissons chaque jour des myriades avec nos boissons. Si, l'œil armé du microscope, nous scrutions tout ce que contient parfois une seule goutte d'eau, il y aurait de quoi effrayer bien des gens.

Tous ceux qui, pendant la nuit, ont vogué sur la mer ou en ont parcouru les rivages, connaissent le *phénomène de la phosphorescence*, lequel a si longtemps exercé la sagacité des savants. Attribué à des causes fort diverses, on sait aujourd'hui qu'il est dû à une multitude d'animaux. Parfois, tout à fait localisé, ce sont des Poissons qui le produisent, en traversant les vagues comme un trait flamboyant. D'autres fois, il tient à des Méduses, dont le disque brillant s'aperçoit calme et immobile dans la profondeur de l'eau ; ou qui traînent derrière elles une chevelure éparpillée, toute surchargée d'étoiles, comme celle de Bérénice au milieu du firmament. Certains Mollusques, eux-mêmes, quoiqu'enfermés sous leur coquille, n'en sont pas moins phosphorescents. Pline avait déjà fait remarquer que les personnes qui mangeaient des pholades, avaient toute la bouche lumineuse.

Mais, le plus souvent, ce phénomène se manifeste dans tous les endroits où la mer est en mouvement : chaque vague bondit en écume lumineuse sur la proue des navires, et les flots resplendissent comme le firmament étoilé. Ces myriades de points phosphorescents, qui rendent la mer étincelante, ne sont que des microzoaires d'une infinie petitesse, mais dont l'éclat centuple le volume.

L'Océan offre presque partout de ces animalcules. Chacune de ses couches en est peuplée à des profondeurs, dit de Humboldt, qui dépassent la hauteur des plus puissantes chaînes de montagnes. Et sous l'influence de certaines circonstances météorologiques, on les voit s'élever à la surface de sa nappe liquide, où ils forment un immense sillon lumineux derrière les navires.

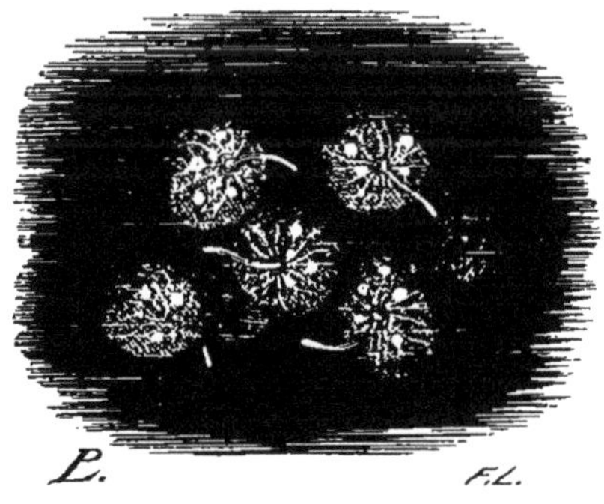

Noctiluque miliaire.

Le Noctiluque miliaire est l'un de ceux qui jouent un plus grand rôle dans cette phosphorescence de la mer.

L'eau présente une autre particularité non moins curieuse et longtemps inexpliquée; elle prend quelquefois une teinte d'un rouge sanglant, ce qui, à toutes les époques, a étonné ou effrayé le vulgaire.

L'on s'est souvent demandé avant la découverte du microscope, quelle pouvait être la cause de cette étrange apparence. Aujourd'hui qu'elle a été parfaitement étudiée, on sait que cette rubéfaction dépend de la présence de plantes ou d'animalcules infiniment petits, qui, sous l'influence de certaines conditions atmosphériques, se multiplient prodigieusement.

Un savant belge, M. Morren, après avoir réuni presque tout ce qu'on a écrit sur les eaux rouges, depuis Moïse, jusqu'à nos jours, a mentionné vingt-deux espèces d'animaux et presque autant de plantes, comme susceptibles de leur donner l'apparence du sang.

Lorsque Ehrenberg plantait sa tente sur les rivages de la mer Rouge, près du Sinaï, aux environs de la ville de Thor, il eut le rare bonheur de voir cette mer teinte de la couleur d'un rouge de sang, à laquelle elle a dû son nom, dès la plus haute antiquité. Ses vagues déposaient alors sur le rivage une matière gélatineuse, d'une belle couleur pourpre, que le grand naturaliste prussien reconnut pour n'être composée que d'une algue microscopique, la Trichodesmie rouge, qui était l'unique cause du phénomène célèbre.

L'eau n'est pas le seul domaine des animalcules microscopiques; on en rencontre aussi dans la terre des amas dont la puissance dépasse toutes les supputations du calcul; certaines espèces, dont l'infinie petitesse n'égale peut-être pas la 1500e partie d'un millimètre, constituent sous le sol de quelques endroits humides de véritables couches vivantes, qui ont parfois plusieurs mètres d'épaisseur.

Dans le nord de l'Amérique, on découvre de ces assises animées qui ont jusqu'à 20 pieds de profondeur. Dans les bruyères de Lunebourg il en existe de quarante. La ville de Berlin est bâtie sur un banc d'animalcules qui dépasse même trois fois ces dernières en puissance. Tout cela tient du prodige. Les êtres microscopiques dont il est question ici, sont d'une telle ténuité qu'on pourrait en aligner 10 000 sur l'étendue d'un pouce; et le poids de chacun d'eux équivaut à peine à la millionième partie d'un milligramme, car on a calculé qu'il en faut 1 111 500 000 pour faire un gramme!

Un sol d'une telle composition est naturellement dépourvu de stabilité, ce qui fut démontré dans la capitale de la Prusse, où l'on se vit forcé, en faisant de nouvelles constructions, d'en creuser très-profondément les fondations, l'affaissement de quelques maisons ayant démontré l'utilité de cette précaution (2).

Un autre phénomène singulier frappe parfois le voyageur qui explore les montagnes élevées : c'est la coloration rouge de la neige. Ce fait dont Aristote, ce prince des naturalistes, avait déjà parlé, est encore dû à nos organismes microscopiques. Et, chose remarquable, c'est que le même être, le *Disceræa nivalis*, semble le produire partout, sur les cimes glacées des Alpes comme sur les neiges des plus extrêmes régions polaires où l'homme ait encore pénétré, car dans ces horribles latitudes on rencontre aussi de la neige rouge.

Le panthéisme disséminait la vie dans tous les interstices de la matière; nos animalcules microscopiques le rappellent et abondent partout, même là où nous

nous attendrions le moins à les rencontrer. Si notre siècle éclairé a fait justice des ridicules hypothèses de la panspermie, qui imprégnait toutes les parcelles de la création de germes ou d'organismes vivants, il faut cependant reconnaître que, si ces introuvables germes métaphysiques ne sont qu'une ridicule fiction, il existe cependant au sein de l'atmosphère, qui nous paraît si transparente et si pure, quelques microzoaires qui y voltigent çà et là.

Les invisibles populations d'organismes aériens, forment même, selon de Humboldt, une Faune toute spéciale. Mais outre les Infusoires météoriques dont, selon l'illustre savant, l'existence ne peut être mise en doute, l'atmosphère charrie une immense quantité d'animalcules ordinaires, morts ou vivants, que ses courants enlèvent et transportent par tout le globe. Dans certains cas, ils abondent tellement dans l'air qu'ils interceptent la lumière et suffoquent les voyageurs.

En analysant une fine pluie de poussière qui enveloppa d'un brouillard épais des navires qui se trouvaient à 380 milles de la côte d'Afrique, Ehrenberg y découvrit dix-huit espèces d'Animalcules polygastriques à carapace siliceuse.

Mais la vie microscopique n'envahit pas seulement l'eau, l'air et la terre, on la retrouve encore pleine de puissance et d'animation à l'intérieur des animaux et des plantes; aucun de leurs appareils les plus profondément protégés, les plus actifs, ne peut s'y soustraire. Non-seulement les animalcules affluent dans toutes les cavités des animaux qui communiquent avec l'extérieur, mais on en rencontre aussi dans les organes absolument clos. L'arbre vasculaire, qui distribue le sang dans tout le corps, quoique hermétiquement fermé de toutes parts, n'en contient pas moins, parfois, quelques Microzoaires, mêlés aux globules sanguins, et semblant vivre à l'aise au milieu du tourbillon incessant de la circulation, qui parcourt chaque jour plus de deux mille huit cents fois son circuit.

L'homme, lui-même, malgré son orgueil, ne s'imagine pas quelle population invisible le dévore d'une manière incessante et finit parfois par le tuer. On découvre toujours, dans son intestin, des masses de Vibrions, véritables anguillules imperceptibles. La bouche est perpétuellement habitée par des myriades d'animalcules, dont le tartre, qui ébranle nos dents, ne représente que l'ossuaire microscopique, car souvent il n'est formé que d'incrustations de leur squelette calcaire.

Des Vers intestinaux pas plus gros que la tête d'une épingle, en se rassemblant en colonies dans la tête des moutons, occasionnent fatalement leur mort. Les innombrables légions d'un autre ver encore plus petit, envahissent tous nos organes charnus. Celui-ci se multiplie tant dans notre économie qu'on en a compté jusqu'à vingt-cinq dans l'un des muscles de l'intérieur de l'oreille, qui ne dépasse pas la grosseur d'un grain de millet. La mort est le fatal résultat de cette invasion (3).

Ainsi le domaine des Microzoaires n'a de bornes que l'immensité !

LES INFUSOIRES ANTÉDILUVIENS.

La prodigieuse abondance des Infusoires durant certaines périodes géologiques, est un des plus extraordinaires faits que puisse nous offrir l'étude de la nature. Quoique d'après les supputations d'Ehrenberg, il existe parfois plus d'un million de ces animaux par pouce cube de Craie, leurs légions étaient si tassées, si miraculeusement fécondes lors de la formation de celle-ci, que, malgré leur immense petitesse, certaines roches stratifiées uniquement composées de leurs carapaces calcaires, constituent aujourd'hui des montagnes qui jouent un rôle important dans l'écorce minérale du globe.

D'un autre côté, dans ces derniers temps, les micrographes nous ont révélé un fait absolument inattendu. Ils ont démontré que quelques roches siliceuses, d'apparence homogène, connues sous le nom de Tripolis, ne sont presque absolument formées que par les squelettes de plusieurs espèces d'infusoires de la famille des Bacillariées. Ces squelettes ont même si parfaitement conservé la forme des animalcules dont ils proviennent, qu'on a pu les comparer à nos espèces vivantes, et reconnaître qu'elles ont avec elles la plus grande analogie.

On doit cette remarquable découverte à Ehrenberg. Il en fit part à Al. Brongniart pendant un voyage que celui-ci faisait à Berlin. Cette révélation inattendue impressionnà si vivement l'illustre minéralogiste, qu'il écrivit aussitôt ces lignes à l'Académie des Sciences : « J'ai vu toutes ces merveilles; j'ai pu les comparer avec les beaux dessins des espèces vivantes que M. Ehrenberg a faits, et je ne puis conserver le moindre doute. »

Ainsi donc il est démontré que des roches, qui appartiennent aux plus anciennes époques de la vie du globe, et qui constituent parfois des couches d'une grande puissance, ne représentent que des nécropoles d'Infusoires. L'esprit se perd en essayant de sonder par quelles mystérieuses voies tant et tant d'animalcules invisibles ont pu former de si prodigieux amas de cadavres.

On peut très-facilement vérifier ce que nous avançons. Il ne s'agit que de gratter, avec un couteau, la surface d'un morceau de ces tripolis; d'en laisser tomber la poussière sur une lame de verre et de l'examiner au microscope, après l'avoir mêlée à un peu d'eau. On est tout étonné alors de n'avoir sous les yeux que des carapaces d'animalcules.

On a principalement reconnu ce que nous venons de dire dans le tripoli de Bilin, en Bohême, et dans ceux de l'Ile-de-France.

Le savant Schleiden a calculé que, dans un pouce cube du premier, on trouvait en nombre rond quarante et un mille millions d'animalcules. Et comme les schistes de Bilin s'étendent sur une surface qui n'a pas moins de huit à dix lieues carrées, sur une épaisseur de deux à quinze pieds, quelle a dû être en cet endroit l'activité vitale pour produire tant et tant d'imperceptibles squelettes!

Certains tripolis de couleur rougeâtre sont employés à peindre les maisons; d'autres servent à écurer notre vaisselle. On ne se doutait guère, il y a quelques années, que la teinte rose dont on décore nos habitations, n'était due qu'à des squelettes d'animaux imperceptibles; ou que c'étaient ceux-ci qui, par leur nature siliceuse, nous permettaient de donner un si beau poli à une foule d'objets en cuivre à l'usage de nos demeures.

Non-seulement les Infusoires entrent dans la composition des roches poreuses, mais on en rencontre même dans les plus compactes que l'on connaisse, tels que les silex qui forment nos plus durs cailloux et nos pierres à fusil. M. White, dans un mémoire lu à la Société microscopique de Londres, en a décrit douze espèces dans les silex de la craie.

La miraculeuse abondance de cette poussière vivante aux anciennes époques du globe, se révèle ostensiblement par la coloration de diverses roches. Selon Marcel de Serre, le sel gemme, qui est parfois nuancé de rouge, ne devrait cette teinte qu'aux animaux microscopiques qui vivent dans les eaux où il se forme. D'après ce savant, c'est aussi à des infusoires que les Cornalines doivent leur belle couleur rouge; ce que démontrent, sans réplique, quelques-unes de ces pierres à l'intérieur desquelles on distingue encore les squelettes de ces animalcules.

LA FARINE FOSSILE ET LES MANGEURS DE TERRE.

Dans un assez grand nombre de pays, le dénûment de ressources alimentaires porte l'homme à se nourrir de certaines sortes de térres qui jouissent d'une véritable propriété nutritive.

Les voyageurs sont trop unanimes sur ce fait pour qu'il soit possible d'en douter. Sa connaissance remonte même à une époque plus reculée qu'on ne le croit généralement, car il en est déjà question dans le vieux livre de Naudé sur l'apologie des grands hommes accusés de magie. Il y est dit que diverses terres de la vallée d'Hébron sont bonnes à manger.....

Vers l'embouchure de l'Orénoque, les Otomaques, durant quelques saisons de l'année, se nourrissent en grande partie d'une espèce d'argile grasse et ferrifère, dont ils consomment jusqu'à une livre et demie par jour. Spix et Martius disent qu'une semblable coutume se retrouve sur les bords de l'Amazone ; et ces voyageurs rapportent que là les sauvages font usage de cette nourriture même lorsque les aliments plus substantiels ne leur manquent point. On sait aussi que sur les marchés de la Bolivie on vend une argile comestible. Enfin, Gliddon assure qu'il existe dans l'Amérique septentrionale, un assez grand nombre de peuplades géophages, surtout parmi les nègres répandus dans les forêts de la Caroline et de la Floride.

Les savants, frappés de ces récits, ont voulu examiner quelle était la composition de ces diverses terres comestibles, et ils ont reconnu, à leur grand étonnement, que quelques-unes d'entre elles n'étaient que des espèces de tripolis ou d'argiles, renfermant une notable quantité d'infusoires d'eau douce ou de coquilles microscopiques. De façon que l'on peut supposer que ces roches alimentaires doivent leurs propriétés aux matières animales qu'elles ont retenues ; et ce sont celles-ci qui fournissent à l'homme une véritable nourriture antédiluvienne, composée de débris d'animalcules microscopiques.

Les révolutions telluriques ne se sont pas bornées là ; elles ont parfois produit, de toutes pièces, une *farine fossile* animalisée ; il n'y a plus qu'à la transformer en pain. En effet, on sait que, dans les temps de disette, les Lapons se nourrissent d'une poussière minérale blanche, qu'ils substituent au produit des céréales.... Retzius, qui a étudié cette farine, a reconnu qu'elle était composée par les restes de dix-neuf espèces d'infusoires analogues à ceux qui vivent aujourd'hui aux environs de

Berlin. Et ce savant professeur a même démontré que cette poussière de squelettes, qui est également répandue dans la Suède et la Finlande, devait ses qualités nutritives à une certaine quantité de substance animale que l'analyse chimique y retrouve encore, après tant et tant de siècles!

C'est ainsi que les sciences modernes jettent les plus vives lumières sur une foule de faits restés inexpliqués jusqu'à nos jours.

LES CAPITALES DE COQUILLES MICROSCOPIQUES.

En suivant nos études progressives, si nous passons des organismes dont la ténuité est telle qu'ils se dérobent absolument à notre œil, à ceux dont la coquille approche de la grosseur d'une tête d'épingle, nous reconnaissons que ces derniers ont réellement présidé à des phénomènes géologiques qui tiennent du prodige.

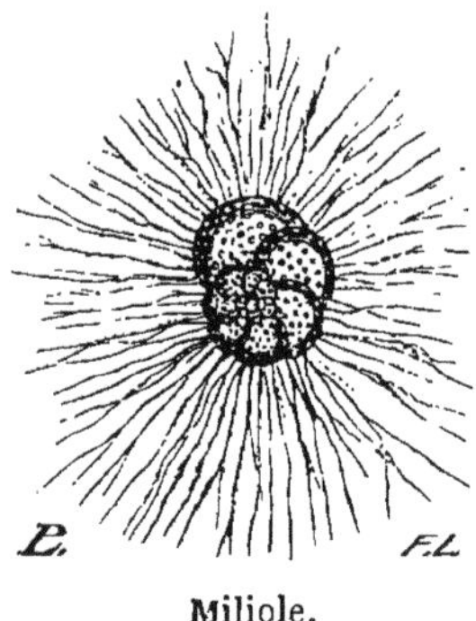

Miliole.

Tel est le cas des Milioles, petites coquilles qui doivent leur nom à ce que leur volume ne dépasse pas celui d'un grain de millet, et même est souvent moindre. Celles-ci étaient tellement nombreuses dans les mers parisiennes, qu'en se déposant elles ont formé des montagnes que l'on exploite aujourd'hui pour la construction de nos villes. La plupart des pierres des habitations de Paris ne sont même composées que des petites carapaces de mollusques, entassées et étroitement liées entre elles; aussi, peut-on dire, sans hyperbole, que notre splendide capitale est bâtie en coquilles microscopiques.

Une observation de M. Defrance donne une idée de la petitesse de la Miliole des pierres, espèce dont est principalement composé le Calcaire grossier employé à la construction. Il a reconnu qu'une case d'une ligne cube de capacité pouvait en contenir jusqu'à quatre-vingt-seize!

Quels mystères enveloppent la vie de ces frêles coquilles, elles qui, malgré leur exiguïté ont joué un si grand rôle dans les phénomènes telluriques de l'époque tertiaire! La nature révèle ici son infinie puissance, en regagnant par le prodige de la fécondité tout ce qu'elle perd par le volume. Aussi les vestiges de quelques êtres microscopiques, comme l'a dit Lamarck, influent-ils beaucoup plus sur l'écorce du globe que ceux des éléphants, des rhinocéros et des baleines, dont la masse nous étonne!

Nous avons vu certains organismes invisibles ou quelques coquilles microscopiques engendrer de puissantes roches stratifiées. Si maintenant nous nous occupons de Mollusques du même groupe que ces dernières, mais seulement un peu plus volumineux, des Nummulites, nous sommes encore plus étonnés des phénomènes grandioses auxquels ils ont autrefois donné lieu.

Le nom des Nummulites provient de leur forme qui

est discoïde, aplatie, et rappelle celle d'une pièce de monnaie, *Nummulus*. C'est à cet aspect qu'elles doivent aussi le nom de *pierres numismales*, sous lequel on les désigne vulgairement. Beaucoup de ces coquilles sont fort exiguës ; d'autres fois elles parviennent jusqu'à la taille d'une lentille, semence à laquelle souvent elles ressemblent exactement.

Ces animaux ont aussi joué un grand rôle à diverses époques géologiques. On les rencontre en quantité prodigieuse dans les terrains secondaires et tertiaires ; et ils ont tellement abondé parmi les mers qui recouvrirent quelques-uns de nos continents, que par leur simple aggrégation, leurs carapaces calcaires forment d'imposantes montagnes.

Nummulites nummularia.

Dans une vaste étendue, ces coquilles constituent absolument toute la chaîne arabique qui longe le Nil ; là, elles sont tellement nombreuses et tellement tassées, qu'il n'existe presque aucune gangue pour les lier. Dans diverses régions de la haute Égypte que j'ai parcourues, le sol du désert ne consistait qu'en un épais matelas de Nummulites, dans lesquelles glissaient et s'enfonçaient profondément les pieds des voyageurs et des chameaux.

Paris, avons-nous dit, n'est bâti que de coquilles; il en est de même du Sphinx et des célèbres pyramides d'Égypte. Les immenses assises de ces dernières, dont l'art n'explique encore ni le transport, ni l'élévation à de si grandes hauteurs, proviennent de la chaîne arabique et ne sont uniquement formées que de Nummulites. Celles-ci ressemblant absolument à des lentilles par la forme et par la taille, cette coïncidence a donné lieu à d'étranges méprises. Les siècles en rongeant la surface de ces gigantesques monuments, en ont rassemblé d'énormes masses à leur base, où elles entravent la marche des visiteurs. A l'époque de Strabon, on prétendait que ces débris n'étaient que des restes de la semence alimentaire abandonnés par les anciens ouvriers qui s'en nourrissaient, et fossilisés par l'action du temps. Mais le géographe grec a réfuté cette grossière tradition; et, dans sa description de l'Égypte, déjà il classe les Nummulites au nombre des pétrifications, en rappelant qu'il existe dans le Pont, son pays, des collines remplies de pierres d'un tuf semblable à des lentilles.

La pierre de Laon, souvent employée dans nos constructions, n'est également formée que d'amas de Nummulites.

Les extrêmes sont partout, avons-nous dit : nous les trouvons déjà dans les Mollusques, ces animaux déshérités de la création. Nous avons parlé de coquilles microscopiques : on en peut citer de colossales.

Un naturaliste du siècle dernier, Denis de Montfort, qui a fait beaucoup de bruit par ses excentricités, assure qu'il existe des Mollusques d'une telle taille qu'une Baleine n'est près d'eux qu'un véritable pygmée. Selon lui, on les a quelquefois pris pour des îles flottantes;

et des matelots, trompés par cette apparence, ont même ancré leurs navires sur les flancs charnus de ces véritables monstres de la mer. Durant les époques de crédulité, où la vie du marin était si pleine d'anxiété et de terreur, un tel fait passait pour avéré. Aussi, voit-on Gessner représenter dans ses œuvres, une compagnie de pêcheurs se chauffant et faisant la potiche autour d'un brasier ardent, allumé sur le dos d'un de ces fantastiques animaux.

D'après Denis de Montfort, ces formidables hôtes de l'Océan enlacent même parfois les vaisseaux avec leurs immenses bras, munis de ventouses aspirantes, et les font sombrer en les entraînant subitement sous l'abîme. L'une des planches d'une édition de Buffon, pour convaincre du fait les lecteurs, le représente dans tous ses détails. On y voit un Poulpe à l'œil flamboyant, qui sort de la mer et étreint fortement un navire de guerre qu'il semble vouloir dévorer!

Ammonite à deux sillons.

A ces rêveries indignes de la science, substituons la vérité, et déjà elle est prodigieuse. Les Bénitiers, ces grandes coquilles analogues aux huîtres et qui sont assez fréquemment employées dans les églises pour distribuer l'eau sainte, pèsent parfois 600 livres. Ces mollusques, qu'on ne détache des rochers qu'à coups de hache, ont assez de chair pour suffire au repas de vingt personnes. Il en est de si amples, qu'on transforme l'une de leurs valves en baignoire pour les enfants. Certaines Ammonites antédiluviennes avaient encore une taille plus gigantesque ; Buffon en cite une dont le diamètre égalait celui d'une roue de voiture, et qui servait en guise de meule de moulin.

Enfin, si les gouffres de la mer ne nourrissent aucun de ces monstres dont l'imagination de Denis de Montfort les peuplait, il est certain qu'on découvre parfois, dans l'Océan, des Mollusques d'une prodigieuse dimension, et dont la masse charnue n'a pas moins de cinq à six mètres de longueur, sans compter les longs bras qui couronnent la tête. Tel fut celui qu'un aviso à vapeur, *l'Actéon*, rencontra dernièrement, en 1861, entre Madère et les îles Canaries. Son poids fut estimé plus de 2000 kilogrammes ; mais on ne put l'attaquer assez vivement pour s'en emparer, le capitaine craignant qu'il ne fît chavirer les chaloupes en les étreignant de ses formidables membres armés de ventouses. Il ne fut possible que de l'avoir par morceaux.

LA MONADE.

Quel mystérieux abîme exprime ce seul mot, la Monade ! Comme une arénaire en mouvement, cette impalpable poussière d'animalcules, cette primaire intention créatrice, ne nous est révélée que par le microscope ; et encore, ne l'apercevons-nous seulement qu'en masse, car son individualité souvent nous échappe.

L'extrême petitesse de la Monade semble l'appeler aux plus intimes phénomènes de la vie. Que de fois la philosophie n'a-t-elle pas considéré les manifestations les plus élevées de l'animalité, comme n'en représentant qu'un assemblage !

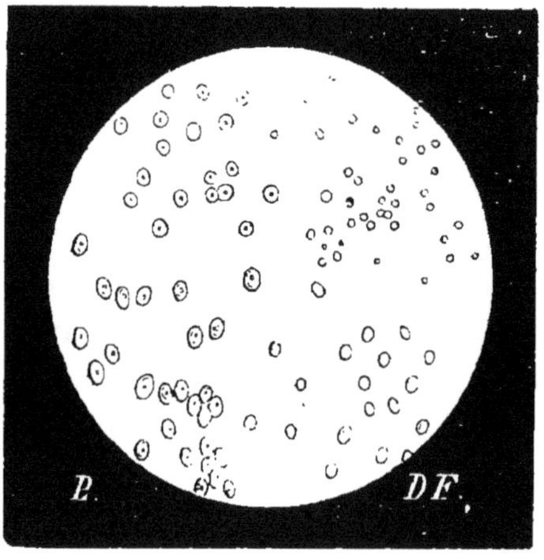

Monades.

En effet, ces Microzoaires étaient considérés par Buffon et quelques autres naturalistes, comme des *molécules organiques*, dont l'agglomération, dominée par des lois déterminées, contribuait à la formation des animaux et des plantes. Depuis l'immortel intendant du Jardin du Roi, Oken a soutenu la même opinion, en professant que les grands animaux n'étaient que des assemblages de Monades. Idée qui, comme on le voit, paraît n'être qu'un reflet de la fameuse hypothèse des atomes, que nous devons à Leucippe, et qui, après avoir fleuri dans l'antiquité, est venue jeter ses dernières lueurs dans les écrits de Kepler et de Descartes (4).

Les Monades, ces véritable atomes vivants, ne s'aperçoivent qu'à l'aide des plus forts grossissements, tant leur petitesse est extrême. On les rencontre dans toutes les macérations animales ou végétales; et souvent en nombre si prodigieux, qu'elles semblent se toucher toutes, dans la goutte de liquide où elles s'agitent : une seule en contient parfois plus qu'il n'y a d'habitants sur le globe.

Ces animalcules sont parfois punctiformes et n'offrent aucune organisation intérieure. Cependant, chez certaines espèces, Ehrenberg, ce véritable prince des micrographes, reconnaît qu'il existe des estomacs multiples, ressemblant à de petits sacs allongés, venant s'ouvrir dans une bouche commune. Sur d'autres on aperçoit un long filament mobile.

Nous n'avons pas besoin de dire ici que ces animalcules, êtres complexes, n'ont aucun rapport avec les Monades imperceptibles qui ont joué un si grand rôle dans la philosophie depuis Épicure jusqu'à Leibniz; et que celui-ci, dans sa *Monadologie*, définissait comme une substance simple, qui n'a ni étendue, ni figure, ni divisibilité possible, et ne représentant que les atomes de la nature ou les éléments des choses.

LE PHÉNIX ET LA PALINGÉNÉSIE.

Certains savants veulent absolument en rester au siècle dernier : il leur faut du merveilleux ! Ils acceptent, sans hésitation, les charmantes petites histoires dont les physiologistes rhéteurs d'alors enjolivaient leur commerce épistolaire, où l'esprit et l'hyperbole s'escaladaient tour à tour. Quand la précision de nos instruments a centuplé l'exactitude des recherches, ces savants s'obstinent à nous reporter à une époque à laquelle l'expérimentation sortait à peine de ses langes.

Les uns, avec les abbés Spallanzani et Fontana, admettent encore que des momies peuvent ressusciter. Monstrueuse hérésie scientifique !

Pour d'autres, la légende du Phénix n'a pas cessé d'être une réalité. Ils croient que certains infusoires sont incombustibles !

On fit un jour à Paris l'expérience qui suit. Un zoologiste plaça sur la boule d'un thermomètre, du terreau contenant un certain nombre de petits animaux microscopiques nommés Tardigrades, à cause de l'extrême lenteur et de la maladresse de leur marche. L'instrument fut ensuite plongé dans une étuve ; et lorsque le mercure s'y fut élevé de 145° à 153°, on le retira ; et à l'aide de précautions convenables, on ranima tous les animalcules qui se trouvaient sur sa boule.

Tous les assistants conclurent de cette expérience que les Tardigrades jouissaient presque de l'incombustibilité et qu'ils résistaient à merveille à une température de 145 et même de 153° (5).

Le miracle de ces nouveaux enfants de la fournaise s'est amoindri à mesure qu'on l'a mieux étudié, comme il en a été de la taille des Patagons, à mesure aussi qu'on les a plus fréquentés.

Les Tardigrades avaient, il est vrai, été soumis à une étuve chauffée de 145° à 153°. Mais s'ils en étaient sortis vivants, c'est que jamais leur corps n'avait subi cette brûlante température, qui eût suffi pour coaguler leurs humeurs et tarir toutes les sources de la vie. Le thermomètre, d'une extrême sensibilité, avait acquis rapidement le degré du milieu dans lequel on l'avait plongé; mais le terreau, qui le recouvrait, étant mauvais conducteur de la chaleur, n'était pas arrivé, tant s'en faut, à cette température : ainsi s'expliquait le prétendu prodige !

Il n'y avait là qu'une trompeuse apparence. Nous voyons parfois, dans les foires, des saltimbanques incombustibles, mais personne ne se méprend sur notre résistance vitale rationnelle. Les physiologistes citent l'observation de M. Berger, qui a vu un homme rester sept minutes dans une étuve chauffée à 109° ; c'est-à-dire qu'il endurait une température supérieure de 9° à celle qu'il eût souffert s'il eût été plongé dans une cuve d'eau bouillante !... Une jeune fille, citée par un autre savant, résistait même dix minutes à une température de 112° du thermomètre de Réaumur. J'ai été témoin d'un fait encore bien plus extraordinaire. Dans un de mes voyages en Angleterre, j'ai vu un homme se promener plusieurs minutes dans une longue tonnelle de feu, représentant le plus formidable brasier flamboyant qu'on puisse imaginer (6).

Le cas des Tardigrades incombustibles était le même dans la trop célèbre expérience. Ainsi que les personnes dont il vient d'être question, s'ils sortirent encore vivants de leur étuve à 153°, c'est que jamais sa température ne les avait atteints, car elle les eût infailliblement brûlés.

Des vêtements habilement confectionnés préservaient complétement les saltimbanques de la température mortelle qu'ils ne bravaient qu'en apparence; chez les Tardigrades, le terreau remplaçait le vêtement. Comme le dit avec beaucoup de raison l'illustre Ehrenberg, le sable et la mousse garantissent aussi bien les animalcules contre la dessiccation, qu'un épais manteau de laine garantit l'Arabe de la chaleur brûlante du soleil.

Ce court préambule suffit pour renverser nettement l'incombustibilité des Tardigrades : l'expérience la condamne, la raison la réprouve.

Mais on s'est beaucoup plus attaché aux résurrections; c'était, en effet, infiniment plus merveilleux.

Ce phénomène triplement erroné fit le charme et les délices de toute une époque : nos pères s'en divertissaient et les savants en amusaient leurs crédules élèves. Dans leur correspondance, Spallanzani et Bonnet y revenaient sans cesse. Le premier intitulait même un des chapitres de son important ouvrage : *Animaux qu'on peut tuer et ressusciter à son gré;* ce qui ne manquait pas d'être attrayant.

Cependant, parfois aussi, l'illustre abbé avait des scrupules au sujet de cette reviviscence, car il avait écrit, dans un certain endroit, qu'elle constitue la *vérité la plus paradoxale* que nous offre l'histoire du règne animal, et *qu'on ne saurait montrer trop de crainte et de défiance contre des vérités de cette nature.* Il avait parfaitement raison.

Cette étrange et brûlante question surexcita vivement les passions, et l'on peut dire que, depuis un siècle, elle a allumé une guerre acharnée au sein du monde savant. Des noms célèbres figurent dans les deux camps.

Il y eut d'abord un grand engouement pour les résurrectionnistes. L'abbé Spallanzani, qui marcha résolûment à leur tête, bravant le purgatoire et les foudres du Vatican, faisait de nombreux prosélytes et opérait devant qui que ce fût. Mais, au contraire, Fontana restait plus timoré, et, avec beaucoup de raison, reculait devant les conséquences qui découlent naturellement des résurrections. Il n'expérimentait qu'en cachette, avec des amis de confiance qui passaient à Florence. « Il n'ose point écrire sur ce sujet, nous dit le spirituel Dupaty; il craint d'être excommunié. Tout le pouvoir du grand-duc ne le sauverait pas. »

En effet, derrière les résurrections se dresse le matérialisme. Rendre la vie à un être mort en l'imbibant d'un peu d'eau, n'est-ce pas en subordonner l'existence aux puissances chimico-physiques? N'est-ce pas le comble de la plus grande hérésie qu'il soit possible de professer?

Le révoltant paradoxe soutenu par le physiologiste de Pavie ne laissait pas toujours sa conscience tranquille; et, en proie à des doutes et à des remords, il semblait avoir besoin de s'en justifier : « Un animal qui ressuscite après sa mort, et qui ressuscite autant qu'on veut, est, disait-il, un phénomène aussi inouï qu'il paraît invraisemblable et paradoxal; il confond toutes nos idées sur l'animalité. » L'illustre abbé n'a jamais parlé avec plus de raison. La crédulité antique était plus sage que la science moderne. Pline disait que Phénix ne ressuscitait qu'une seule fois; et nos palingénésistes modernes prétendent renouveler la reviviscence des Rotifères au gré de leurs désirs!

Trois animalcules ont principalement acquis de la célébrité dans les annales des résurrectionnistes : ce sont les Rotifères, en première ligne; puis les Tardigrades et les Anguillules des toits.

Les premiers sont réellement de bien curieux petits animaux microscopiques. On les reconnaît, à première vue, à deux espèces de disques qu'ils étendent au-devant de leur corps, et dont les bords ciliés représentent fidèlement de petites roues dentelées en mouvement, ce qui les faisait vulgairement appeler *porte-roues*. Ils vivent en abondance dans le terreau des mousses qui se cramponnent sur les vieilles tuiles de nos toits. Leur existence souffre là une foule d'alternatives. Quand il fait humide, et que leur sol est détrempé d'eau attiédie par la chaleur, les Rotifères sont agiles, vivaces, et courent partout pour trouver leur nourriture. Mais si le soleil ardent échauffe la toiture et dessèche les mousses, pendant tout le temps que cela dure, ils se ratatinent, se contractent en boule, et restent dans cet état, absolument inanimés, jusqu'à ce que les pluies reviennent.

Ce genre de vie, prédisposant ces animaux à rester un temps considérable contractés et immobiles, a fait croire qu'alors ils étaient morts. On y était d'autant plus trompé qu'aussitôt qu'on les met dans une goutte d'eau, ils se gonflent, se raniment et reprennent leur existence active. C'est ce fait très-simple que les palingénésistes ont pris pour une résurrection. Cette prétendue reviviscence n'est cependant que le phénomène que nous montre le Limaçon que l'on place dans un endroit sec, et qui s'enfonce dans sa coquille jusqu'à ce que vous lui rendiez un peu d'humidité.

On prétendait que le Rotifère contracté était absolument sec, et par conséquent mort. Nullement. Si vous le faites réellement sécher, jamais il ne revient.

C'était dans le laboratoire du muséum d'histoire naturelle de Rouen que devait s'évanouir le prestige des résurrections. Plusieurs de mes élèves ont concouru avec moi à ramener la science à des vues rationnelles. M. Pennetier, dans des travaux remarquables, a démontré que les Anguillules ne ressuscitent pas. M. Tinel l'a fait pour les Tardigrades, et moi en ce qui concerne les Rotifères (7).

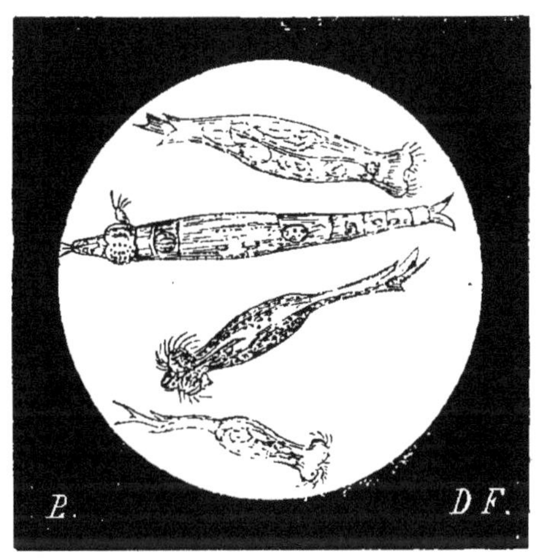

Rotifères.

Cependant, si, devant des expériences sévères, le prestige de la palingénésie s'évanouit, nous devons convenir que les Rotifères possèdent réellement une résistance vitale extraordinaire, presque prodigieuse. Dans du terreau conservé pendant deux à trois ans, nous les voyons encore s'allonger et se ranimer quand nous les mettons en contact avec quelques gouttes d'eau.

Plusieurs autres animaux présentent aussi une vitalité qui n'est pas moins remarquable que celle des Rotifères. Cependant, comme ils sont trop gros pour en imposer, on ne dit pas qu'eux ils ressuscitent, mais seulement qu'ils peuvent rester plusieurs années sans manger. Divers mollusques de la tribu des Limaçons se trouvent dans ce cas, à cause de la facilité avec laquelle ils s'enfoncent et s'abritent dans leur coquille.

Des Maillots qu'on avait oubliés dans une boîte, y sont restés pendant quatre ans, appliqués sur ses parois et dans l'immobilité de la mort.

La fraîcheur d'un peu de nourriture qu'on leur offrit, les tira de leur torpeur et les rappela à la vie. Mais ces faits, dont on trouve un assez bon nombre dans les ouvrages des naturalistes, les résurrectionnistes se gardent bien de les citer de peur de compromettre leur système.

L'histoire de la résurrection des Rotifères est assurément la même. Si après un long jeûne ils se raniment, c'est qu'ils ne sont pas plus morts que les Mollusques dont il vient d'être question. Comme eux, enfermés sous leur enveloppe, et encore plus hermétiquement peut-être, leur vie, dans cet état de contraction, ne s'entretient que parce que leurs organes, loin d'être morts et desséchés, conservent encore assez de fluides pour que l'existence ne s'éteigne pas. Quand ils sont réellement secs et morts, aucun semblant de résurrection n'est possible. Ressusciter une momie est un triple non-sens physique, physiologique et métaphysique.

Physique, parce que tous ceux qui ont vu une momie, ne supposeront jamais que ses tissus tant dilacérés par la dessiccation puissent retrouver leur aspect et leurs propriétés sous l'influence de l'humectation;

Physiologique, parce que des organes tellement altérés ne pourraient nullement reprendre leurs fonctions;

Enfin, métaphysique, parce que si quelques parcelles

d'eau pouvaient rendre à une momie tous les insaisissables ressorts de la pensée et de la vie, ce serait le comble du plus incompréhensible matérialisme : Le Phénix n'a qu'une existence mythique, et à la voix d'Élie les morts ne sortent plus du tombeau.

Tout naturellement, les physiologistes qu'on vit, à l'exemple de Dujardin, assimiler les animalcules microscopiques à des morceaux de gélatine vivante, acclamèrent la palingénésie.

Au contraire, les hommes qui s'illustraient par d'immortels travaux micrographiques réduisaient au néant cette inconcevable hypothèse : tels furent Ehrenberg et Diesing. Le premier, en m'écrivant, caractérisait, d'un seul trait, l'erreur des savants que nous combattons : *ils ne ressuscitent,* me disait-il, *que des animaux qui ne sont pas morts.*

Mais, si le prestige de la reviviscence a dû s'évanouir en présence du raisonnement et de l'expérimentation, il faut avouer qu'un concours de circonstances extraordinaires a pu facilement égarer les observateurs.

Quoique forcés aujourd'hui de biffer le charmant roman de la palingénésie, dont s'amusèrent nos devanciers, nous devons cependant dire que si les Rotifères ne ressuscitent pas, quand ils sont bien morts, leur ténacité vitale est l'un des plus extraordinaires phénomènes de la physiologie. Leur résistance au froid est réellement merveilleuse; où s'arrête-t-elle? on n'en sait rien. La température la plus basse que nous puissions obtenir dans nos laboratoires semble n'avoir sur eux aucun effet. J'ai vu ces animaux résister à un froid qui tuerait cent fois un homme. Des Rotifères plongés pendant trente minutes dans des appareils où la température était de

40° au-dessous de zéro, en sortaient parfaitement vivants.

L'histoire des Rotifères est un étonnement d'un bout à l'autre! Parfois, je les enlevais brusquement de ces appareils de réfrigération et les jetais immédiatement dans une étuve chauffée à 80°. Quand ils sortaient de celle-ci, on pouvait les voir se ranimer et courir pleins de vie. Dans cette double et si redoutable épreuve du passage du froid au chaud, ces microzoaires avaient brusquement franchi 120° du thermomètre centigrade, sans s'en trouver le moins du monde incommodés.

Nous ne ferions pas impunément ce que font des animalcules microscopiques (8)

L'ÉPONGE ET LE SILEX.

Ces deux noms semblent former une antithèse; mais celle-ci, en philosophie naturelle, n'est pas aussi absolue qu'on le suppose, puisque parfois l'un de ces corps dérive de l'autre.

Mais, quels rapports peuvent avoir nos molles et flexibles éponges avec ces rudes cailloux dont le briquet tire des étincelles? Nous allons le voir.

Depuis Aristote jusqu'à nos jours, on n'a jamais su à quel règne rapporter les premières. Aujourd'hui même, quelques naturalistes les considèrent comme des végétaux; d'autres, au contraire, les rangent parmi les animaux. Il y a même une troisième opinion, c'est celle qui consiste à les regarder comme tenant à la fois des deux règnes.

Toute l'Éponge ne se compose que d'une masse d'apparence gélatineuse, soutenue par un lacis inextricable de filaments cornés, ou plus rarement par une bâtisse calcaire ou siliceuse.

Les Éponges sont le plus bas terme de l'animalité, plus bas encore que la Monade! Elles se présentent, il est vrai, à nos yeux, sous des formes fort distinctes, mais rien en elles ne nous révèle l'individualité de leurs architectes. Tous se confondent en une seule masse glaireuse, dont les ondulations sont presque insensibles; tandis que la Monade est parfaitement circonscrite et douée d'une vive locomotion.

La vitalité des spongiaires est même tellement douteuse, que ce n'est réellement qu'en se fondant sur des indices rationnels qu'on les a classées dans le règne animal. D'organes, on n'en aperçoit aucun.

Les éponges sont les êtres les plus polymorphes du règne animal; on en rencontre de toutes les formes, de toutes les dimensions, de toutes les couleurs.

Les unes se ramifient à l'instar des arbres; beaucoup présentent la forme d'un entonnoir ou même d'une trompette; d'autres se divisent en lobes imitant de gros doigts, ce sont les *gants de Neptune*; il en est qui sont connues sous les noms de *manchons* ou de *cierges de mer*, à cause de leur forme.

Un genre voisin fournit même de véritables éponges monumentales. Celles-ci s'élèvent d'un à deux mètres au-dessus des rochers. Elles présentent un pied rétréci, qui, à une certaine hauteur, s'évase largement et donne à l'œuvre la forme d'une coupe régulièrement creusée et absolument semblable à un prodigieux verre à boire. A un tel et si colossal vase, l'imagination des marins ne pouvait donner qu'un seul nom, celui du redoutable dieu de la mer; ce vase vivant est la *coupe de Neptune!*

Je ne vois jamais l'une de ces gigantesques éponges sans m'incliner devant la sagesse providentielle. Cette vraie production monumentale n'est érigée que par des myriades de polypes, frêles animaux ratatinés dans leurs trous et n'en sortant à demi que pour plonger leurs imperceptibles bras dans les flots. Mais ces polypes étant séparés les uns des autres, et même souvent placés à un mètre de distance, qui donc dirige et conduit leurs mains invisibles, pour donner à leur construction une si harmonieuse symétrie? Quand le pied étroit est terminé, qui annonce à l'immense population que désormais on va devoir l'élargir? Qui lui annonce quand le moment de creuser le vase est arrivé? Quand il faut en amincir les bords ou orner l'extérieur d'élégantes côtes? Quelle aspiration suprême indique à tous ces ouvriers si éloignés, et tous enchaînés dans leur cellule, qu'il faut cependant mouler la coupe dans ses proportions artistiques!

Je conçois l'Abeille fabriquant son alvéole; je conçois sa prévoyance et l'ordonnance générale d'un travail dont tous les artisans peuvent se voir, se communiquer et s'entendre; mais j'avoue que tout me semble incompréhensible dans l'œuvre architectonique de la Coupe de Neptune. Mon esprit s'abîme et se confond. Cette magnifique construction est le plus beau défi que l'on puisse jeter à l'école du matérialisme. Les sciences physico-chimiques expliquent-elles comment ces divers animaux se correspondent pour l'achèvement de leur habitation commune, car il faut absolument que tous soient régis ar une idée dominante? Nullement : tout est impuissance dans ces orgueilleuses théories dont aujourd'hui l'audace fait seule la fortune....

Si nous avons rapproché le silex et l'éponge, l'une de nos plus dures pierres de l'un des animaux les plus mous, c'est que le premier semble parfois n'être qu'une transformation de l'autre.

Certaines Éponges, au lieu d'avoir une bâtisse molle et cornée, ne sont composées que d'alvéoles ou de fibrilles siliceuses. Aussi, loin d'offrir la flexibilité de celles que nous employons vulgairement, elles sont excessivement fragiles, et la moindre pression les brise comme du verre.

Cette particularité étant connue, le rapprochement de l'éponge et du silex paraît moins extraordinaire ; car les détritus du zoophyte ont pu, par leur condensation, donner naissance à l'autre. En effet, quelques géologues pensent que les Silex de la craie proviennent, sinon entièrement, du moins en grande partie des éponges et des infusoires qui habitaient les mers crétacées. Les Silex de quelques contrées renferment même des débris d'éponges; on en rencontre également dans les Jaspes et les Agates (9).

Ainsi donc s'établissent les rapports d'un des organismes les plus frêles de la création et de l'une de ses roches les plus dures : de l'éponge et du silex.

CHAPITRE II.

LA MER ET SES ARCHITECTES.

Lorsque la philosophie antique, avec Thalès, prétendait que tout était sorti de la mer, elle était parfaitement dans le vrai.

La mer est d'une fécondité dont n'approche nullement la terre. Et ses magnificences sont telles, que, comme le disait Christophe Colomb, la parole et la main ne peuvent suffire à les décrire. La vie s'y manifeste partout; elle anime ses plus ténébreux abîmes et s'étale profusément à sa surface. Ainsi que nous l'avons vu, à 12 000 pieds de profondeur, on en trouve encore de frêles représentants qui, là, résistent à la prodigieuse pression de 375 atmosphères! D'autres ne se plaisent qu'au milieu des vagues; tel est le Fucus nageant, qu'on voit y former d'immenses prairies qui arrêtent les navires.

Le plus considérable de ces bancs de Fucus se trouve sur la route des navigateurs qui se rendent d'Europe en Amérique, entre les Açores, les Canaries et les îles du Cap-Vert. Il en est déjà question dans les traditions phéniciennes : on y parle d'une *mer herbeuse ou gélatineuse* située au delà des colonnes d'Hercule. Aristote dit même qu'effrayés par son aspect, les plus hardis marins de l'antiquité n'osaient en franchir les limites. Ces plaines d'algues faillirent empêcher la découverte de l'Amérique. La marche des vaisseaux de Colomb s'y trouvant fort entravée, les équipages effrayés et craignant de ne jamais pouvoir en sortir, se révoltèrent en demandant impérieusement à rétrograder vers leur patrie.

Un phénomène infiniment remarquable par rapport à ce banc de Fucus flottants, c'est sa constance dans un lieu donné, depuis tant de siècles, malgré l'agitation perpétuelle des flots et les grands mouvements de la masse de l'Océan (10).

LE CORAIL ET SES CONSTRUCTEURS.

Considéré comme l'une des plus splendides productions de la mer, le Corail, déjà célébré dans les chants d'Orphée, a vu sa vogue traverser les siècles sans jamais s'affaiblir. Les Gaulois et les Indiens en décoraient leurs glaives et leurs armures de guerre ; aujourd'hui c'est l'ornement des femmes. Là, les filles de la Nubie surchargent de longs colliers de corail leurs épaules d'ébène ; ailleurs, la teinte rutilante de ceux-ci fait ressortir la blancheur satinée du cou et du sein des belles Circassiennes.

Mais ce Corail, si anciennement renommé, il a fallu plus de vingt siècles de tâtonnements incessants pour en dévoiler la mystérieuse nature.

C'est un Polypier branchu, d'une belle couleur rouge, qui offre la dureté des roches les plus compactes, et, comme elles, est susceptible de recevoir un beau poli. Quand on le retire de la mer, dont il habite seulement les eaux profondes, il ressemble absolument, par la disposition de ses rameaux, à un arbuste en miniature, dont les branches, couvertes d'une écorce rose et molle, offrent de place en place de petits trous dans chacun desquels réside l'un de leurs constructeurs. Ceux-ci sont autant de polypes qui, quand ils viennent à s'épanouir, ont toute l'apparence de petites fleurs d'un assez beau blanc, à huit divisions étalées comme des rayons, et dont les bords sont ciliés.

Ce fut cette trompeuse apparence qui fit tant osciller les naturalistes sur la nature du corail.

Son extrême dureté et le beau poli qu'il peut prendre, le firent considérer comme un simple minéral, par quelques observateurs.

Mais l'idée qui parut dominer toutes les autres, c'était que le Corail ne représentait qu'un arbrisseau sous-marin. Telle fut l'opinion de Pline et de Dioscoride; et ces deux érudits, en le voyant si dur et si compacte, ajoutaient même que cet arbrisseau ne nous apparaissait avec une telle consistance, que parce qu'il se pétrifiait subitement en sortant des flots, lorsque l'air le frappait.

Tournefort, ce voyageur si judicieux, ne tira, à ce sujet, aucun avantage de ses pérégrinations en Orient, la patrie du célèbre polypier. Il le considéra aussi comme une plante et le fit figurer, à ce titre, dans l'une des planches de son magnifique ouvrage. Il y est placé dans la vingt-deuxième classe du règne végétal, parmi la section qu'il intitule : *des herbes marines ou fluviatiles, desquelles les fleurs et les fruits sont inconnus du vulgaire.*

Un moment, mais seulement un moment, hélas! l'o-

Corail.

pinion du botaniste français parut reposer sur la plus stricte observation. Durant le dix-huitième siècle, le comte de Marsigli annonça au monde savant qu'il venait de découvrir les fleurs du Corail, et que, par conséquent, sa nature végétale ne pouvait plus être mise en doute. En plaçant des branches de ce polypier dans de l'eau de mer, immédiatement après qu'elles venaient d'être pêchées, l'observateur italien avait vu les espèces de bourgeons qui couvrent leur surface, s'épanouir comme autant de fleurs à huit pétales, formées de gentilles petites corolles blanches et étoilées, qui se dessinaient sur l'écorce rougeâtre des tiges. Marsigli n'en doutait plus ; c'étaient là les fleurs de l'arbrisseau paradoxal; il avait résolu le problème laissé encore incomplet par Tournefort. Dans sa joie, en proclamant sa découverte dans le sein de l'Académie des sciences et en lui faisant passer les pièces de conviction, il écrivait au président : « Je vous envoie quelques branches de corail, *couvertes de fleurs blanches*. Cette découverte m'a fait presque passer pour sorcier dans le pays, personne, même les pêcheurs, n'ayant rien vu de semblable. »

Polype du corail.

L'illustre compagnie savante fut convaincue. Mais ses convictions et la quiétude de Marsigli ne devaient avoir qu'une courte durée. Peu de temps après le moment où l'on avait cru avoir mis enfin le doigt sur la vérité, un médecin français, Peyssonnel, qui, en 1725, parcourait les côtes de la Barbarie, ayant assisté à la pêche du corail et fait sur celui-ci de longues recherches, découvrit que ses prétendues fleurs n'étaient qu'autant de petits animaux ou polypes analogues à ceux des Madrépores, et qui, comme eux, bâtissaient le faux arbrisseau pierreux.

Convaincu de l'exactitude de ses observations, Peyssonnel, à son tour, en fit part à l'Académie des sciences. Mais celle-ci, encore fascinée par les fleurs du corail que le comte italien lui avait adressées, n'ajouta aucune confiance aux découvertes du médecin français, et l'évinça de la façon la plus gracieuse.

Réaumur ayant été chargé de faire un rapport sur cette découverte à l'illustre corps savant, crut, *par ménagement*, comme il le dit, n'en pas devoir nommer l'auteur. Et c'était avec un ton mêlé d'ironie et de compassion qu'il en écrivait à celui-ci, en lui accusant réception de son mémoire. Ce qu'il y eut encore de plus impardonnable, ce fut l'attitude du calme et consciencieux Bernard de Jussieu. Il écrivit à Peyssonnel une lettre exempte de cette raillerie badine qui n'était nullement dans son caractère, mais tout aussi décourageante que celle de l'illustre historien des insectes. De Jussieu était cependant beaucoup plus coupable, car le plus superficiel examen des prétendues fleurs du corail lui eût démontré l'erreur. Tout ce que l'appareil floral a de fondamental y manquait; mais le botaniste ne se donna pas la peine d'y regarder.

L'affaire eut un grand retentissement, et bon gré mal gré il fallut bien la débrouiller. Puis, au moment où la lumière se fit, on s'aperçut enfin que c'était le simple médecin de province qui avait raison contre l'Académie. Les fleurs du corail n'étaient que des Polypes, et l'arbrisseau pierreux un Madrépore, sculpté et façonné par de tout petits animaux marins.

Telle est la vérité.

Revenons sur la seconde erreur qui ternit l'histoire du corail.

On ne concevait pas comment un corps si dur pouvait cependant n'être qu'un tissu végétal. Les pêcheurs, en suivant la tradition ancienne, expliquaient parfaitement la chose, et tout le monde ajoutait foi à leurs paroles. Ils prétendaient que sous l'eau, l'arbrisseau marin n'avait que la consistance de toutes les plantes terrestres analogues, mais qu'il durcissait subitement au contact de l'air. Cette étrange opinion était profondément enracinée parmi les masses, et rangée au nombre des faits les plus avérés.

Cependant, M. de Nicolaï, qui était inspecteur des pêches, voulut tout vérifier.

Il fit plonger un de ses corailleurs, afin qu'il s'assurât quelle était la consistance du polypier. Celui-ci rapporta que dans la mer, le Corail avait la même dureté qu'à l'air. Mais, tel était l'empire du préjugé, que M. de Nicolaï ne crut qu'à demi son employé. En définitive, il se décida aussi à plonger, pour s'assurer lui-même du fait, et il reconnut alors, qu'au milieu des flots, le polypier possède réellement toute sa consistance.

Ainsi, on a oscillé deux mille ans, chose désespérante, avant de parvenir à déterminer la véritable nature du corail.

Il a fallu tout ce temps pour établir que celui-ci n'est qu'un simple polypier marin ; et que, sous la mer, il est tout aussi dur que quand il forme ces bracelets ou ces riches colliers dont le vermillon fait un si charmant contraste avec la blanche peau de nos plus gracieuses femmes ! (10 *bis*.)

LES CONSTRUCTEURS D'ILES.

Des myriades de petits animaux, plus nombreux que la poussière d'étoiles de la voie lactée, travaillent silencieusement dans les profondeurs de la mer, et y accomplissent des travaux dont la masse nous stupéfie. Leurs constructions, auxquelles les marins donnent vulgairement le nom de *bancs de coraux*, s'élèvent parfois avec une rapidité surprenante, en rendant impraticables des parages de l'Océan que les navires traversaient précédemment à pleines voiles.

Ces bancs sous-marins ne sont autres que des Polypiers calcaires, que construisent de frêles animaux, assez semblables à de toutes petites fleurs, et qui habitent les innombrables trous dont leur surface est constellée. Mais ces obscurs ouvriers, aussi modestes que laborieux, se dérobent fréquemment à l'œil; pour les voir, il faut appeler le microscope à son secours.

C'est principalement dans la mer du Sud et la mer Rouge que les Polypiers abondent. Aux abords des îles Maldives, ils forment des masses extraordinaires, qui, au rapport des voyageurs, n'ont pas moins d'étendue que les Alpes.

Après avoir décrit avec soin les procédés par lesquels les Polypes élèvent ces dangereux récifs, si funestes aux navigateurs, R. Owen résume ainsi l'importance de leur œuvre : « La prodigieuse étendue du travail combiné et incessant de ces petits architectes, doit être envisagée pour concevoir leur rôle important dans la nature. Ils ont bâti une barrière de récifs de 400 milles de longueur autour de la Nouvelle-Calédonie, et une autre, qui va le long de la côte nord-est de l'Australie, de 1 000 milles de longueur. Cela représente, ajoute l'illustre zoologiste, une masse près de laquelle les murs de Babylone et les pyramides d'Égypte ne sont que des jouets d'enfant. Et ces travaux des polypes ont été exécutés au milieu des flots de l'Océan, et en dépit des tempêtes qui anéantissent si rapidement les travaux les plus solides de l'homme. » (11)

Malgré leur infinie petitesse, les Polypes, par leurs constructions calcaires, n'en ont pas moins réagi d'une manière puissante sur la structure de l'écorce terrestre. Ils ont modifié celle-ci au moyen de deux procédés : soit en exhaussant le fond des mers, par leur développement incessant ; soit en produisant d'imposantes montagnes calcaires, à l'aide de leurs détritus. Et, en effet, lorsqu'on examine les assises de ces dernières, on s'aperçoit qu'elles ne sont uniquement formées que de Polypiers et de Coquilles, qui pullulaient dans les anciens océans du globe.

Broyés en poussière par leurs vagues furieuses, ces êtres ont seulement laissé de place en place quelques vestiges révélateurs, comme pour servir de flambeau aux modernes investigateurs des sciences.

Telle est l'opinion de l'illustre Lyell et de la plupart des géologues modernes. A l'appui de celle-ci, on a récemment remarqué que certaines lagunes étaient remplies d'un limon calcaire blanc, évidemment dû au détritus des polypiers ; et qu'aussitôt que celui-ci était desséché, il ressemblait absolument à la Craie de nos anciennes montagnes.

A cette action capitale des vagues, transformant en

strates calcaires les polypiers et les coquilles, il s'en joint une autre, beaucoup moins énergique, il est vrai, mais infiniment curieuse. Un observateur ingénieux, M. Darwin, rapporte que tout autour des îles madréporiques, la transparence de la mer permet d'apercevoir des bandes de poissons, appartenant surtout au genre Spare, qui se nourrissent des sommités des polypiers branchus, et les broutent absolument comme les troupeaux de moutons le font de l'herbe de nos prairies. Pour se nourrir de l'ouvrier, ils mangent avec lui certaines portions de ses constructions. Et comme celles-ci sont absolument réfractaires à la digestion, il en résulte, selon le savant anglais, qu'une partie de la substance crayeuse qui encombre le fond de la mer aux abords des récifs madréporiques, est due aux déjections de ces poissons. En les disséquant, on reconnaît même que leur tube digestif est rempli de craie pure.

Les îles madréporiques reposent ordinairement sur un soulèvement du fond de la mer. L'action volcanique a commencé la besogne, et les polypes l'achèvent; ils rehaussent l'œuvre jusqu'au niveau des vagues. Ces îles offrent toujours une configuration spéciale; presque toutes sont circulaires et présentent à leur centre une dépression cratériforme. Cette particularité paraît tenir à ce que l'animation des petits ouvriers s'entretient mieux là où l'eau agitée leur apporte une plus ample nourriture. Les animaux du centre, placés dans des circonstances opposées, exténués et languissants, n'élèvent leur rempart vivant qu'avec plus de lenteur.

Dans l'océan Pacifique, où l'on observe un certain nombre d'îles de cette nature, les Polypiers arrivent jusqu'au niveau des basses marées, et ensuite les grandes lames en exhaussent le centre, en y refoulant sans cesse les fragments qu'elles arrachent à la ceinture. Quand, par la succession des années, le terrain est mis à découvert, les détritus des plantes marines l'élèvent encore; et bientôt ce sol vierge se trouve fécondé par les graines qu'y apportent les vents, les oiseaux et les courants.

Deux des plus célèbres voyageurs de notre époque, Forster et Péron, pensaient que ces récifs et ces îles madréporiques se formaient avec une extraordinaire rapidité, et que peu d'années leur suffisaient pour transformer notablement les profondeurs de la mer et hérisser de rochers dangereux ou de barrières infranchissables, certains parages où naguère les navigateurs voguaient en sécurité. Ces terres nouvelles pullulent parfois avec une rapidité qui bouleverse toute la science nautique. Un des détroits des abords de l'Australie, qui ne comptait, il y a peu d'années, que vingt-six îlots madréporiques, en offre aujourd'hui cent cinquante.

Les géologues ont eux-mêmes insisté sur la puissance de ces *faiseurs de mondes*, — comme les appelle notre illustre Michelet, — qui ont remanié, modifié la surface de notre globe à certaines périodes antédiluviennes. Ils pullulaient alors dans l'immensité de ces mers qui promenaient tumultueusement leurs vagues sur presque toutes les terres aujourd'hui couvertes par nos paisibles demeures. Quelques contrées de l'Europe en présentent des bancs d'une remarquable fécondité; la vieille Germanie et ses sombres forêts reposent sur un lit de corail.

Si, dans leur infinie petitesse, les polypes nous étonnent par les puissantes forteresses dont ils hérissent l'Océan, nous devons reconnaître qu'ils ne sont pas moins dignes de notre admiration, par le rôle qui leur est confié au milieu de leurs solitudes liquides. Leur nourriture ne consiste que dans les imperceptibles débris d'animaux, partout éparpillés dans les flots ; aussi Buckland fait-il remarquer qu'ils ont une mission importante à remplir dans l'harmonie de la nature. C'est à eux que celle-ci à départi l'office de nettoyer les eaux de la mer, et de les purger de toutes les impuretés les plus déliées qui échappent aux poissons voraces. Ainsi, dit-il, nous trouvons là un nouveau sujet de nous incliner devant la sagesse providentielle !

Non moins étonné de toutes les magnificences qui se sont déroulées devant ses yeux, pendant ses longues et incessantes veilles, Ellis, en terminant son histoire des polypes, dépose sa plume et s'incline profondément en adressant un hymne à la gloire du créateur de tant de merveilles (12).

Dans les contrées où ils abondent, ces funestes constructeurs de récifs vivants, comme une faible compensation, rendent quelques services à l'homme. Les Polypiers encroûtants forment parfois des couches épaisses et très-compactes, dont on se sert en guise de pierre à bâtir. Forskal, qui a exploré les rivages de la mer Rouge, dit que les habitants de Suez et de Djidda, enlèvent sur ceux-ci des masses madréporiques ayant jusqu'à vingt-cinq pieds de longueur, et que c'est avec elles qu'ils construisent toutes leurs maisons. Mon illustre ami, P.-E. Botta, m'a rapporté que les habitations de certaines bourgades des îles Sandwich, n'avaient pas d'autres matériaux.

Ainsi, c'est avec l'œuvre des Polypes, ces frêles architectes, que l'homme construit ses demeures.

A chaque espèce, sa mission et sa forme. Près de nos constructeurs de récifs, vivent d'autres Polypiers qui, au lieu d'encroûter les rochers, s'étalent à leur surface comme une véritable forêt, dont les rameaux pétrifiés bravent la fureur des vagues. Les uns ont tellement la physionomie de nos plantes, que les anciens botanistes les classèrent sans hésitation parmi les êtres de leur domaine. D'autres s'étalent en vastes cupules superposées les unes au-dessus des autres, c'est le *char de Neptune* le dominateur des mers.

LES RONGEURS DE PIERRE ET LES RONGEURS DE BOIS.

Nous avons vu d'imperceptibles architectes hérisser de forêts de Corail les profondeurs de la mer, ici des ouvriers d'une autre nature vont nous occuper. Ce sont de véritables Mineurs : ils n'édifient rien, mais se creusent des souterrains dans les rochers submergés. Leur travail incessant et encore inexpliqué, attaque les pierres les plus compactes et les perfore profondément. On s'étonne même, lorsqu'en fendant le marbre on trouve des coquilles vivantes au milieu de ses blocs, eux que le ciseau du sculpteur n'entame qu'avec effort.

Les plus célèbres rongeurs de pierre que l'on connaisse, les Pholades, creusent ordinairement leur demeure dans les roches calcaires de nos rivages. Ce sont de minces coquilles blanches, ayant leurs valves élégamment ornées de lamelles saillantes ou de pointes disposées symétriquement. Leurs deux extrémités sont largement entre-bâillées. De l'une sortent les tubes respiratoires et nutritifs, qui, du fond du trou qu'habite le mollusque, s'allongent pour pomper l'eau de la mer et ses myriades d'animalcules. Par l'autre, encore plus ouverte, sort le pied, épaisse et robuste semelle vivante, appelée sans doute à jouer un grand rôle dans la vie du solitaire animal.

Il y a des chasseurs de Pholades, comme il y a des pêcheurs de Salicoques. Les premiers se distinguent à merveille dans le plus extrême lointain, à la blancheur resplendissante de leur vêtement. Ce n'est pas que celui-ci ait réellement cette couleur; non, elle n'est due qu'au mastic que forme sur tout le corps de ces singuliers industriels, les éclaboussures mouillées des rochers qu'ils fendent à grands coups de pic, pour trouver, dans leurs profondeurs, le mollusque qu'ils vendent aux pêcheurs.

Quand, malgré les obstacles d'un sol rocailleux et glissant, vous êtes parvenu enfin aux environs du laborieux piocheur; si, après l'avoir invité à cesser tout travail, afin d'éviter l'ample rayon d'éclaboussures de sa cognée, vous examinez les Pholades gisant çà et là parmi les rochers fracassés, alors vous revenez bien persuadé qu'il existe des coquilles qui rongent les pierres, ce dont beaucoup de personnes doutaient encore naguère. Mais un autre problème reste à résoudre, il faut savoir comment ces animaux peuvent exécuter un travail qui semble tellement au-dessus de leurs forces.

Quelques naturalistes ont supposé que les Pholades n'étaient que des espèces de limes vivantes, creusant mécaniquement leur habitation en râpant la roche à l'aide des fines pointes de leur coquille. — Mais cette opinion n'est nullement soutenable, car avant d'entamer la pierre dure, ces délicates saillies seraient elles-mêmes complétement usées.

D'autres savants pensent que le mollusque a recours

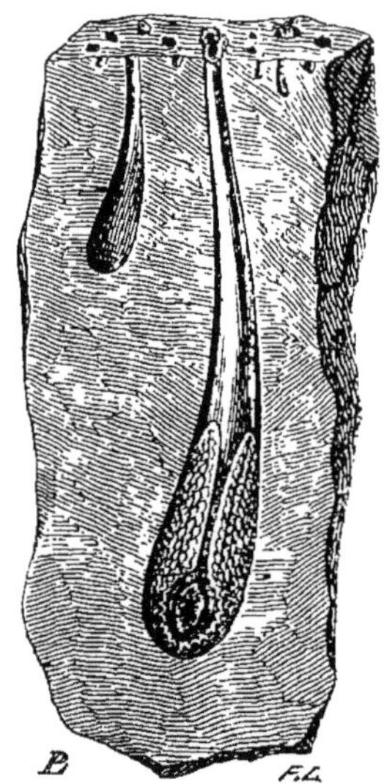

Pholades dans une pierre.

à des procédés chimiques, et qu'il creuse sa demeure en distillant un acide qui attaque la pierre. Mais il est certain que sa coquille étant d'une composition analogue à la roche, elle deviendrait la première victime de l'agent érosif, et se trouverait dissoute bien avant que son trou ne soit formé (13).

Cependant, il est évident que pour les Pholades vivant dans le Calcaire de nos rivages, c'est leur robuste pied qui se charge du travail. Par ses mouvements incessants, cette semelle charnue use peu à peu la roche amollie par l'eau. Celle-ci, qui à l'état sec offre tant de dureté, est, au contraire, fort tendre lorsque la mer l'imbibe, et les frottements du doigt, en quelques minutes, suffisent pour la creuser assez profondément.

Mais si le problème est résolu pour les *Lithophages*, c'est-à-dire les mangeurs de pierre, qui vivent dans le calcaire mou, il semble laisser des doutes à l'égard de ceux que l'on rencontre dans les marbres les plus compactes; car il est évident que là le mouvement du pied ne suffit plus pour entamer un corps d'une telle résistance.

L'un de ces Marbriers a conquis une grande célébrité dans les annales de la géologie, en attaquant le temple de Jupiter Sérapis, situé sur les bords de la Méditerranée, presque au niveau de ses flots.

C'est une Pholade qui a creusé de nombreuses excavations dans les belles colonnes de ce sanctuaire, et les a même rongées d'une disgracieuse manière, dans l'étendue d'un mètre, à une hauteur de 6 à 7 pieds au-dessus du parvis. Les savants supposent qu'à une époque, dont l'histoire ne fait aucune mention, par un de ces mouvements du sol si fréquents dans les contrées volcaniques, le temple célèbre s'est enfoncé dans la mer, et qu'alors il a été envahi par les mollusques lithophages. Puis, qu'à un autre instant, soulevé comme un décor de théâtre, par un mouvement contraire, le monument, en sortant magiquement du sein des flots, est revenu se placer dans l'air, en offrant à nos yeux étonnés les déprédations des animaux qui l'ont rongé.

Mais le travail du mollusque et le double mouvement du temple fameux, resteront peut-être encore longtemps enveloppés de mystère, quoique Schleiden rapporte qu'un vieux moine, d'un couvent des environs, racontait que, dans son enfance, il avait cueilli des raisins dans le pourtour du monument où se balancent aujourd'hui sur la mer les barques des pêcheurs (14).

La mer possède encore d'autres artisans; mais ceux-ci redoutent la pierre dure et ne travaillent que dans le bois. Pour eux, tout le monde les connaît et les voit à l'œuvre; ce sont des Menuisiers trop ardents à la besogne, qui perforent fatalement nos digues et nos navires.

Taret commun.

Ces ennemis de nos constructions navales sont les Tarets, mollusques vermiformes, vivant constamment à l'intérieur du bois submergé par les flots, et perpétuellement occupés à le ronger et à y creuser de multiples et tortueuses galeries. Pour eux, on connaît exactement leurs instruments de travail. Ceux-ci ne sont autres que le bord tranchant de la petite coquille qui se trouve en avant du corps long et mou de l'animal.

Les ravages des Tarets sont terribles. En peu de temps ils réduisent à l'état d'éponge fragile les plus fortes poutres. Ces mollusques ont failli, en 1731, produire la submersion d'une région de la Hollande : ils avaient dévoré la plus grande partie des digues de la Zélande. C'est un véritable fléau que l'on n'arrête pas à son gré.

A chaque instant ces animaux s'attaquent à la carcasse de nos plus forts navires, et, en la perforant de toutes parts, mettent ceux-ci en danger et les menacent d'un incessant naufrage. Ce n'est que pour se préserver de ces terribles rongeurs de bois, qu'on revêt d'une chemise de cuivre tous les bâtiments qui entreprennent de longs voyages.

Là, ce sont de frêles mollusques qui ravagent nos constructions navales ; plus loin, nous verrons les moindres insectes ronger impitoyablement nos demeures.

LES CONSTRUCTEURS DE MONTAGNES.

Ravies aux profondeurs de l'écorce terrestre, et violemment soulevées au-dessus des nuages par une formidable puissance, les hautes aspérités du globe nous étonnent par leur masse et par leur élévation. Mais il en est d'autres qui, quoique moins gigantesques, ont cependant une origine bien autrement merveilleuse : ce sont les montagnes de coquilles.

L'exubérance vitale des anciens océans surpassait tout

ce que nous pouvons imaginer : nos mers actuelles ne nous en donnent aucune idée. Les Mollusques y vivaient en masses si serrées et si compactes que leurs seuls débris, en s'accumulant, ont produit d'épaisses assises ou d'imposantes cimes.

Les phénomènes qui présidèrent à l'enfantement de celles-ci ont offert deux modifications fondamentales.

Tantôt c'étaient des mers dont le calme rivalisait avec la fécondité, exhaussant lentement leur fond à même la nécropole de leurs innombrables populations. Là les coquilles, tranquillement déposées les unes sur les autres, ne présentent pas la moindre trace d'érosion. Après tant de milliers d'années, nous les retrouvons ornées de leurs plus fines arètes, de leurs imperceptibles stries. Que dis-je ! il en est même qui reflètent encore des couleurs qui les décorèrent aux premiers jours de la création, longtemps avant que l'œuvre ne fût achevée !

Ailleurs, pullulant au milieu d'un océan sans bornes et tumultueusement agité, les coquilles broyées par ses vagues furieuses, en se précipitant en impalpable-poussière, ont formé des montagnes (15).

Mais, quelque extraordinaire que soit une telle origine, le doute n'est cependant pas permis : car, dans certaines localités, on passe, par des transitions insensibles, des roches absolument composées de coquilles entières et entassées, à des strates dans lesquelles celles-ci sont plus ou moins finement broyées.

D'autres aspérités calcaires ont une origine encore plus prodigieuse ; elles ne sont formées que d'êtres microscopiques, dont l'extrême ténuité a miraculeusement bravé l'action destructive du temps. Il ne s'agit pas ici de l'une de ces ingénieuses hypothèses dont la science aimait tant jadis à s'emparer. Tout ce que nous avançons, le microscope le démontre avec une précision que nul ne peut contester. Ehrenberg nous a même donné d'excellentes figures de toutes ces merveilles dans sa Micrographie géologique (16).

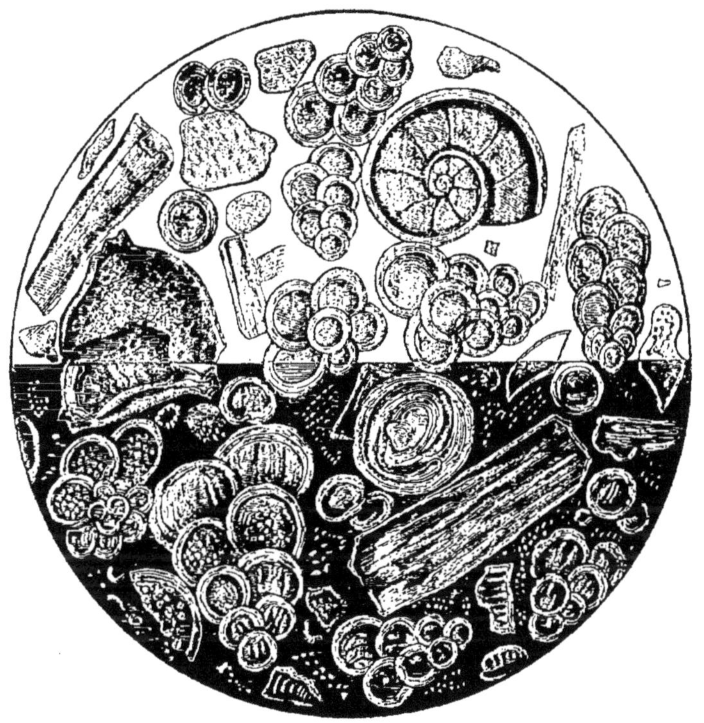

Craie de Meudon.

Ainsi donc, lorsque métaphoriquement nous parlons de l'ossature du globe, si ce nom s'applique à des montagnes de Calcaire grossier, on est absolument dans le vrai. S'il ne s'agit pas ici du squelette de notre sphère, il s'agit au moins de celui d'incommensurables myriades d'animaux.

C'est à des amas d'animalcules à carapace calcaire que sont dues les formations géologiques crayeuses qui s'élèvent çà et là en longues chaînes de montagnes. C'est ainsi que sont celles qui ceignent l'Angleterre de l'immense rempart d'un beau blanc auquel elle a dû son ancienne dénomination d'*Albion*. En Russie, près du Volga, et dans le nord de la France, le Danemark, la Suède, la Grèce, la Sicile, l'Afrique et l'Arabie, beaucoup d'aspérités crétacées n'ont pas d'autre origine.

L'imagination s'effraye en supputant quelle a dû être la puissance de la vie organique, pour produire de telles masses par la simple agglomération d'êtres presque invisibles. Leur petitesse est telle, en effet, que Schleiden prétend qu'une seule de ces cartes de visite que l'on recouvre d'une blanche couche de craie, représente un cabinet zoologique de près de cent mille coquillages d'animaux.

Dans une des montagnes des environs de Douvres, après un long travail préparatoire, en 1843, on faisait éclater une mine contenant 185 quintaux de poudre. Celle-ci ayant été enflammée à l'aide d'une batterie électrique, presque sans bruit, déchira les flancs d'une imposante masse calcaire dont les débris, évalués à 20 millions de quintaux, se précipitèrent dans la mer, en s'étalant en une couche de 20 pieds d'épaisseur sur une superficie de quinze acres.

Contre quoi donc de si formidables engins de guerre étaient-ils employés? Contre quoi donc se produisait ce gigantesque combat de l'esprit humain? Tout simplement contre les squelettes amoncelés de petits animalcules que notre doigt écraserait par milliers!...

Les coquilles des mollusques microscopiques qui composent les montagnes, ne sont formées que de carbonate de chaux; et elles sont tellement petites que l'on a calculé qu'il en fallait environ 10 millions pour faire une livre de craie, et qu'il en entrait plus de cent cinquante dans un millimètre cube. A la faveur de leur inconcevable fécondité, ces animalcules ont rempli les mers crétacées, et en s'amoncelant en couches au fond de celles-ci, leurs squelettes ont constitué les puissantes assises crayeuses qui composent aujourd'hui certaines montagnes. Tantôt, celles-ci ne sont formées que par les petites coquilles encore entières; ce que l'on reconnaît dans les roches de la Sicile et la craie de Meudon, en les soumettant au microscope. Tantôt, la pesanteur des nouvelles couches qui se superposaient a réduit en poussière fine celles du fond, et alors on n'a plus qu'une craie molle et ténue.

Résumons-nous :

Ainsi, nos montagnes calcaires sont de trois ordres. Les unes ne se trouvent composées que de coquilles entassées, entières; les autres sont formées de coquilles finement broyées; et, enfin, il en est dont la masse n'est représentée que par des coquilles microscopiques.

Déjà la formation des premières nous étonne, celle des autres nous confond.

CHAPITRE III.

LES INSECTES.

A une merveilleuse délicatesse d'organisation, ces animaux joignent une intelligence plus merveilleuse encore. La perfection de leurs outils microscopiques nous laisse supposer qu'ils doivent accomplir des travaux d'une infinie variété : ce sont ceux-ci que Rennie désigne sous le nom d'*architecture des insectes*. En effet, souvent ces infimes êtres élèvent des constructions d'une élégance ou d'une ampleur qu'on serait loin d'attendre de leur part. Elles sont tellement variées que Réaumur, et, à son exemple, le savant anglais dont il vient d'être question, en ont classé les ouvriers par corps d'état. Évidemment il y a parmi les insectes des architectes, des maçons, des tapissiers, des papetiers, des menuisiers, des fabricants de carton et des hydrauliciens. A d'autres le travail répugne; ce sont de véritables forbans, toujours en guerre et au pillage.

MERVEILLES DE LEUR ORGANISATION.

Le flambeau de l'anatomie a jeté les plus vives clartés sur l'organisation des animaux inférieurs; et le microscope, en nous permettant d'en fouiller les replis les plus inaccessibles, a déroulé devant nos yeux des horizons aussi prodigieux qu'inattendus. Mais avouons aussi, que si l'investigation des infiniment petits a acquis un si puissant degré de certitude, elle le doit aux patientes observations d'hommes qui, souvent, y ont sacrifié leur vie entière.

Un avocat de Maëstricht, Lyonnet, passa presque toute la sienne à étudier une chenille qui ronge le saule, et produisit sur ce seul insecte, un des plus magnifiques ouvrages dont puisse se glorifier le génie humain.

Goëdart, peintre hollandais, dépensa vingt de ses plus belles années à observer les métamorphoses des Insectes; spectacle véritablement émouvant pour celui qui l'envisage d'un œil religieux! Aussi, est-il tenté de s'écrier au milieu de nos brillantes réunions, où les afflictions percent malgré le faste et l'or : « Ah ! laissez-moi préférer d'assister à la naissance d'un papillon! Dans ses plus frêles créatures, Dieu révèle sa force et sa majesté; dans vos splendides fêtes, vous n'étalez souvent que votre impuissance et vos misères! »

Anatomiquement et physiologiquement parlant, le mécanisme humain est bien abrupt, bien grossier, comparé à la délicatesse exquise qu'offre l'organisme de certains animaux! Mais en nous, l'intelligence, ce véritable sceptre de l'univers, domine l'imperfection de la matière! Par elle, l'homme seul se rapproche de ces êtres d'élite qui brillent autour du trône de l'Éternel, et forment un trait d'union entre les cieux et la terre : si par ses organes il appartient à notre sphère, par l'éclat de son génie il semble déjà s'élever vers l'essence suprême. (16 *bis.*)

C'est là une grande et philosophique vérité; un coup d'œil sur l'organisation des Insectes va nous la démontrer à l'instant.

Dans ses moindres ébauches, la nature sait allier la puissance à l'exquise finesse du mécanisme. Les Insectes le prouvent dès l'abord, et lorsqu'on nous en déroule la déplorable histoire, nous ne sommes plus tentés de les traiter avec le dédain des poëtes. Un simple Papillon, une seule Mouche humilie l'orgueil de l'homme, et, malgré lui, abat ses forêts, ronge ses récoltes et fait son désespoir. Tel Insecte, inconnu de celui qui l'apostrophe avec tant de mépris, glace de terreur l'habitant des campagnes, et sa piqûre le tue!

Demandez donc aux compagnons de l'astronome Maupertuis, s'ils traitaient de vils insectes les Moustiques de la Laponie, lorsque pour se soustraire au martyre de leur piqûre, ils s'enduisaient tout le visage de goudron!

La Mouche domestique, inoffensive dans nos habitations, tourmente sans relâche ceux qui voyagent dans les climats chauds. Là on la redoute plus que l'hyène et le chacal, et l'on ne s'en garantit qu'en ayant autour de soi une armée d'esclaves. Dans quelques villages de la Haute-Égypte, j'ai parfois rencontré, dans les bras de leur mère, des enfants à la mamelle, dont le visage était envahi par des légions de mouches si tassées, qu'il n'apparaîssait que comme un grouillant masque noir (17).

Chez nous, cette attaque de l'homme vivant par l'Insecte domestique ne se produit qu'exceptionnellement. Cependant, la Mouche à viande prend parfois pour des cadavres, des gens plongés dans le dégradant sommeil de l'ivresse. A leur réveil, son active progéniture ronge déjà leurs chairs palpitantes et chemine sous la peau de leurs joues et de leur crâne ; hideux envahissement qui se termine fatalement par la mort.

Mais c'est surtout dans nos forêts et nos champs que le passage des Insectes laisse de déplorables traces. Leurs légions s'abattent, sur certains végétaux, en nombre effrayant. Selon Ratzeburg, le Pin, à lui seul, servirait de refuge à plus de quatre cents espèces, dont la plupart lui sont nuisibles.

En un court laps de temps, quelques Phalènes aux ailes veloutées, et dont le vol nocturne semble si inoffensif, ravagent cependant les plus magnifiques forêts de Conifères ; et, plus rapides que la cognée du bûcheron, ouvrent d'amples clairières au milieu de leurs sombres ombrages.

Dans quelques régions de l'Europe, une petite Mouche jaune bariolée de noir, le *chlorops lineata*, épouvante l'agriculture en s'attaquant aux céréales. Linnée dit qu'à elle seule, en Suède, elle détruit plus du cinquième des récoltes d'orge, ce qui équivaut au moins à cent mille tonnes. Dans la France centrale, cet insecte ronge parfois la moitié des épis de nos champs.

Un autre, le Dacus de l'olivier, nous gaspille annuellement pour trois millions d'olives. Enfin, un papillon, la Pyrale, fait le désespoir des contrées vinicoles, et celles-ci, depuis longtemps, implorent en vain les secours de la science.

Lorsque les arbres, attaqués corps à corps par les Insectes, ne succombent point sous leur dent, ils en sont quittes pour de hideuses difformités.

Le ver de la Tordeuse du pin, charmante petite phalène aux ailes dorées, en rongeant le bourgeon terminal de cette conifère, introduit la plus extraordinaire perturbation dans son développement. Il force sa flèche rectiligne à se contourner, la rend toute difforme, toute tortueuse, ce qui suffit, quand ce papillon s'est beaucoup multiplié, pour changer totalement le couronnement d'une forêt de pins.

La piqûre d'un insecte beaucoup plus petit, le Puceron laniger, que l'œil perdrait sur les branches s'il n'était enveloppé d'une botte de laine blanche, couvre nos pommiers de hideuses exostoses. Et souvent celles-ci finissent par les tuer.

C'est aussi à des blessures d'insectes que sont dues ces touffes de branches difformes, serrées, qui apparaissent sur les troncs des pins, et auxquelles les forestiers allemands donnent le nom de *balais des sorcières*. Touffes d'un aspect étrange, auxquelles les superstitieux bûcherons des forêts du Hartz craignent de toucher, de peur d'être foudroyés, car ils croient qu'elles attirent la foudre ; aussi les désignent-ils également sous le nom de Buisson de tonnerre (18).

Dans le domaine des infiniment petits, les phénomènes physiologiques n'étonnent pas moins que la miraculeuse ténuité des ressorts ! Une simple comparaison va le démontrer.

Lorsque nous imprimons un mouvement d'élévation

à nos bras, et que subitement nous les ramenons vers notre corps, une seconde suffit à peine pour exécuter cet acte.... eh bien! pendant ce court laps de temps, d'après les expériences d'Herschell, certains insectes font battre leurs ailes plusieurs centaines de fois!

Dans l'espace d'une seconde, M. Cagniard-Latour prétend qu'un Cousin donne cinq cents coups d'aile.

M. Nicholson va encore plus loin. Il affirme que les battements de l'aile de la Mouche commune s'élèvent normalement à six cents par seconde, dans le vol ordinaire, lorsque, pendant ce laps de temps, celle-ci franchit l'espace à raison de six pieds. Mais ce savant ajoute qu'il faut sextupler ce nombre pour le vol rapide. C'est-à-dire qu'en une seconde, ou pendant le temps que nous mettons à exécuter un seul mouvement de l'un de nos membres, la mouche, avec son aile, peut en opérer trois mille six cents. La stupeur nous saisit en présence de semblables calculs!

L'organisation de cette rame aérienne n'est pas moins remarquable que ses mouvements.

Quelle que soit la délicatesse avec laquelle vous saisissiez l'aile d'un papillon, jamais vos doigts ne s'en éloignent sans en emporter quelques parcelles, qui ne vous semblent qu'une fine poussière à laquelle l'insecte doit son magnifique coloris. Mais si vous soumettez cette poussière à l'examen microscopique, quelle n'est pas votre surprise quand vous vous apercevez que chacun de ses grains représente une petite lame aplatie, allongée et finement guillochée, qui reflète les plus magiques couleurs. L'une de ses extrémités est ordinairement dentelée, tandis que l'autre offre un petit pédicule par lequel chaque écaille microscopique s'attache à la membrane transparente de l'aile. Si ensuite, avec un grossissement moins fort, vous examinez une portion de celle-ci, vous voyez que toutes ces écailles microscopiques sont arrangées avec une admirable symétrie, au-dessus les unes des autres, comme les tuiles d'un toit; et comme elles sont de taille uniforme et souvent de couleurs très-variées, la surface de l'aile ressemble absolument à une mosaïque d'une merveilleuse finesse; non à l'une de celles de nos artistes, mais à un produit de l'art divin. (18 *bis.*)

Nos mouvements variés se produisent à l'aide de muscles volumineux, charnus, qui s'attachent au squelette. Par rapport à ceux-ci, l'Insecte possède l'avantage numérique et dynamique sur l'espèce humaine. Les anatomistes ne comptent que trois cent soixante-dix de ces muscles chez l'homme, tandis que le patient Lyonnet en a découvert plus de quatre mille sur une simple chenille. L'Insecte nous surpasse également en force. Un homme de force moyenne, n'écarte qu'avec peine un poids de vingt kilogrammes placé horizontalement. Pesant lui-même 70 à 75 kilog., il n'ébranle donc, durant cet acte, que des masses dont le poids n'atteint même pas le tiers de celui de son corps. Si l'on soumet un Taupe-grillon à la même épreuve, les résultats sont tout à fait extraordinaires; lui qui ne pèse que 4 grammes, écarte avec ses deux larges mains un poids de 1 kilogramme 1/2, c'est-à-dire qu'il déploie une force qui le surpasse trois cent soixante-quinze fois en pesanteur!

A peine si nous pouvons croire aux prodigieux mouvements de l'aile et à sa fine mosaïque de pierreries; les pattes, quoique moins agiles et moins parées, sont cependant tout aussi dignes de notre attention. Celles de l'Abeille ouvrière sont de véritables chefs-d'œuvre : elles représentent à la fois une corbeille, une brosse et une pince. L'un de ses articles est, en effet, une véritable brosse d'une finesse féerique, servant à enlever la poussière des fleurs qui s'est mêlée aux poils du dos ou du ventre. Un autre article, creusé comme une cuiller, reçoit toute la récolte que l'insecte rapporte à la ruche; c'est un panier à provisions. Enfin, en s'ouvrant l'une sur l'autre, à l'aide d'une charnière, ces deux pièces deviennent une espèce de pince, qui rend d'importants services lors de la construction des gâteaux; c'est avec elle que l'abeille prend les arceaux de cire sous son ventre et les porte à sa bouche.

Quelques Insectes aquatiques ont chacune de leurs pattes transformées en autant de rames délicates. D'autres, ainsi que les mouches, offrent à l'extrémité de celles-ci des espèces de petites lames entaillées, qui leur permettent d'adhérer, sans effort, aux glaces et aux corps les plus polis.

Combien les œuvres de l'homme sont abruptes et grossières près de celles de la nature! Comparez les instruments que l'Insecte emploie pour son travail à ceux dont nous faisons usage; voyez ses scies, ses râteaux, ses brosses, ses ciseaux; comparez-les aux nôtres et vous reconnaîtrez immédiatement que tout ce que vous savez faire n'est que bien inférieur à ce qu'il possède. Le scalpel d'un anatomiste vous semble avoir un tranchant d'un précieux travail, son poli vous séduit; examinez-le au microscope et vous êtes surpris de le voir se transformer en une grossière lame de scie. Il en est de même de la pointe d'une aiguille, elle y devient une imparfaite alène. Mettez en regard la scie, les dards ou les râteaux d'un insecte, vos yeux s'étonneront de leur prodigieux fini, et tout vous révélera alors la puissance de l'architecte de tant de merveilles.

Sur les êtres que nous étudions, la faculté tactile acquiert un développement merveilleux; elle supplée aux ressources du langage : les Fourmis se parlent en se palpant. On n'y croirait pas si un observateur scrupuleux ne l'avait démontré. Et ce fait est si positif que chacun peut, à tout instant, le vérifier. Lorsque dans leurs courses deux de ces intelligents insectes se rencontrent, on remarque qu'ils se touchent diversement l'un et l'autre, avec leurs antennes, et qu'après cela ils semblent prendre une nouvelle détermination, résultant d'une sorte de communication tactile, qu'Hubert nomme *langage antennal.* L'expérience suivante, entreprise par ce savant, donne à ce fait une incontestable évidence. Ayant jeté une peuplade de Fourmis dans une chambre fermée et plongée dans l'obscurité, il remarqua d'abord que toutes se disséminaient en désordre. Mais bientôt il reconnut que si, dans ses pérégrinations, un seul individu parvenait à découvrir quelque issue, il revenait au milieu des autres; là il en palpait un certain nombre, et après cette communication mimique, toute la population se rassemblait en files régulières, qui s'acheminaient au dehors sous l'impression d'une pensée désormais commune, la liberté retrouvée.

Chez tous les grands animaux, il n'existe que deux yeux; le moindre Insecte est, sous ce rapport, infiniment mieux doté qu'eux. La Fourmi, dont l'appareil visuel est l'un des moins parfaits, en possède déjà une cinquantaine. La Mouche commune en a huit mille; et l'on en compte jusqu'à vingt-cinq mille sur certains Papillons. Chacun de ces organes présente même, dans des proportions microscopiques, la plupart des parties qui entrent dans la composition de notre globe oculaire. Intimement agglomérés entre eux, ces yeux suppléent par leur volume à leur immobilité. Leur masse est telle, que sur certaines Mouches elle envahit la presque totalité de la tête et forme même le quart du poids du corps.

Ces puissants appareils optiques offrent de curieuses modifications, qui traduisent les mœurs des insectes.

Ceux qui cherchent leur nourriture la nuit les ont plus foncés, pour mieux absorber les moindres rayons lumineux; chez les Insectes carnassiers, ils sont plus grands. La tête des espèces aquatiques en offre parfois plusieurs paires: les uns sont dirigés en haut, les autres en bas; de manière qu'en nageant à la surface de l'eau, l'animal voit le poisson qui le menace dans sa profondeur ou l'oiseau qui va fondre sur lui : il échappe au premier en fuyant et à l'autre en plongeant (19).

L'Insecte jouit d'une exquise finesse olfactive; les moindres odeurs le frappent aux plus grandes distances. Dans l'atmosphère embaumée qui s'exhale des mille plantes d'une prairie ou d'un jardin, il débrouille celle qu'il aime, et s'abat sur elle pour la dépecer ou lui confier sa progéniture.

Aux plus grandes distances, l'Insecte carnassier sent l'animal dont la chair le nourrit. Si un morceau de viande est totalement caché sous une cloche noire, ses exhalaisons attirent rapidement les mouches dans un lieu où l'on n'en voyait précédemment aucune.

Jamais l'animal ailé ne commet d'erreur, et si, dans de rares circonstances, il se méprend, c'est qu'il y a une parfaite identité entre les émanations odorantes. Ainsi, les exhalaisons cadavériques des fleurs des Stapélias ou des Arums, attirent certains Insectes à l'instar de la viande pourrie ; et ceux-ci, trompés par cette fausse apparence, déposent sur la plante une progéniture qui doit infailliblement y périr d'inanition.

Mais où réside un sens si délicat? L'analogie fit penser à de Blainville qu'il devait être placé dans les antennes, petites cornes mobiles qui se trouvent au devant de la tête. En effet, celles-ci, ainsi que le font les narines des grands animaux, reçoivent la première paire de nerfs qui sort du cerveau. Des expériences, exécutées par Dugès, tendent à démontrer que ce sont bien elles qui représentent l'organe de l'olfaction. Après les avoir coupées sur des papillons et des mouches, ce physiologiste vit que ceux-ci ne pouvaient plus vaguer à la recherche de leur nourriture ou de leur famille.

Mais l'extrême finesse de l'odorat qu'offrent quelques Insectes, ne s'obtient qu'à l'aide d'organes d'une merveilleuse délicatesse, et d'une complication qui dépasse parfois toutes nos prévisions. L'homme et les grands animaux n'ont jamais que deux cavités olfactives ; chez les Poissons, celles-ci se réduisent même à une paire de petits sacs à peine apparents. Sur le Hanneton les odeurs se perçoivent à l'aide de poches microscopiques ; mais celles-ci au lieu d'être réduites à deux, s'élèvent au nombre de plusieurs millions. Ici encore l'infiniment petit l'emporte sur l'infiniment grand ; l'insecte sur l'éléphant.

Il faut bien qu'il existe des organes de l'ouïe chez les Insectes, puisqu'ils s'attirent entre eux à l'aide de certains sons, et qu'ils possèdent même pour les produire une instrumentation fort variée. Mais où est exactement leur appareil auditif? c'est ce que l'on ignore encore (20).

Ce qu'il y a de vraiment extraordinaire, c'est que ces animaux ne semblent percevoir que les bruits qui leur sont utiles, tandis que les autres, quelle qu'en soit l'intensité, ne les affectent nullement. La reine des abeilles, à l'aide d'un bourdonnement à peine sensible, met tout son peuple en émoi, et se fait suivre d'une armée de combattants. Mais si, au contraire, vous produisez des détonations d'armes à feu tout auprès d'une colonie de ces Hyménoptères, pas un seul ne bouge ; il semble que le bruit n'en est nullement perçu par eux.

Le Cheval n'a qu'un estomac ; souvent l'Insecte en a trois. Chez le premier, celui-ci n'occupe qu'une fraction assez restreinte du corps ; chez l'autre il l'envahit parfois entièrement : l'animal ressemble à un sac digestif ambulant. L'activité dévorante de plusieurs Orthoptères est même secondée par de grosses dents placées à l'intérieur de l'estomac, qui fonctionnent comme une deuxième bouche et achèvent de broyer tout ce qui a échappé à l'action des mâchoires.

La puissance digestive est telle, chez certaines chenilles, qu'elles engouffrent chaque jour trois à quatre fois leur poids de nourriture. Si l'alimentation acquérait de semblables proportions chez l'éléphant ou le rhinocéros et que ceux-ci fussent aussi communs à la surface du globe, il ne leur faudrait qu'un temps fort court pour en dévorer toute la végétation.

La première période de la vie de l'Insecte est consacrée au développement, à la nutrition ; et c'est souvent tandis qu'elle dure que celui-ci mange avec la gloutonnerie dont il vient d'être question. Devenu adulte, toute son existence semble n'avoir d'autre but que la reproduction ; parfois même alors, le canal alimentaire s'oblitère et l'animal ne prend aucune nourriture. La Chenille, aux destructives mâchoires, la perdition de nos récoltes, se métamorphose en papillon, dont la trompe inoffensive ne pompe que le nectar des fleurs. Sous son dernier état, l'Éphémère ne vit plus que d'amour ; son appareil digestif est totalement anéanti !

Quelques Hémiptères sont, cependant, toute leur vie d'une grande sobriété et ne se nourrissent que du suc des plantes. Ils ne le sucent pas, quoiqu'on le pense généralement ; leur organisation s'y refuse. N'ayant aucun appareil pour faire le vide et aspirer des fluides, ils les soutirent simplement à l'aide de leur bouche, qui se trouve, à cet effet, transformée en la plus délicate petite pompe aspirante que l'on puisse imaginer. La lèvre inférieure représente un tube terminé en pointe, sur le dessus duquel règne une gouttière. Dans celle-ci, quatre fines soies se meuvent comme un piston, et, dans leurs mouvements de va-et-vient, aspirent les liquides des plantes et des animaux, aussitôt qu'avec l'extrémité de son bec, l'insecte en a piqué l'enveloppe. Ainsi, quand le fatal Cousin s'est arrêté sur notre peau et se gorge de notre sang, il ne le suce pas, il le pompe.

Notre cœur, dont la structure est tant admirée et si admirable, n'est cependant lui-même qu'une bien grossière pompe foulante, comparé à celui des insectes. Deux larges ouvertures munies chacune de deux soupapes ou valvules destinées à s'opposer au reflux du sang ; voici tout ce qui fonctionne dans l'organe central de la circulation. Si à l'aide du microscope solaire, on projette sur un vaste écran tout le corps transparent d'une Éphémère, on est émerveillé par le magnifique spectacle qu'offre chez elle le mouvement du sang. Le cœur représente un long vaisseau qui occupe tout le dos de l'animal, et dans lequel le fluide circulatoire se précipite par huit ou dix ouvertures latérales, semblable à de petits fleuves convergeant vers un courant plus puissant. Autant de valvules se soulèvent et s'abaissent pour en permettre l'entrée et en empêcher le retour. A l'intérieur de ce cœur allongé, de bien plus grandes valvules encore, au nombre de six à huit, s'appliquent sur sa paroi pour laisser marcher le sang en avant, et s'ouvrent ensuite durant chaque contraction pour empêcher qu'il ne revienne en arrière. Des vaisseaux disposés en anses, se rendent dans tous les membres.

Ce cours du sang sur l'Insecte colossal qu'offre l'écran, ressemble à celui d'autant de petits ruisseaux charriant des globules plus ou moins tassés ; tout est là de la dernière évidence. Et cependant, qui le croirait ? jamais Cuvier et l'école qui l'environnait ne voulurent reconnaître ce phénomène. Au lieu de regarder, ce qui était si facile, ils aimèrent mieux nier la circulation des insectes, et considérer leur admirable cœur comme un simple vaisseau sécrétoire, ébranlé par des secousses contractiles. C'est ainsi que marchent les sciences physiologiques. Il faut cent combats pour faire admettre la vérité la plus facile à vérifier.

Chez nous, comme chez tous les grands animaux, l'air se précipite dans l'appareil respiratoire sans la moindre précaution, et par une ouverture unique et fort ample. Les Insectes, au contraire, aspirent e gaz atmosphérique par plusieurs orifices, et celui-ci est finement épuré avant son introduction dans l'organisme. Les uns ont, à cet effet, toutes les bouches aériennes obstruées par une membrane percée, comme un crible, d'une immensité de petits trous qui arrêtent les moindres corpuscules de l'air, et fonctionnent à l'instar d'un véritable tamis. D'autres ont chacune de leurs boutonnières respiratoires obstruées par des poils, qui y forment une sorte de réseau pour le même usage. Sans ces providentielles précautions, les tubes aériens de ces animaux, souvent fins comme des cheveux, eussent à chaque instant été obstrués par la poussière au milieu de laquelle ils vivent.

Lorsque les Insectes habitent l'eau, d'autres soins, non moins admirables, empêchent celle-ci de s'engouffrer dans les vaisseaux aérifères. Souvent l'ouverture de ceux-ci se trouve fermée par le plus ingénieux mécanisme : cinq à six battants l'obstruent, et ils ne s'ouvrent que lorsque l'animal vient respirer à la surface des mares ; quand il s'enfonce, cette porte compliquée est strictement close. C'est ce que l'on voit chez le Cousin.

Sur les grands animaux, la fonction respiratoire s'opère à l'aide d'un appareil distinct, limité, confiné dans une région du corps. Chez les Insectes elle a un plus splendide théâtre : l'air s'épanche partout, et après avoir immergé les organes internes à l'aide de vaisseaux particuliers, les trachées, que leur teinte nacrée fait facilement distinguer, il parvient même jusqu'aux plus fines extrémités des pattes et des antennes.

Il n'est personne qui n'ait remarqué, avec un certain

dégoût une larve blanche à longue queue, qui vit dans les eaux sales et croupissantes de nos cours et de nos chemins, et qu'on appelle vulgairement *ver à queue de rat*. Lorsque j'étais jeune, celle-ci m'inspirait la même répulsion qu'à tout le monde; mais depuis que mes yeux, armés d'une loupe, l'ont examinée; depuis que j'en ai étudié les mœurs, l'admiration a remplacé la répugnance. Cette extraordinaire queue, à laquelle l'animal doit son nom, est un organe respiratoire. Elle contient deux vaisseaux qui vont disperser l'air dans tout le corps de cette larve de mouche, car c'en est une. Ces deux canaux aériens sont enveloppés par des tubes d'un calibre différent, qui s'emboîtent les uns dans les autres et se meuvent absolument comme les tubes d'une longue-vue.

Ce ver n'ayant aucun organe natatoire, trouve dans cette ingénieuse disposition, le moyen de pouvoir constamment ouvrir à la surface de l'eau, l'orifice de ses organes respiratoires, quel que soit le niveau de celle-ci. Si le liquide baisse, dans la flaque qu'il habite, tous les tubes rentrent l'un dans l'autre, et les trachées aérifères serpentent à leur intérieur. Si, au contraire, une averse fait démésurément monter l'eau, tous sont projetés au dehors, et leur orifice n'en atteint pas moins la surface.

L'intention finale de la nature est tellement manifeste dans cette circonstance, que si, à l'imitation de Réaumur, vous plongez une de ces larves dans un verre avec une très-petite quantité d'eau, qu'on augmente ensuite peu à peu, sa queue s'allonge à mesure, et prend même un développement extraordinaire, pour subvenir, sans désemparer, aux besoins de la respiration et s'épanouir à la surface du liquide.

Les ravages des Insectes, qui nous occasionnent parfois de si grandes paniques, s'expliquent par leur incroyable fécondité. Celle-ci est tellement prodigieuse, que bien des gens s'imaginent qu'elle résulte d'une création subite, en masse. A ce sujet, Leuwenhoeck calcula qu'une seule Mouche domestique peut produire en trois mois 746 496 petits; ce qui a fait ingénieusement dire à Linnée, que trois Mouches consommaient le cadavre d'un cheval non moins rapidement qu'un Lion. Les Termites offrent une fécondité encore plus prodigieuse. Leur abdomen se bourre d'une telle quantité d'ovules qu'il devient trente mille fois plus volumineux que celui des autres individus. C'est de ce véritable sac à progéniture, qu'il jaillit jusqu'à 80 000 œufs par jour. A la dixième génération, suivant R. Owen, un seul puceron a produit 1 000 000 000 000 000 000 de petits.

Les œufs des Insectes, dont notre œil n'aperçoit que la forme, nous apparaissent comme autant de petits chefs-d'œuvre d'art, quand la loupe nous en révèle les délicates ciselures ou le mécanisme. Ils se rapprochent généralement de la configuration de la sphère ou de l'ovoïde. Quelques Papillons en produisent de cylindriques; ceux des Cousins ressemblent à de charmantes petites amphores microscopiques. Il en est dont l'extrémité est surmontée d'une couronne de piquants; d'autres représentent exactement une délicate marmite en miniature, dont le jeune habitant n'a, pour naître, qu'à soulever le couvercle.

L'œuf du Pou, qui nous dégoûte tant, offre cette curieuse structure. Mais, de plus, son ouverture est enjolivée d'un petit bourrelet saillant, et d'une gorge dans laquelle entre le rebord de l'opercule, de manière à le fermer hermétiquement. On remarque encore un mécanisme plus ingénieux sur l'œuf de quelques Punaises des bois. Le petit n'a pas même besoin de se donner la peine de pousser le couvercle ; il y a à l'intérieur un véritable ressort qui se charge spontanément de cet office ; au moment de la naissance, il n'a qu'à sortir.

Souvent, aussi, la surface des œufs se fait remarquer par l'admirable finesse de ses guillochures. Les uns sont recouverts de grosses côtes, qui s'étendent d'un pôle à l'autre ; d'autres, n'offrent que de fines lignes artistement burinées ; enfin, quelques-uns ont leur surface recouverte d'un réseau de dentelle. La nature a épuisé aussi les plus riches couleurs de sa palette pour en décorer la surface. On y retrouve les belles teintes du bleu, du vert, du rouge ; quelques-uns ressemblent absolument à de la nacre, et il en est qu'on prendrait pour autant de petites perles irisées.

La sexualité des insectes offre elle-même de curieuses particularités. Il n'y a pas seulement parmi eux des mâles et des femelles ; quelques-unes de leurs républiques ont, en outre, des individus absolument dépourvus de sexe ; et ce sont ces neutres qui seuls travaillent et deviennent l'élément de leur prospérité et de leur puissance. Les uns sont de véritables ouvriers, les autres de braves soldats. Mais ces individus, que l'on reconnaît à leur forme ou à leurs armes spéciales, ne sont, en réalité, que des femelles avortées. Les Abeilles le savent parfaitement elles-mêmes, ainsi que nous le verrons.

A toutes ces merveilles de la vie des Insectes, il faut encore ajouter l'inexplicable phénomène de ces lueurs éclatantes qu'ils projettent au milieu des ténèbres ; et qui, tantôt dans leur vol, sillonnent l'air de longues traînées de feu ; et tantôt illuminent paisiblement le feuillage où ils reposent.

Tout le monde connaît le Lampyre, ver luisant qui, à l'automne, donne à nos gazons l'apparence d'un ciel constellé. Mais, dans l'Amérique tropicale, il existe des Insectes phosphorescents bien autrement éclatants. La Fulgore porte-lanterne peut suppléer une lampe, par la lumière vive dont resplendit sa monstrueuse tête. Sybille de Mérian rapporte qu'à Surinam, à l'aide d'un seul de ces hémiptères, elle lisait les gazettes (21).

Aux Antilles, la phosphorescence des Insectes est même journellement utilisée. Là on se sert d'un Taupin lumineux, dont le corselet devient éblouissant au milieu des ténèbres. A Cuba, souvent les femmes renferment plusieurs de ces coléoptères dans de petites cages en verre ou en bois, qu'elles suspendent dans les appartements ; et ce lustre vivant y répand assez de clarté pour suffire aux travailleurs. Là aussi, les voyageurs éclairent leur marche au milieu de la nuit, dans un chemin difficile, en attachant un de ces Taupins sur chacun de leurs pieds. Les créoles en mêlent parfois aux boucles de leur chevelure, et ceux-ci, comme de resplendissantes pierreries, donnent à leurs têtes le plus féerique aspect. Pendant leurs danses nocturnes, on voit aussi les négresses parsemer de ces brillants insectes les robes de dentelles que la nature leur offre toutes tissées à même l'écorce du Lagetto. Dans leurs mouvements rapides et lascifs, elles semblent enveloppées par une robe de feu. C'est l'embrasement de Déjanire, sans son horreur.

Les sciences n'expliquent pas, avec plus de succès, la coloration et les sécrétions qu'offrent certains insectes. Et elles n'ont été que médiocrement heureuses en cherchant dans le monde extérieur tous les éléments des mystérieux phénomènes de l'organisme. Celui-ci nous dérobera peut-être encore longtemps ses secrets synthétiques.

Comment donc la Cochenille du Nopal trouve-t-elle dans les sucs verdâtres du Cactus qui la nourrit, la magnifique couleur rouge, le carmin qui gonfle son corps?

La Cérambyx musqué exhale le plus suave parfum de la rose; l'air en est embaumé tout au tour du Saule qu'il habite. Mais le feuillage de cet arbre nourrit aussi d'infectes Punaises. Est-ce que d'un même aliment, l'un peut retirer les plus merveilleuses essences, et l'autre seulement des humeurs d'une repoussante fétidité?

L'Abeille exsude l'émolliente cire par l'une des régions de son corps, et dans une autre, sécrète de brûlants caustiques. Le nectar des fleurs peut-il donc fournir le miel embaumé et d'âcres venins?

La Cantharide et le Méloé transforment en funestes poisons les sucs inoffensifs des frênes et de l'herbe de nos pelouses. Et combien ces insectes toxiques n'ont-ils pas fait de victimes parmi nous (22)?

LES MÉTAMORPHOSES.

Né sous une forme, l'Insecte meurt sous une autre, et les métamorphoses qu'il subit deviennent l'acte le plus important de son existence et le plus extraordinaire phénomène de la physiologie. Organisme et fonctions, tout change. La grossière Chenille se transforme en Papillon resplendissant d'azur et d'or. La brillante Libellule, qui, à l'état de larve, ignoble et couverte de vase, passe toute sa vie sous l'eau, y périrait instantanément si vous l'y replaciez quand elle a humé l'air et déployé ses ailes de tulle. Si vous déposiez sur de fraîches feuilles le Papillon, qui en dévorait des masses dans son jeune âge, il y succomberait d'inanition ; lui il ne vit que du nectar des fleurs.

L'Insecte adulte diffère tellement du jeune, que sur l'un on ne reconnaît nullement l'autre. Le Scarabée aux élytres d'émeraude, que révérait l'antique Égypte, ne ressemble en rien au hideux ver souterrain qui le produit. Singulière métamorphose, dans laquelle, selon M. Goury, les nations des rives du Nil ne voyaient que le symbole de la transmigration des âmes (23).

Aristote, dont le génie a jeté de si vives clartés sur l'histoire des animaux, avait seulement soupçonné les métamorphoses; il faut arriver jusqu'à l'époque de la Renaissance, pour voir Redi commencer à en tracer l'histoire d'une main ferme. A l'illustre médecin de Florence succédèrent Malpighi, le grand anatomiste, et surtout Goëdart, simple et excellent observateur, qui, dans un livre aussi rare que curieux, met en regard chaque chenille et son papillon.

En naissant, l'Insecte est privé d'ailes. Cet appareil ne se développe qu'à la dernière période de sa vie, celle qui se trouve absolument consacrée à la reproduction. Le jeune être se présente ordinairement sous la forme d'un ver, auquel Linnée donnait le nom de *larve*, ou celui de *masque*, qui rappelle ingénieusement que ce ver n'est qu'une espèce de déguisement préliminaire, sous lequel il cache sa brillante livrée.

Cette première période de la vie est absolument consacrée au développement : la larve ne fait que manger et croître. Mais à un moment donné, son activité cesse; elle se ratatine, se dépouille, revêt une forme nouvelle et devient immobile. C'est alors qu'on lui donne le nom de *nymphe* : c'est là un véritable état transitoire; dans cette espèce de sépulcre s'anéantit l'existence inachevée de la chenille, et commence celle de l'insecte parfait.

La transfiguration est aussi radicale au fond qu'à la surface. Tout l'organisme, à certain instant, semble presque se confondre en une pâte homogène d'où va surgir le nouvel être vivant. Ordinairement la nymphe ne se revêt que d'un linceul brun, de la plus modeste apparence; elle semble une immobile momie enveloppée de ses bandelettes. Mais parfois aussi, à l'instar des rois, elle se sculpte un sarcophage enrichi d'or. De là la dénomination de *chrysalide* qui lui a été imposée.

A un moment donné, cette *momie*, emmaillottée comme une Diane d'Éphèse, sort de sa torpeur, s'anime, déchire son obscure enveloppe, et apparaît sous la forme d'un Insecte tout ruisselant de saphirs et d'émeraudes. Naissance vraiment merveilleuse, car, malgré les efforts inouïs qu'elle a exigés, l'animal sort de ses langes dans un état de fraîcheur inconcevable. Le moindre frôlement enlève les écailles de la robe d'un Papillon ; pas une n'est perdue quand il s'échappe à travers l'étroite ouverture de sa prison !

Beaucoup d'Insectes font encore plus pour protéger leur métamorphose : ils s'enveloppent d'un manteau de soie, dont le tissu les préserve des atteintes de la pluie ou du froid. Chez certains Papillons, il est évident que celui-ci a été disposé pour remplir cette double mission. Une couverture extérieure serrée laisse glisser les orages; une autre, intérieure et moelleuse, défie les rigueurs de l'hiver. Enseveli à l'automne sous ce double abri, le Papillon attend en sécurité le printemps pour renaître (24).

Les métamorphoses surpassent tout ce que l'on peut imaginer. Ce sont autant de coups de théâtre, dont le dernier fait surgir un être absolument inattendu.

Le Papillon, qui, dans ses divers âges, se ressemble si peu lui-même, paraît naître et mourir trois fois; mais il ne s'agit ici que d'une simple évolution, s'accomplissant au milieu d'une apparente inertie, durant laquelle la vie seule entretient ses ressorts cachés. La Chenille contient déjà tous les rudiments des formes qu'elle va successivement revêtir. Le génie de l'anatomiste y découvre trois êtres emboîtés les uns dans les autres, et dont le dernier, enveloppé d'un double linceul, l'écarte enfin pour apparaître dans toute sa beauté.

Quelques Insectes ne présentent cependant ni l'immobilité, ni la transfiguration complète dont nous venons de parler. Leur vie est constamment active. On ne reconnaît la larve qu'à l'absence de ses ailes; et la nymphe que parce qu'elle en a seulement de rudimentaires. Tels sont les Hémiptères.

Mais l'être parfait, l'*image*, *imago*, comme l'appelle Linnée, a ordinairement subi une totale métamorphose. Sa dernière forme n'est qu'un brillant habit de noce, et il expire aussitôt que les flambeaux de l'hymen sont éteints. Tel Insecte, ainsi que l'Éphémère, larve ignorée et imparfaite, met plusieurs années à se développer sous l'eau; puis se revêt d'ailes, et ne subsiste qu'une heure avec toutes les prérogatives de la vie!

Les deux vies, chez l'espèce qui présente de radicales

métamorphoses, n'ayant aucun rapport, l'organisme devait subir une transmutation absolue. Le Papillon, qui ne va plus se nourrir que de nectar, rejette sa dévorante tête de chenille, armée de robustes mandibules, désormais inutiles. Ses courtes et vigoureuses pattes, dont les crampons le font si fortement adhérer aux feuilles qu'il ronge, eussent offensé les fleurs qu'il va fréquenter; il s'en dépouille, et les change contre des membres longs et délicats, qui en effleurent à peine les pétales.

Jusqu'à un certain point, le génie de l'anatomiste pénètre l'intention de la nature; guidé par l'analogie, il voit dans cette informe chenille les linéaments du Papillon. Malpighi, qui nous a laissé de si brillants travaux sur les vers à soie, avec son œil de lynx, apercevait déjà dans leur nymphe les organes de la maternité. Ramdohr et Carus ont récemment fouillé encore plus loin; et sont parvenus à discerner dans les chenilles du Papillon du chou les premiers rudiments de l'ovaire, cette véritable fabrique d'œufs.

Mais que de merveilles encore inaperçues, inexpliquées. L'Image est précieusement protégée par une succession d'enveloppes dont elle se dépouille tour à tour. Puis, comme avant-dernière scène de la vie, celle que revêt la Chrysalide est plus épaisse, plus robuste, plus rembrunie et moins ornementée que toutes les autres; et c'est sous celle-ci, cependant, qu'une divine alchimie sème sur les élytres de l'insecte sa poussière d'or et d'argent, ou les émaille de saphirs et de rubis.

En effet, lorsque le nouvel être, brisant ce laboratoire sépulcral, s'épanouit à la lumière, son éblouissante robe reflète le plus vif éclat des métaux ou étincelle de pierreries. Aucun animal, aucune plante n'étale autant de richesses ; nos plus belles parures n'en approchent pas. Aussi, subjugué par l'admiration, dans sa théologie des insectes, Lesser a-t-il pu s'écrier : « Jamais Salomon, sur son trône resplendissant, n'a été aussi magnifiquement vêtu que l'une de ces frêles créatures! »

L'INTELLIGENCE ET L'INSTINCT MATERNEL.

Descartes, qui n'avait guère observé les Insectes, ne voyait en eux que d'ingénieuses machines; tout ce qu'a de merveilleux leur existence semblait avoir échappé à ce brillant génie.

Lorsque le cartésianisme eut fait son temps, quelques philosophes timorés consentirent, cependant, à leur reconnaître d'obscures traces d'instinct.

Mais, à mesure que l'on étudia mieux ces miniatures de la création, à mesure aussi, on leur découvrit quelques facultés élevées et des sensations perfectionnées, auxquelles succèdent la comparaison et le jugement. Nous les voyons même accomplir des actes dont le but confond notre esprit ; ils agissent dans la prévision d'un avenir dont aucun tableau matériel n'a pu leur révéler l'existence.

Tout nous étonne dans la vie de l'Insecte ; et ces travaux dont le fini et l'étendue tiennent du prodige ; et ceux dont aucune tradition n'a pu lui dévoiler l'urgence.

Ce Papillon qui s'échappe au printemps de son coffre de momie, n'eut jamais de rapports avec aucun des siens ; comment donc, à l'automne, déploiera-t-il tant de soins prévoyants pour une progéniture qu'il ne doit jamais voir? Ces soins si délicats, cette prévoyance extrême, mais ils ne peuvent même pas être un reflet de ses premières impressions! Les images s'en fussent effacées durant ces métamorphoses qui ont bouleversé de fond en comble l'organisme!

A cette Libellule née sous l'eau, vivant dans l'ombre, souillée de fange et de vase, qui donc révèle que sa dernière patrie n'est que le ciel resplendissant? Et quand, entraînée par une suprême aspiration, elle va rejeter ses branchies, pour s'imbiber d'air et de lumière, qui donc marque le moment précis où elle doit se ravir au fond des marécages, se parer de sa robe de fête, et, semblable à l'oiseau de proie, s'élancer dans l'atmosphère?

Gall et Camper, qui ont mesuré l'intelligence des mammifères d'après les proportions du cerveau ou de l'angle facial, auraient bien eu aussi quelque chose à faire sur les Insectes. On remarque en effet que les plus ingénieux d'entre eux, ont un système nerveux plus centralisé et une tête proportionnellement plus grosse.

Cette observation a été faite par de célèbres physiologistes, à l'égard des Abeilles et des Araignées, qui ont des facultés assurément plus élevées qu'aucun autre animal de leur tribu. Ratzeburg, dans les magnifiques planches de son grand ouvrage, a même représenté le cerveau des premières pour donner l'idée de son ampleur.

On sait que Camper admettait que plus les animaux ont l'angle facial aigu et plus aussi leur intelligence est dégradée. White a rendu cela graphiquement sensible en figurant la tête d'une grande série d'espèces de vertébrés, depuis l'homme jusqu'à la Grue, dont l'extrême allongement de la face correspond à l'infériorité intellectuelle. On pourrait peut-être exécuter quelque travail analogue pour les Insectes. Au commencement du tableau se trouveraient les Cicindèles et les Carabes, audacieux carnassiers à la tête fortement accentuée; à la fin, les timides Charançons au bec effilé, qui, par l'allongement extrême de leur angle facial et leurs capacités bornées, correspondraient parfaitement aux grues.

L'intelligence des Insectes, dans certaines circonstances, s'élève jusqu'à la ruse la plus raffinée : on est tout surpris de rencontrer en eux tant d'invention et de fourberie. Les exemples abondent. Un carnassier, affamé de proie vivante, mais qu'un cadavre dégoûte, est-il sur le point de saisir dans l'eau la grosse larve écailleuse d'un Dytisque! tout à coup celle-ci a deviné son ennemi; et aussitôt qu'il la touche, elle, qui s'agitait turgide et vigoureuse, devient immédiatement molle et d'une flaccidité repoussante. L'agresseur croyant n'avoir plus dans la bouche qu'un animal mort, le dégoût lui fait lâcher sa proie....

Adulte, ce Coléoptère étant devenu corné, ne peut plus s'affaisser, mais alors il emploie une autre ruse. Aussitôt qu'on prend un Dytisque de nos marécages, il est à peine saisi que de tous les pores de sa peau on voit sortir un fluide blanc laiteux, d'une repoussante infection. L'animal le plus affamé n'y résisterait pas.

Enfants, nous avons tous été frappés par la vue de ces Coléoptères, qui, à peine dans nos doigts, feignent, par leur immobilité, d'être tout à fait morts; et qui, aussitôt abandonnés, déroidissent peu à peu leurs membres et bientôt fuient à toutes jambes. Quelques-uns restent si obstinément immobiles quand on les tourmente, que rien ne peut les tirer de leur feinte obstinée. La Vrillette entêtée, dont le nom est si vrai, se laisse plutôt flamber ou noyer que de fuir, quand une fois la frayeur l'a contractée.

D'autres, pour se soustraire à leurs ennemis, poussent encore la ruse plus loin. Jeunes et faibles, ils se couvrent d'un masque insidieux, d'une guenille repoussante ou d'une enveloppe infecte, de toiles d'araignées ou d'excréments ; et plus tard, meurent revêtus d'un manteau de pourpre et d'or.

Tel se voit le Criocère du Lis. Son ignoble larve, molle et craintive, se tapisse le dos de ses fétides déjections. Puis, plus tard, débarrassé de son repoussant vêtement, le Coléoptère se promène sur sa royale plante avec une magnifique carapace d'un rouge vermillon (25).

Les Bombardiers sont encore plus ingénieux. C'est à l'aide d'une véritable artillerie qu'ils épouvantent leurs ennemis. Quand ils sont menacés, ces coléoptères exhalent subitement de leur intestin une vapeur blanchâtre, acide, qui sort en produisant un certain bruit, une véritable détonation, et jettent le désarroi parmi leurs agresseurs. L'instinct de la défense est tellement inhérent à la tribu des Bombardiers, qu'au seul coup de canon d'alarme de l'un d'eux, tous les autres crépitent en même temps : c'est un feu roulant sur toute la ligne. Le bruit produit par ces insectes a assez d'intensité pour effrayer ceux qui ne connaissent pas leur ruse. J'ai plusieurs fois vu de jeunes personnes qui, ayant saisi l'un d'eux, le laissaient subitement s'échapper de leurs doigts, étonnées de cette singulière attaque (26).

L'automatisme des Insectes n'a guère été soutenu que par ceux qui ne les ont jamais observés. Les naturalistes, eux qui les connaissent, leur accordent au contraire des facultés élevées.

Lorsqu'un ennemi peu redoutable se faufile dans une ruche d'Abeilles, les premières sentinelles qui l'aperçoivent le percent de leur aiguillon, et, en un clin d'œil, en rejettent le cadavre hors de la demeure commune. Le travail n'en est nullement interrompu.

Mais si l'agresseur est une forte et lourde Limace, tout se passe différemment. Un frémissement général s'empare des travailleurs; chacun apprête ses armes, tourbillonne autour de l'envahisseur et le perce de son dard. Assailli avec furie, blessé de tous côtés, empoisonné par le venin, l'animal rampant meurt au milieu de violentes contorsions. Mais que faire d'un si pesant ennemi? Les petites pattes de toute la tribu ne suffiraient pas pour en ébranler le cadavre, et l'étroite porte de la ruche pour le laisser passer. Ses exhalaisons putrides vont cependant bientôt infecter la colonie et y développer le germe de quelque maladie. Comment sortir de cet embarras?

La république avise et prend une résolution subite, comme si on y connaissait à fond l'art de l'ancienne Égypte. Ainsi que sous les pharaons on embaumait les cadavres des animaux, soit dans un but religieux, soit pour se préserver de leurs émanations pestilentielles, toutes les Abeilles se mettent immédiatement à l'œuvre et embaument le mort dont la présence les menace. A cet effet les Ouvrières se dispersent dans la campagne pour y recueillir la matière résineuse qui englue les bourgeons, car c'est elle qui remplace les essences et l'aloès des ensevelisseurs de la Thébaïde. Avec celle-ci les Abeilles enveloppent étroitement le mort, en guise de bandelettes, et déposent tout autour de son corps une couche épaisse et solide qui le préserve de la putréfaction.

Après de si ingénieuses combinaisons, qui serait tenté, avec Mallebranche et tous les continuateurs de la scolastique, de considérer l'Insecte comme un automate fatalement destiné à n'accomplir qu'une série d'actes en rapport avec son mécanisme? Nous sommes ici bien loin du joueur de flûte de Vaucanson.

Mais ces mêmes Abeilles développent, sinon autant d'art, du moins plus de finesse dans d'autres circonstances. Si, au lieu d'une molle Limace, vulnérable de tous côtés, c'est un Escargot cuirassé qui viole l'asile de la république, tout se passe d'une autre manière. Quand l'essaim commence à l'attaquer, le Mollusque s'enfonce dans sa coquille, l'applique contre le sol et se trouve ainsi à l'abri de toute agression. Cependant, la présence d'un ennemi si bien retranché donnant de l'inquiétude, ne pouvant le tuer, on l'enchaîne sur place. Les travailleurs déposent tout autour de sa carapace une solide bordure de *propolis*, substance résineuse qui la colle intimement à la ruche. Il faut alors que l'ennemi meure dans son gîte, car tout mouvement, toute évasion, lui sont désormais impossibles.

Réaumur surprit ainsi un Limaçon enchaîné sur le verre de l'une de ses ruches à expériences, dans laquelle il avait imprudemment pénétré. J'ai eu l'occasion d'observer une fois un semblable prisonnier dans les mêmes circonstances.

De tels faits n'accusent-ils pas une certaine prévoyance? L'instinct aveugle pourrait-il les produire? Qui oserait les rapporter à l'automatisme?

Mais aucun acte de l'intelligence des Insectes n'égale celui par lequel les Abeilles se façonnent une Reine, quand celle-ci vient à leur manquer. Par une singulière anomalie, chez ces Insectes, ce sont les femelles qui, quoique plus délicates, se chargent de tous les travaux; les mâles ne font absolument rien. Mais celles-ci n'ont aucun des attributs de leur sexe, ce sont de véritables neutres, chez lesquels les Nourrices ont fait sciemment avorter tout principe de fécondité. Ces travailleuses, jeunes, n'ont reçu leur pâtée que d'une main avare. Elles ont eu beau crier et se démener dans le fond de leur cellule, la marâtre a été inflexible. Et quand celle-ci a jugé que le moment était venu, elle a fatalement emprisonné la larve, en lui disant : tu n'iras pas plus loin. Ainsi se trouve paralysé le développement organique.

Mais si quelque accident ravit la Reine d'une république d'abeilles, celles-ci, ô prodige ! connaissent assez les ressorts de la vie pour s'en créer une nouvelle. Les Nourrices savent que c'est à leur égoïsme qu'est dû l'avortement de leurs semblables; que font-elles? Immédiatement, pour se procurer une nouvelle souveraine, elles accomplissent de grands travaux. Sur le bord de l'un des gâteaux on les voit amasser d'amples matériaux et construire une vaste cellule royale, quarante ou cinquante fois plus grande et plus pesante que les autres. Après, elles vont enlever une simple ouvrière à son étroite alvéole, et la placent dans ce palais. Là, une nourriture plus sucrée et plus parfumée lui est offerte à profusion; et, sous l'influence de cette ambroisie, la larve qui n'était appelée qu'à la plus humble condition, voit apparaître ses organes de fécondité. C'est désormais une Reine ! Est-il possible de pousser plus loin la connaissance intime de son être et l'art d'en modifier la nature !...

L'amour maternel fait aussi accomplir à l'Insecte des travaux, — j'allais dire herculéens, — mais il faut ajouter plus qu'herculéens. Il y développe une persévérance prodigieuse, une puissance incompréhensible.

Linnée vit une de ces mouches qui attaquent les gros bestiaux, un Œstre, poursuivre, toute une journée, le Renne au galop qui enlevait son traîneau sur la neige. La mouche menaçante volait presque continuellement à ses côtés, épiant le moment où elle pourrait introduire l'un de ses œufs sous sa peau !

Ces êtres si déshérités par la taille, nous surprennent par la force de leurs instincts. Leur prévoyance maternelle est sans bornes. Quelques-uns imitent le Lapin, en se dépouillant pour former un coussin de poils à leur nichée d'œufs. Ils vont même plus loin que le Mammifère : celui-ci ne s'enlève que la laine du ventre, tandis que certains Papillons, pour abriter leur progéniture, s'arrachent tous les poils du corps, et expirent aussitôt que cet acte de dévouement est accompli. C'est ce que fait l'un des fléaux de nos forêts de Sapins, le *Liparis dispar*, dont le nid se compose d'un double abri : d'un fin duvet, sur lequel reposent les œufs et qui les recouvre immédiatement ; et d'une couche extérieure, formée de poils imbriqués, semblable à une toile imperméable. Ainsi la couvée se trouve doublement protégée et contre le froid et contre la pluie.

Quelques Cochenilles, encore plus dévouées pour leur progéniture, s'immolent volontairement pour sa défense. A mesure que l'Insecte, monstrueusement distendu, expulse ses œufs, ceux-ci sont entassés par lui en un petit monceau. Et quand son corps s'en est totalement vidé et ne ressemble plus qu'à une vessie flasque, la femelle en recouvre sa lignée; attache ses bords tout autour d'elle, et meurt immédiatement après, en formant ainsi un toit convexe, solide, dont l'imperméabilité protége sa ponte contre la pluie et les injures de l'air. La mère a payé de sa vie son enfantement, et c'est à l'abri de son cadavre momifié que naissent ses petits.

Certains Insectes sont autrement guidés par la prévoyance maternelle. Au lieu de se sacrifier eux-mêmes, ils tuent d'autres animaux pour subvenir aux besoins de leur progéniture affamée. Chaque espèce exigeant une nourriture particulière, ce n'est qu'à l'aide de procédés variés que les parents parviennent à se la procurer.

Une proie vivante est impérieusement nécessaire à certaines larves; il la leur faut dès qu'elles naissent; et comme la mère ne peut l'enchaîner à leur berceau, elle l'empoisonne. Mais plus habile que Locuste, elle ne leur administre seulement que ce qu'il faut pour les assoupir ou les paralyser, de manière qu'en sortant de l'œuf, le petit trouve toujours près de lui le moribond qu'il achève en le dévorant. Ce cas est celui de beaucoup de *Sphex*. La mouche place l'un de ses œufs dans un petit trou, qu'elle fait dans la terre; puis elle s'en va chasser jusqu'à ce qu'elle découvre quelque Araignée ou quelque Chenille. Aussitôt qu'elle en a rencontré une, elle la pique savamment et l'apporte toute paralysée dans son nid.

Enfin, après avoir placé sa victime contre son œuf, le Sphex bouche l'entrée du souterrain avec une petite pierre, et s'envole pour ne plus s'en occuper

Quelques *Ichneumons* ou *mouches vibrantes* sont et plus rapaces et plus courageux. Il en est dont les larves, quoique extrêmement petites, n'en attaquent pas moins de grosses chenilles, envahissent leur corps et les rongent toutes vivantes, jusqu'à ce que mort s'en suive. Leur mère, à l'aide de sa tarière, en perce la peau pour introduire ses œufs au-dessous. Elle y en place un assez grand nombre, et lorsque les jeunes éclosent, protégés par le derme, ils commencent par manger la graisse ; et ce n'est que vers le terme de leur existence qu'ils entament les organes essentiels ; car, afin d'avoir toujours de la chair vivante à dévorer, ces anatomistes affamés se sont bien gardés de les disséquer d'abord. Alors la chenille meurt, et les larves d'Ichneumons en sortent par des ouvertures multiples et se filent un cocon soyeux à la surface de son cadavre. Ces nymphes emmaillottées de leur blanc linceul de soie, sont parfois tellement nombreuses et si rapprochées, qu'elles cachent entièrement leur victime.

Cette particularité extraordinaire fut longtemps ignorée, même par les plus célèbres entomologistes. Ceux-ci avaient d'abord cru que ces petits cocons, qui enveloppaient la chenille, n'en étaient que la progéniture soigneusement préservée du froid par la prévoyance maternelle. Mais il appartenait au père de la micrographie et à l'un des plus célèbres observateurs de l'Italie, à Leuwenhoeck et à Vallisneri, de jeter sur ce fait curieux les plus vives lumières et de mettre la vérité en évidence.

Le Bousier sacré, qui a joué un rôle si important dans les théogonies des rives du Nil, accomplit aussi de grands travaux pour sauvegarder sa progéniture. Ce Coléoptère ne prodigue ses soins qu'à un seul œuf à la fois, mais ils sont incessants. Aussitôt qu'il est pondu, le Scarabée se dirige vers une bouse d'excréments de mammifère herbivore et en enlève une petite masse au centre de laquelle cet œuf est soigneusement placé. Ensuite, il en forme une boule assez régulièrement sphérique, dont le volume dépasse celui de son propre corps. Quand elle est achevée, l'insecte l'embrasse avec ses deux pattes de derrière, qui sont longues, arquées et appropriées à ce travail, et il la roule incessamment partout avec lui, en la poussant à reculons. A force de labourer le sable et la terre fine, cette boule d'excréments, qui est d'abord assez molle, devient de plus en plus dure et lisse à sa surface. Le Bousier poursuit son œuvre avec une persévérance inouïe. Rien ne l'arrête, rien ne l'en détourne, c'est un instinct aveugle qui le guide. Si le lieu qu'il parcourt est un coteau, une rampe inclinée, il y pousse sa boule de toutes ses forces. Mais souvent il culbute, et celle-ci s'échappe de ses jambes et roule au loin. Alors il la cherche partout avec inquiétude; et si quelque voisin, sans ouvrage, s'en est emparé, ou s'il ne la trouve pas, il en confectionne une autre et va pondre un nouvel œuf.

Lorsque la boule est totalement achevée, bien ronde, bien grosse et bien solidifiée, le Scarabée qui a creusé un trou dans cette prévision, l'y pousse et l'abandonne à son destin. Ainsi se termine cette œuvre de longue haleine.

C'étaient ces remarquables travaux qui avaient attiré sur l'insecte l'attention des anciens. Pour l'antique Égypte, émerveillée de ce soin prodigieux, le Scarabée sacré devint le symbole de la fécondité; et la statuaire en multiplia à l'infini l'image sur tous les monuments des Pharaons, de l'embouchure du roi des fleuves jusqu'au fond de la Nubie. D'un autre côté, la persévérance avec laquelle le Bousier remonte sa boule, semblable au Sisyphe de la fable, avait paru aux prêtres offrir une réminiscence des travaux d'Isis et d'Osiris. Aussi le voit-on, à chaque instant, représenté sur le fronton de leurs temples, ayant sa boule, emblème du globe, placée entre ses jambes (27).

LES INSECTES CHASSEURS.

Beaucoup d'Insectes ne vivent que de chasses, et les procédés qu'ils emploient dans celles-ci suffiraient pour les classer en catégories distinctes.

Quelques-uns poursuivent à pied leur proie à travers monts et broussailles, et l'attaquent avec le courage du Lion. Les Carabes, à la robe resplendissante d'or et d'azur, sont dans ce cas. Et cependant, ni leur beauté, ni leurs services méconnus par l'homme, ne trouvent grâce devant lui : au lieu de protéger ces utiles auxiliaires de l'agriculture, qui chaque jour anéantissent tant d'espèces dévorantes, il les tue impitoyablement.

D'autres, non moins ardents à la curée, mais beaucoup plus ingénieux, tendent des filets ou construisent des piéges insidieux dans lesquels leurs victimes s'engouffrent inévitablement.

La vie des Insectes présente des anomalies dont on n'observe pas d'exemples chez les autres animaux ; ce sont des mœurs absolument différentes chez des espèces presque physiquement identiques. Ainsi, nous avons vu que les nymphes de nos magnifiques Libellules vivaient dans la fange des marais; au contraire, la larve d'un autre genre, qui leur ressemble de fond en comble, ne se plaît que dans le sable et aux ardents rayons du soleil; c'est celle d'un Névroptère fameux, le Fourmilion, ainsi appelé à cause de l'affreux carnage qu'il fait des Fourmis.

Cette insidieuse larve, la plus ingénieuse peut-être que l'on connaisse, construit son piége dans le sable le plus sec et le plus fin qu'elle peut rencontrer. Il consiste en un entonnoir parfaitement régulier, creusé au-dessous du niveau du sol. L'Insecte n'emploie que sa tête pour en opérer le déblaiement. Placé au centre de son travail, il la charge de parcelles de sable, qu'il lance ensuite au loin à l'aide d'un mouvement brusque d'élévation; et ce mouvement se répète avec une telle fréquence que ces parcelles forment un jet presque continu. Quand l'entonnoir a ses glacis assez inclinés et assez réguliers pour qu'on ne puisse les gravir, la larve s'enfouit elle-même dans le fond, où l'on n'en aperçoit plus que les menaçantes mandibules, qui restent béantes attendant l'occasion de s'exercer.

Lorsqu'une Fourmi vient étourdiment à franchir le bord de l'embûche, elle se trouve infailliblement entraînée par le plan incliné de l'entonnoir infernal. En vain tente-t-elle de remonter, le sable roule sous ses pieds, et elle est fatalement portée au fond, où, aussitôt, les terribles mâchoires du Fourmilion la saisissent et la tuent.

Mais, parfois aussi, c'est un Insecte beaucoup plus gros qui tombe dans cette embûche de mort. Il résiste et fait de vigoureux efforts pour remonter la pente. Pendant ce temps, l'insidieux Fourmilion reste à son poste, mais, se doutant de la taille de l'individu fourvoyé, à la masse de débris qui retombent sur sa tête, alors il prend une part directe à sa perdition, et pour troubler ses efforts, jette, coup sur coup, sur lui des masses de sable qui activent sa chute vers le fond. Arrivé là il est indubitablement perdu. Le Névroptère altéré de sang ne fait aucune grâce.

Mais si le Fourmilion gardait près de lui les débris de sa nourriture, le piége se transformerait bientôt en charnier; il faut à tout prix s'en débarrasser. A cet effet, chaque fois que la larve a sucé un Insecte, elle en place le cadavre sur sa tête, puis, à l'aide d'un effort suprême, le lance en l'air, et même parfois fort loin des abords de son trou, pour éviter le soupçon que pourraient faire naître ses victimes aux imprudents qui s'acheminent vers le fatal refuge. Dans quelques expériences que je faisais sur les Fourmilions, je les ai vus lancer ainsi des mouches ou de grosses fourmis, à trois pouces de leur demeure.

D'autres Chasseurs, moins ingénieux mais plus braves, procèdent comme de véritables oiseaux de proie. Ce sont des rapaces qui, dans leur vol agile et puissant, semblables au Faucon, fondent sur leur victime et la saisissent au milieu de l'air. Tels sont ces beaux insectes aux ailes transparentes et irisées, qui volent près de nos mares et que l'on désigne vulgairement sous le nom de Demoiselles.

Si Minerve brisa le métier d'Arachné, quoique réduite à elle-même, son obscure rivale n'en accomplit pas moins de merveilleux travaux. Là, ceux-ci se font remarquer par la perfection de leur tissage ; ailleurs, leur disposition révèle la plus astucieuse intelligence. Dans la première catégorie se trouvent les filets régulièrement circulaires, que les Araignées des jardins tendent d'une branche à l'autre ; dans la seconde, les toiles des espèces qui envahissent nos habitations.

Confectionnées ordinairement dans les angles des murailles, ces dernières offrent une nappe horizontale, souillée de poussière, et qui n'est que le plancher de service de l'Insecte carnassier; car c'est dans les fils irrégulièrement entrecroisés au-dessus, que sa proie s'embarrasse et se perd. Mais ce que présente de plus ingénieux cet engin destructeur, c'est le gîte dans lequel le chasseur se tient à l'affût. C'est un véritable tunnel circulaire à double issue et à double usage. L'entrée donne sur la toile et est horizontale; la sortie aboutit au-dessous et est perpendiculaire. C'est de la première que l'Araignée s'élance sur sa proie; l'autre remplit l'office d'oubliettes.

L'Araignée prend le plus grand soin de ne jamais laisser sur sa toile les carcasses dont elle a sucé le sang : ce charnier épouvanterait de loin sa pâture vivante. Chaque fois qu'une mouche a été immolée, l'Insecte la prend, l'entraîne dans son canal et la précipite par l'ouverture inférieure. Aussi, lorsque vos regards s'abaissent vers le parquet situé au-dessous, vous êtes surpris du nombre de victimes de la sanguinaire Arachnide. Parfois cette issue dérobée lui sert aussi pour s'évader, quand un grand danger la menace. Mais c'est un cas fort rare; son usage spécial, son unique destination est de recevoir les débris des repas; et je crois que ce fait n'a encore été signalé par aucun observateur.

Le dégoût qu'inspire l'Araignée n'est nullement légitime. Aucun Insecte n'a ni plus d'intelligence, ni une plus admirable structure : la laideur de l'ingénieuse Arachné s'efface aussitôt qu'on l'observe sans prévention. La crainte dont elle glace certaines personnes est elle-même infiniment exagérée. Il est des Araignées, il est vrai, dont la morsure est aussi redoutable que celle de nos Vipères, mais elles n'habitent que les contrées tropicales. Nos espèces françaises sont presque inoffensives. L'Araignée des caves est la seule que l'on puisse considérer comme offrant quelque danger. Une vive douleur, un peu de gonflement et d'inflammation, tel est le cortége d'accidents qui suit sa morsure. Cependant on rapporte des cas dans lesquels celle-ci a été mortelle.

La trop célèbre Tarentule elle-même, étudiée de plus près, a vu s'évanouir son bizarre prestige. Sa morsure a cessé d'engendrer cette *dansomanie furieuse* dont on a tant parlé (28).

L'appareil toxique des Araignées est absolument analogue à celui des Serpents : seulement il n'a que des proportions microscopiques. Ce sont aussi des dents mobiles, des crochets creux, qui distillent le poison dans la plaie ; et celui-ci est secrété par une glande particulière, située à l'intérieur des palpes-mâchoires qui opèrent la morsure.

Chez les grosses espèces tropicales, ce fluide léthifère a une telle activité qu'il tue, en un moment, des animaux dont le volume les surpasse de beaucoup ; et souvent il est employé contre les Oiseaux qu'elles saisissent sur les arbres. Sur l'une de ses magnifiques planches, Sybille de Mérian représente une scène émouvante. C'est une

Araignée aviculaire qui étrangle un Oiseau-Mouche près de son nid.

Certaines Arachnides bien connues et qui ont presque la grosseur du poing, se jettent même sur les poulets et les pigeons, les prennent à la gorge et les tuent presque instantanément, en s'abreuvant de leur sang.

LES ESCLAVAGISTES ET LES TRIBUS BELLIQUEUSES.

Quand on fouille l'histoire des Insectes, on est tout surpris de trouver de si ardentes passions dans de si frêles créatures : la haine les anime, l'appât du butin les dirige. Pour satisfaire ces mauvais penchants, ces animaux se livrent entre eux de sanglantes batailles, ou se transforment en pirates de terre.

L'homme traîne à la guerre un pesant cortége d'Éléphants, les Insectes y vont seuls. Les six mille Éléphants que Porus opposait à la marche triomphale d'Alexandre n'allaient au combat que guidés par des chefs expérimentés, tandis que les Fourmis, abandonnées à leurs propres forces, livrent de grandes batailles, et y décèlent une ingénieuse stratégie (29).

L'instinct esclavagiste est extrêmement développé chez plusieurs espèces de Fourmis. Une lignée de serviteurs zélés est indispensable à leur existence, et pour se les procurer, elles procèdent comme d'effrontés forbans.

Des observateurs avaient, depuis longtemps, reconnu que certaines Fourmis en portaient d'autres à leur gueule pendant leurs pérégrinations, mais on ignorait dans quel dessein. Ce fut Hubert qui découvrit ce mystère. Ce sont de véritables enlèvements que ces Insectes opèrent dans l'intérêt de leur république; des razzias d'esclaves exécutées de vive force. Ces flibustiers microscopiques ne vont pas, sur les marchés, vendre leur capture à l'encan; mais, comme d'efféminés sybarites, ils s'en font servir et lui imposent tout le travail de l'habitation.

Lorsque la Fourmi amazone se met en campagne pour enlever des esclaves et surtout des Fourmis mineuses, qui lui en servent ordinairement, elle y procède toujours avec beaucoup d'ordre. L'excursion commence constamment à l'entrée de la nuit. Aussitôt après être sorties de leur demeure, les Amazones se groupent en colonnes serrées, et leur armée se dirige vers la fourmilière qu'elles vont spolier. En vain les guerriers de celle-ci veulent-ils en barrer l'entrée; malgré leurs efforts, elles pénètrent jusqu'au cœur de la place, et en fouillent tous les compartiments pour choisir leurs victimes, les larves et les nymphes. Les travailleurs qui s'opposent à leurs rapines sont simplement terrassés, mais elles ne s'en emparent pas, parce qu'ils se prêteraient difficilement à leur joug; il ne leur faut que de jeunes individus qu'on puisse y façonner. Lorsque le sac de la place est complet, chaque conquérant prend délicatement une nymphe ou une larve dans ses dents et s'occupe du retour. Ceux qui n'en peuvent trouver, emportent les cadavres mutilés des ennemis, pour servir de pâture. Puis, toute l'armée, chargée de butin, et se développant parfois sur une file d'une quarantaine de mètres de longueur, regagne triomphalement sa cité, dans le même ordre qu'elle avait à son départ.

Aussitôt que les jeunes Fourmis arrachées à leurs foyers arrivent à la demeure des ravisseurs, les esclaves qui s'y trouvent déjà leur prodiguent les soins les plus empressés. Elles leur donnent à manger, les approprient et réchauffent leur corps glacé.

Dans les républiques esclavagistes, conquérants et esclaves finissent par changer de rôle. N'ayant rien de cette vieille féodalité dont l'armure pesait sans discontinuer sur les serfs, les premiers ne développent du courage qu'au moment de la conquête. Aussitôt après avoir déposé leur butin dans la fourmilière, les Amazones se délassent de leurs combats par les délices de l'oisiveté. Mais, bientôt énervés par celle-ci, les ravisseurs passent sous le joug de leur conquête. Leur dépendance est telle, que si désormais on leur enlève leurs esclaves, les privations et l'inaction détruisent bientôt toute la tribu.

Ces spoliateurs, si ardents à la curée, se révoltent contre tout travail manuel; ils ne s'entendent qu'à batailler; incapables de construire leurs demeures ou de nourrir leur progéniture, ce sont les esclaves qui seules se chargent de ce double soin. Si la tribu est forcée d'abandonner une fourmilière trop ancienne ou trop exiguë, elles seules aussi en décident et opèrent l'émigration. A ce moment, les Amazones semblent même éprouver une défaillance. Chaque esclave saisit avec ses mandibules un de ses maîtres dégénérés, et le transporte à la nouvelle habitation, comme une chatte porte à sa gueule le petit qu'on a ravi à son berceau.

L'ingénieux Hubert voulut déterminer expérimentalement jusqu'à quel point allait la dépendance des deux catégories sociales. Il reconnut bientôt que les chefs, abandonnés à eux-mêmes, étaient absolument dans l'impossibilité de subvenir à leurs besoins, même au milieu de l'abondance. Ce naturaliste, ayant enfermé, avec une ample provision d'aliments, une trentaine d'Amazones, mais sans mettre avec elles aucune esclave, vit celles-ci tomber dans la plus profonde apathie, quoiqu'il eût placé avec elles des larves et des nymphes, pour les stimuler au travail. Toute besogne cessa immédiatement, et les recluses se laissaient même périr de faim plutôt que de manger seules. Déjà plusieurs avaient succombé, quand il vint à l'idée du savant Genevois de leur rendre une esclave. Celle-ci se trouvait à peine introduite au milieu des morts et des mourants, que déjà elle était à l'œuvre, donnant la pâture aux survivants, prodiguant ses soins aux jeunes larves et leur construisant des abris. Elle sauva la colonie.

Rien n'est plus extraordinaire que tous ces faits, et cependant ils ont été constatés avec le soin le plus scrupuleux, soit par le grand historien des Fourmis, soit, plus récemment, en Angleterre, par MM. F. Smith et Darwin.

Mais les mœurs extraordinaires de ces Fourmis diffèrent un peu selon les localités qu'elles habitent ou le nombre d'ilotes que possède la fourmilière. En Suisse, Hubert a observé que les esclaves travaillent ordinairement avec leurs maitres à la construction de l'habitation de la tribu, et que ce sont elles qui, comme de vigilantes portières, en ouvrent les portes à l'aube du jour, et les ferment soigneusement quand arrive le soir ou quelque pluie d'orage.

En Angleterre, selon Darwin, la vie des esclaves est beaucoup plus sédentaire. Jamais ce savant ne les a vues sortir de la fourmilière, où elles s'occupent simplement des travaux domestiques. Mais cela dépend peut-être, comme il le dit, du plus grand nombre de serviteurs que l'on rencontre dans les tribus de la Suisse, ce qui permet de leur confier une partie de la besogne du dehors.

Toutes les espèces de Fourmis ne se façonnent pas aussi facilement à l'esclavage. Il y en a de toutes petites, et telle est la Fourmi jaune, qui résistent aux Amazones, et, quoique beaucoup plus faibles qu'elles, les terrifient par leur aspect : le courage supplée à la force. Ainsi, la Fourmi sanguine, qui est une des plus esclavagistes que l'on connaisse, ne s'avise jamais d'aller piller la demeure de la Fourmi jaune, qui combat avec fureur pour défendre ses foyers et sa famille. Cela est si vrai, qu'à sa grande surprise, M. Smith rencontra une petite tribu de cette vaillante espèce qui habitait sous une pierre, tout près d'une fourmilière d'esclavagistes, et savait s'en faire respecter, et même épouvantait l'autre par sa belliqueuse attitude.

La conquête des ilotes n'occupe pas seule les tribus esclavagistes; fréquemment aussi elles se répandent sur les plantes pour y enlever des Pucerons. C'est là leur bétail ; ce sont leurs vaches laitières, leurs chèvres : on n'eût jamais pensé que les Fourmis fussent des peuples pasteurs. Celles-ci sont, en effet, extrêmement friandes d'une liqueur sucrée que distillent deux petits mamelons que les Pucerons portent à l'extrémité de leur ventre. Souvent on les surprend, sur les végétaux, suçant tour à tour ce fluide sur chaque individu qu'elles rencontrent. D'autres fois, en compagnie de leurs esclaves, elles enlèvent ces Hémiptères et les emprisonnent dans leur habitation, pour les traire plus à leur aise ; et là ils sont nourris comme de véritables bestiaux à l'étable.

Hubert a découvert aussi que les Fourmis sont tellement avides de cette liqueur sucrée que, pour s'en procurer plus commodément, elles pratiquent des chemins couverts qui de la demeure de la tribu, s'étendent jusqu'aux plantes qu'habitent ces vaches en miniature. Parfois on les voit pousser la prévoyance jusqu'à un point encore plus incroyable. Afin d'obtenir plus de produits des Pucerons, elles les laissent sur les végétaux qu'ils sucent habituellement, et, avec de la terre finement gâchée, leur bâtissent là des espèces de petites étables, dans lesquelles elles les emprisonnent. Le savant que nous venons de citer a découvert plusieurs de ces étonnantes constructions; c'est donc un fait irrécusable.

Dans certaines circonstances, les Fourmis se livrent aussi des batailles qui ne paraissent avoir pour cause que des antipathies d'espèces ou de tribus.

Les combats des Fourmis ont eu leur historien, on pourrait presque dire leur chantre, car Hubert fils les a décrits avec non moins de poésie qu'on n'en trouve dans les récits homériques ou les strophes de la Thébaïde.

On va le voir par la description de l'une de ces batailles, que nous empruntons presque textuellement au savant Genevois. Celle-ci avait lieu entre deux fourmilières de la même espèce, situées à une centaine de pas l'une de l'autre. « Je ne dirai pas, s'écrie Hubert, ce qui avait allumé la discorde entre ces deux républiques, aussi populeuses l'une que l'autre; deux empires ne possèdent pas un plus grand nombre de combattants. Les armées se rencontrèrent à moitié chemin de leur résidence respective. Leurs colonnes serrées s'étendaient du champ de bataille jusqu'à la fourmilière, sur une largeur de deux pieds. Une immense réserve soutenait ainsi le corps de bataille. Dans celui-ci des milliers de

Fourmis montées sur les moindres saillies du sol luttaient deux à deux, s'attaquant mutuellement à l'aide de leurs mâchoires. D'autres enlevaient des prisonniers, mais non sans de rudes combats, ceux-ci prévoyant le sort cruel qui les menaçait aussitôt leur arrivée dans la fourmilière ennemie.

« Le champ de bataille, qui se développait sur un espace de deux à trois pieds carrés, était jonché de cadavres et de blessés, couvert de venin et exhalait une odeur pénétrante. Çà et là aussi, quelques combats particuliers s'engageaient encore. La lutte commençait entre deux Fourmis qui s'accrochaient par leurs mandibules en s'exhaussant sur leurs jambes. Bientôt elles se serraient de si près qu'elles roulaient l'une et l'autre dans la poussière. Le plus souvent alors les deux athlètes recevaient du secours, et l'on voyait des chaînes de six à dix Fourmis toutes cramponnées les unes aux autres, et tirant en sens inverse les deux adversaires jusqu'à ce que l'un ou l'autre lâchât prise ou fût entraîné par une force supérieure.

« A l'approche de la nuit, les deux armées opérèrent leur retraite et rentrèrent dans leurs demeures. Mais le lendemain, le carnage recommença avec plus de fureur, et Hubert vit la mêlée occuper six pieds de profondeur sur deux de front. L'acharnement des combattants était tel qu'aucun d'eux n'aperçut l'observateur et ne songea à l'attaquer. »

LES ARCHITECTES ET LES MANGEURS DE VILLES.

Si nous nous transportons dans les régions tropicales, où une nature plus vigoureuse multiplie partout les sources de la vie, nous voyons les Insectes disputer pied à pied les possessions de l'homme. C'est une guerre en règle qu'ils lui font, en envahissant ses plantations ou sa demeure : guerre acharnée, sans merci, et dont il faut parfois que le canon décide.

Tel est le cas du Termite belliqueux des environs du cap de Bonne-Espérance, qui a fixé l'attention de tous les voyageurs à cause de ses extraordinaires constructions et de ses dégâts.

Ces Termites, que l'on désigne souvent sous le nom de *fourmis blanches*, ainsi que celles-ci, vivent en républiques composées de diverses sortes d'individus.

Les uns, les *travailleurs*, ne s'occupent que de la construction des habitations.

Les autres, les *soldats*, n'ont pour mission que de défendre la colonie et d'y maintenir l'ordre.

Enfin, viennent les *femelles*, véritables Reines, adorées par toute une population dont la reproduction leur est confiée. Celles-ci ne sont que de monstrueux sacs à œufs, de véritables machines à pondre, d'une effrayante fécondité. Lorsque leur abdomen est gonflé de toute sa portée, il n'a pas moins de 2000 fois plus d'ampleur qu'auparavant ; elles ne peuvent plus le traîner. La ponte est si rapide qu'il semble une fontaine jaillissante d'œufs ; il en sort soixante par minute, 80 000 par jour !

Les dimensions et la solidité des nids du Termite belliqueux ont toujours fait l'étonnement des voyageurs, quand on les compare à la faiblesse de l'Insecte. Ils offrent parfois jusqu'à vingt pieds de hauteur. Leur forme pyramidale rappelle assez l'aspect d'un pain de sucre colossal, un peu élargi à la base, et dont les flancs sont hérissés de petits monticules accessoires. Quand on parcourt les sites où les colonies de Termites abondent, dans le lointain on les prend pour des villages d'Indiens. Les murailles de ces demeures sont tellement solides que les Bœufs sauvages les gravissent sans les enfoncer, lorsqu'ils se mettent en sentinelle; et l'intérieur contient des chambres tellement vastes qu'il en est dans lesquelles une douzaine d'hommes peut s'abriter. C'est souvent dans celles-ci que les chasseurs se mettent à l'affût des animaux sauvages.

Outre ces étonnantes chambres, on rencontre aussi, dans ces espèces de phalanstères, de longues galeries offrant le calibre de la gueule de nos gros canons, et qui s'enfoncent jusqu'à trois ou quatre pieds dans la terre.

Les monuments dont nous nous enorgueillissons, sont bien peu de chose comparativement à ceux que construisent ces frêles Insectes. Les nids des Termites ont une élévation qui dépasse souvent cinq cents fois la longueur de leur corps. Aussi a-t-on calculé que si nous donnions proportionnellement la même hauteur à nos maisons, elles seraient quatre ou cinq fois plus élevées que la plus grande des pyramides d'Égypte.

D'autres Termites, au lieu de construire ces étonnanantes habitations, s'occupent fatalement à attaquer les nôtres, et les rongent parfois de fond en comble; tout y passe, la maison et le mobilier. Ce sont d'insidieux déprédateurs, qui cheminent sourdement sous le sol, et s'y pratiquent de longues galeries à l'aide desquelles ils infestent tout à coup nos demeures. Alors ils pénètrent dans toutes les charpentes et en rongent totalement l'intérieur, en ne laissant à leur superficie qu'une couche de bois de la minceur d'un pain à cacheter. Rien ne décèle leurs dégâts occultes : on voit sa maison, on croit à son existence réelle, mais on n'en possède plus que le fantôme, un château de cartes, qui tombe en poussière au moindre ébranlement. Smeathman, qui nous a donné une si intéressante histoire de ces Névroptères, rapporte que parfois ils ont même détruit de fond en comble de grandes villes, qui avaient été abandonnées par leurs habitants.

Mistriss Lée m'a dit que, dans les parages de l'Afrique où elle a séjourné, les Termites ne mettent qu'un temps fort court pour dévorer totalement une habitation. Un escalier d'une assez bonne dimension, est mangé en une quinzaine de jours. Des tables, des fauteuils et des chaises en beaucoup moins. L'illustre voyageuse m'a raconté qu'à Sierra Leone, souvent, en rentrant chez soi après une courte absence, on ne retrouve plus que l'ombre de son mobilier. L'extérieur possède encore toute sa fraîcheur, mais le cœur manque, et chaque pièce creusée se pulvérise sous la main qui la touche.

Le Termite lucifuge, qui vit en France, moins rapide dans ses déprédations que ceux des régions tropicales, cause cependant d'assez notables dégâts dans les lieux qu'il habite. Il rongeait, il y a quelques années, les archives de la mairie de Rochefort et faisait des dégâts considérables dans l'arsenal.

Dans les régions tropicales, certaines Fourmis sont

non moins redoutables que les Termites dévorants. Elles n'anéantissent pas nos habitations, mais envahissent les champs et y élèvent d'énormes fourmilières, qui ressemblent à autant de monticules de quinze à vingt pieds de hauteur. Là elles les multiplient à un tel point sur certaines plantations, que le colon est forcé de les abandonner. Quelquefois, cependant, celui-ci résiste aux envahisseurs, leur déclare une guerre d'extermination et incendie leurs établissements à l'aide de substances combustibles. Parfois même, c'est avec de l'artillerie chargée à mitraille, qu'on renverse les hauts remparts de ces Fourmis et qu'on en disperse les décombres et les architectes.

Ainsi, c'est avec le canon que l'homme est obligé d'attaquer un Insecte!

LES FOSSOYEURS ET LES TERRASSIERS.

Malgré cette suprématie que l'orgueil de l'homme s'attribue sur toute la création, souvent un frêle Insecte le surpasse en énergie et en intelligence. Abandonnez l'un de nous à la simple ressource de ses organes, et ordonnez-lui d'enterrer un Éléphant ou un Rhinocéros, il y dépensera une partie de sa vie. Ses ongles seront usés avant que la fosse du colosse ne soit achevée, et toutes ses forces s'épuiseront en vain pour l'y placer et la recouvrir de terre.

Un Coléoptère se charge, en quelques heures, d'exécuter un travail tout aussi herculéen.

Lorsqu'une Taupe morte est abandonnée dans un

champ, immédiatement vous voyez arriver près d'elle un petit Insecte barriolé de noir et d'orange, qui, en trois ou quatre heures, a parfaitement enterré le Mammifère. Et cependant, sa taille, par rapport à ce dernier, ne dépasse pas celle de l'homme comparée aux proportions de l'éléphant.

Faites plus, donnez à l'un de nous des pics et des brouettes pour attaquer et remuer le sol, et il mettra encore plus de semaines à accomplir sa besogne qu'un Nécrophore fossoyeur, c'est le nom de l'insecte, n'y met d'heures.

C'est l'instinct maternel qui guide et anime le Fossoyeur. Il lui faut une taupe pour lui confier sa progéniture, et il ne l'enfouit sous la terre, qu'afin qu'elle se conserve fraîche jusqu'au moment où écloront ses larves dévorantes.

L'Insecte veut pour celles-ci un aliment de prédilection; si vous lui en offrez un autre, il n'en profite nullement. Jetez un rat ou un oiseau sur la terre, il ne les enfouit pas. Mais dans votre jardin, où jamais vous ne voyez de Nécrophores, abandonnez une Taupe morte, et aussitôt l'un de ces coléoptères, qui l'a sentie de loin, arrive et l'enterre.

A cet effet, le Nécrophore ne creuse pas un trou, comme on pourrait le croire; il reste constamment invisible et caché sous le cadavre qu'il enfouit. Le travail se fait sans qu'on s'en doute, et consiste à rejeter sur les côtés de la taupe la terre qui est au-dessous. Cette manœuvre se continuant, en même temps, sous toutes les parties du mort, celui-ci disparaît en s'enfonçant peu à peu. Et lorsqu'il est enfin parvenu au-dessous du niveau du sol, pour le dérober totalement et terminer son œuvre, le Fossoyeur n'a que quelques-unes de ses parcelles nouvellement remuées, à jeter sur le petit animal, qui s'est absolument dérobé comme si on l'eût placé sur un liquide pâteux.

Ainsi se termine ce travail, que j'ai plusieurs fois vu exécuter sous mes yeux, et que certaines personnes révoquent en doute, tant il est extraordinaire.

D'autres Insectes ne creusent la terre que pour y trouver leurs aliments et construire un gîte destiné à leur progéniture. Beaucoup sont dans ce cas; mais il n'en est guère dont les travaux soient aussi redoutés par les cultivateurs que ceux du Taupe-grillon. Dans quelques contrées de l'Allemagne, l'effroi qu'il inspire est tel qu'un dicton populaire intime au voiturier de tuer, sans pitié, tous ceux qu'il rencontre, dût-il même, à cet effet, arrêter sa voiture chargée sur la rampe d'une montagne ou le penchant d'un précipice.

Cet Orthoptère, dont le nom rappelle à la fois les mœurs souterraines et la famille, fait souvent de désastreux dégâts parmi nos jardins en creusant ses galeries, et en coupant toutes les racines des plantes qui se trouvent dans leur direction.

La nature lui a donné à cet effet de redoutables armes. Ce sont ses pattes antérieures, dont l'extrémité évasée a la plus grande analogie, par sa forme et par la manière dont l'Insecte s'en sert, avec les larges mains de la Taupe; elles agissent comme de véritables et puissantes pioches tranchantes.

LES TAPISSIERS ET LES CHARPENTIERS.

Malgré son orgueilleuse prétention, combien aussi n'est-elle pas abrupte, notre industrie, quand on la compare à celle des plus infimes créatures! Le fil ourdi par l'homme est-il comparable à celui de l'Araignée? Cependant, le travail de l'Insecte nous offre une complication à laquelle nous sommes loin de nous attendre. Nonobstant son extrême ténuité, ce fil résulte de l'agglomération de beaucoup d'autres. Il est produit par quatre ou six mamelons situés à l'extrémité du ventre, et la substance soyeuse en sort elle-même par un crible dont les trous, selon Bonnet, sont au nombre de plus de mille sur chacun d'eux. A mesure que les filaments sont projetés au dehors, ils s'agglutinent ensemble, de façon que chaque fil est au moins composé de quatre mille autres, et quelquefois de six mille. Et, néanmoins, celui-ci offre encore une telle ténuité, que Leuwenhoeck prétendait qu'il en faudrait bien quatre millions pour composer une soie de la grosseur d'un poil de sa barbe (30).

Les fils de quelques espèces exotiques possèdent une résistance beaucoup plus considérable qu'on ne l'observe pour les nôtres. Les voyageurs rapportent que dans les contrées équatoriales, on rencontre des toiles d'Araignées qui ont tant de force qu'elles arrêtent les Oiseaux-mouches, comme le ferait un filet; et l'on dit même que l'homme ne les rompt qu'avec difficulté.

La soie de nos Arachnides est constamment d'un gris sale; mais, dans les régions tropicales, sa coloration varie quelquefois. Plusieurs de ces Insectes produisent des fils diversicolores qu'ils entrelacent avec un art admirable. Les uns sont rouges, les autres jaunes, d'autres sont noirs; avec le tout ils forment un canevas tricolore.

L'industrie a fait de vaines tentatives pour utiliser la soie de l'Araignée. Chez nous, son peu de résistance n'a jamais permis d'en tirer aucun profit. Les entomologistes rapportent cependant que Louis XIV s'en fit confectionner un vêtement; mais le peu de solidité de cette étoffe de nouvelle invention, le dégoûta bien vite de sa fantaisie. Cependant, il paraît que les toiles de quelques espèces de l'Amérique ont assez de résistance pour se prêter à cet emploi. Al. d'Orbigny s'en fit confectionner un pantalon, qui lui dura fort longtemps.

Durant une magnifique matinée d'automne, je me promenais, il y a quelques années, dans les vastes prairies qui bordent la Seine; le ciel était d'azur et le soleil resplendissant; quel ne fut pas mon étonnement en reconnaissant qu'un réseau d'une miraculeuse finesse, couvrait absolument toute la surface de l'herbe fraîchement tondue !

Les rayons lumineux, en miroitant obliquement sur cet immense voile blanchâtre, en irisaient toute l'étendue. Et l'harmonieuse régularité de cette nappe de soie qui s'étendait à perte de vue, n'était interrompue que par les longues déchirures qu'y faisaient les vaches à la pâture, dont les jambes, couvertes de flocons soyeux flottant au vent, attestaient les larcins. Enfin, çà et là erraient dans l'atmosphère et tombaient sur nos vêtements, quelques-uns de ces filaments blancs, enlevés à la surface de la prairie.

J'avais ainsi surpris toutes les phases d'un phénomène dont les savants ont été longtemps sans pouvoir pénétrer le mystère. Ce tissu soyeux, répandu sur toutes les herbes, n'était que le travail de myriades de petites Araignées, secondé par la beauté du ciel. Et ces flocons errant dans l'air n'en représentaient que les débris, et n'étaient autre chose que ces filaments inexpliqués, que le vulgaire désigne sous le nom de *fils de la Vierge*.

En effet, ces flocons qu'on voit tomber de l'atmosphère durant les belles journées de l'automne, après avoir été considérés comme un simple produit chimique de l'air, condensé par quelque agent spécial, ont été reconnus par Latreille comme n'étant que le travail de diverses espèces d'Arachnides, transporté au loin par l'agitation de l'atmosphère (31).

D'autres Araignées, au lieu d'étaler leurs produits en tapis nuageux sur la verdure des campagnes, confectionnent des tentures serrées et solides, dont elles tapissent l'intérieur de leur habitation. C'est à quoi s'occupe la Mygale maçonne, si bien nommée. C'est une véritable sybarite, qui s'enferme dans sa demeure et s'y repose sur de moelleux tapis.

Son habitation consiste en un trou de plusieurs pouces de profondeur, parfaitement cylindrique. L'ouvrière en garnit tout le pourtour. A cet effet, elle imite le tapissier qui ne met qu'une étoffe grossière en contact avec la muraille et la recouvre ensuite de sa tenture de luxe. L'Araignée, elle aussi, se sert d'une double toile ; l'une, qu'elle applique sur la paroi de terre abrupte de son souterrain, est épaisse et négligemment œuvrée ; l'autre, qui est placée au-dessus, est au contraire tissée de sa plus fine soie et habilement tendue.

L'entrée de l'habitation est close on ne peut plus hermétiquement, par une petite porte ou couvercle dont le dessous est légèrement convexe et garni d'un coussin de soie ; tandis que le dessus est plan et formé des mêmes matériaux que le sol ; de manière que quand l'Insecte est enfermé dans sa demeure, rien au dehors n'en révèle l'existence. Cette porte, elle seule, est un petit chef-d'œuvre de fini et de patience. La Mygale a l'intelligence du mineur, mais n'a nullement celle du menuisier ou du potier de terre ; aussi c'est seulement avec ses propres ressources qu'elle apprend à barricader son refuge. L'opercule solide qui lui sert à cet effet, est un composé de lames de toile entre chacune desquelles se trouve une petite couche de terre. Quand le travail est achevé on compte alternativement une quarantaine de lames de soie et de terre, et c'est avec les premières, qui vont du sol à la porte, que se trouve formée la petite charnière élastique.

Lorsque l'Araignée veut sortir, elle soulève cette espèce de couvercle mobile ; et une fois rentrée dans son souterrain, elle en clôt strictement le seuil et s'endort en sécurité. Mais si quelque bruit, quelque ébranlement, lui révèle qu'on tente de violer sa demeure, sa vigilance s'éveille à l'instant. D'un bond, elle s'élance vers la porte, s'y cramponne avec la moitié de ses pattes, et à l'aide des autres s'accroche à la tapisserie du souterrain. Si, alors, d'une main curieuse on soulève délicatement cette porte, on éprouve une petite résistance ; et quand elle s'entre-bâille, on aperçoit les efforts suprêmes de l'Arachnide et sa tête menaçante : elle défend ses foyers jusqu'à l'extrémité.

On peut donner le nom de *Menuisiers* à ces légions

d'Insectes qui coupent et taillent le bois à l'aide de leurs robustes mandibules, soit pour s'en nourrir, soit pour y confectionner de petites salles munies de cloisons et destinées à recevoir leur progéniture.

Dans la première catégorie se trouve la larve d'un Papillon de nuit, qui acquiert jusqu'à quatre ou cinq pouces de longueur et est plus grosse que le doigt. Elle ronge l'intérieur des gros arbres et fait dans leur tronc de larges et longues galeries tortueuses, qui parfois suffisent pour les tuer. On la voit travailler avec d'autant plus de zèle que son labeur est la satisfaction d'un besoin : elle vit de bois.

Quand plusieurs de ces robustes chenilles attaquent en même temps un Orme, il succombe en un temps assez court. On a parfois vu cet Insecte anéantir totalement de vigoureuses avenues de haute futaie; aussi lui donne-t-on vulgairement le nom de Cossus gâte-bois.

Ce Cossus est malheureusement assez commun en France. Souvent, en nous promenant le long d'une plantation d'Ormes, nous apercevons à la surface de quelques-uns de ces arbres, des trous d'où sort une sciure de bois humide. C'est l'entrée des souterrains que se creuse et ronge la larve du redoutable Papillon.

Mais nous trouvons des ouvriers bien autrement ingénieux dans une certaine tribu d'Abeilles, que l'on appelle *menuisières* à cause de leur habileté à travailler le bois. Celles-ci vivent particulièrement dans les contrées tropicales; l'une d'elles cependant habite nos climats; elle a l'apparence d'un gros bourdon de la plus belle couleur bleue ; on la connaît sous le nom d'Abeille charpentière. Uniquement mue par l'instinct maternel, son travail, qui consiste en autant de petites chambres qu'elle produit d'œufs, est un chef-d'œuvre d'art et de prévoyance. Ce sont ordinairement les poutres que cette abeille attaque. Elle y creuse, dans le sens longitudinal, des canaux qui ont jusqu'à douze ou quinze pouces de profondeur et plus d'un centimètre de largeur.

Quand cette grande excavation a atteint toute sa longueur, l'ouvrière s'occupe d'y abriter sa progéniture. A cet effet elle partage le canal en autant de chambrettes qu'elle veut y déposer d'œufs. Chacune de celles-ci n'en reçoit qu'un, et avant de la clore hermétiquement, l'Abeille l'encombre d'un amas de miel et de pollen, suffisant pour tous les besoins de la larve qui doit y naître. A la suite de cela, l'habile menuisière, à l'aide de fine râpure de bois agglutinée avec sa salive, confectionne une mince cloison qui isole ce premier compartiment de celui qui suit. Dans l'excavation, l'Insecte forme ainsi une douzaine de petites cellules, qui ne renferment qu'un seul œuf et sont encombrées de bouillie alimentaire.

Lorsque le petit naît, il ne trouve qu'un espace assez restreint; mais à mesure que sa nourriture diminue, ses mouvements deviennent plus libres. L'aliment a été sagement proportionné aux besoins; la vie de la larve s'achève au moment où la famine va se déclarer. La Chrysalide reste emprisonnée dans la chambrette; mais quand la Mouche en a rejeté les enveloppes, il lui faut impérieusement l'air et la lumière. Alors celle-ci ronge les cloisons qui se trouvent sur son passage et s'élance dans l'atmosphère pour recommencer bientôt les travaux de sa mère. Tel est son destin.

LES TONDEURS DE DRAP ET LES MANGEURS DE PLOMB.

Les marins admirent beaucoup quelques Crustacés de mœurs fort singulières : ce sont des accapareurs d'une étrange espèce, mangeant le propriétaire pour s'emparer de son domicile. Après avoir dévoré le Mollusque qui habite certaines coquilles, ils font de celles-ci une demeure qu'ils traînent partout avec eux, et sous le toit de laquelle ils s'abritent contre leurs ennemis, en s'y enfonçant comme un soldat dans sa guérite, comme un

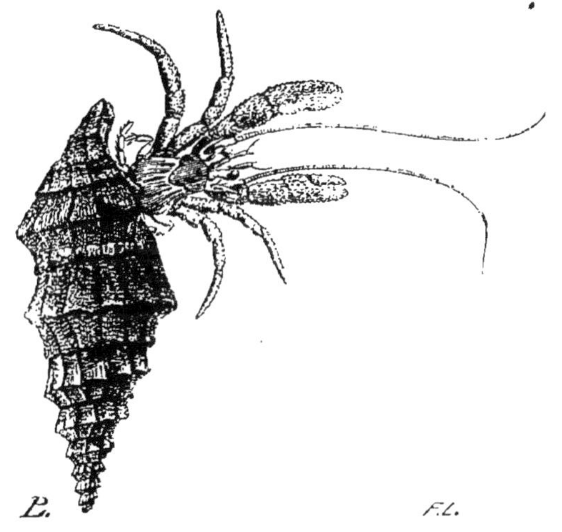

Bernard l'Ermite.

cénobite effrayé dans sa cellule. De là les noms de *soldat* ou de *Bernard l'Ermite* que l'on donne à ces curieux déprédateurs de nos rivages.

Certains Insectes ont dans leurs mœurs moins de férocité et beaucoup plus d'intelligence. Trop débile pour supporter les injures de l'air, leur larve sait se tailler un habit en plein drap. Feutré avec une admirable délicatesse, celui-ci est élargi à mesure qu'elle grandit : elle y ajoute constamment des pièces. Si vous vous plaisez à dépouiller le ver de son vêtement, immédiatement il en confectionne un autre. Et si même vous le placez successivement sur des étoffes de couleurs différentes, comme son travail est incessant, il se confectionne un véritable habit d'arlequin, fait de pièces et de morceaux diversicolores. Cet insecte, c'est la Teigne du drap, malheureusement trop commune dans nos garde-robes, et qui après s'être métamorphosée nous donne un petit papillon d'une insidieuse beauté.

Certaines Larves aquatiques ne se trouvant pas suffisamment protégées contre les poissons et les grenouilles par le fin habit de drap de la Teigne, veulent avoir une plus robuste enveloppe, et pour la confectionner choisissent les matériaux les plus variés. Souvent elles se font un fourreau d'une extrême solidité, en agglutinant, en maçonnant ensemble, de petites pierres.

Parfois aussi les Phryganes, car c'est ainsi que l'on nomme ces prudents ouvriers, construisent leur guérite avec des coquilles d'eau douce ; d'autres fois, enfin, elles coupent, à cet effet, de fines herbes et s'en enveloppent tout le corps, de manière quelles ressemblent, au fond des mares, à de petites bottes de foin ambulantes.

La Phrygane commune semble peu tenir à la nature des matériaux qu'elle emploie, et volontiers elle se sert de tous ceux qui se trouvent à sa portée. Ayant extrait avec soin plusieurs de ses larves de leurs fourreaux de coquillages, et les ayant placées dans des vases d'eau dont le fond était uniquement tapissé de petites perles de couleurs variées; je les vis se mettre immédiatement à l'ouvrage, pour se confectionner un nouveau domicile, en choisissant çà et là les perles les plus diversicolores, de manière que quand la construction fut terminée, chaque vêtement de Phrygane ressemblait à un petit étui en mosaïque, qui se promenait sur les parois de mon vase en cristal.

D'autres Insectes, au lieu de ces demeures portatives, se creusent laborieusement un refuge dans les corps les plus durs, même les métaux. Le plus extraordinaire que l'on puisse citer sous ce rapport est un petit Coléoptère que l'on a découvert, durant notre expédition de Crimée. Il rongeait les balles des cartouches de nos soldats et les perforait d'un trou profond pour s'y abriter en sécurité. Le maréchal Vaillant présenta à l'Académie des sciences plusieurs balles ainsi transpercées par ce plombier inconnu. Les larves d'une Cétoine, on le savait déjà, traversent parfois les couvertures en plomb de nos terrasses; et l'on m'a apporté dernièrement au muséum de Rouen, un fragment d'une gouttière d'église, qui présentait de nombreuses perforations produites par une Callidie.

LES HYDRAULICIENS ET LES MAÇONS.

La cloche à plongeur a été inventée par une petite Araignée; nous n'avons eu qu'à l'imiter : seulement le copiste est resté au-dessous de l'inventeur. En effet, c'est sous l'eau que l'Insecte édifie, commence et achève son travail ; et ce n'est que quand son œuvre est terminée qu'il la remplit d'air vital.

C'est une charmante petite maison de soie, qui suffit à tous les besoins de l'Arachnide. Celle-ci y passe l'hiver et y élève sa progéniture ; et quand la faim la presse, elle lui sert d'antre du fond duquel l'infime carnassier guette sa proie et se jette dessus au passage. Cette cloche en miniature adhère aux herbes voisines par un nombre considérable de fils, comme ces liens multiples qui retiennent un aérostat, jusqu'au moment où on lui permet de s'élancer dans les nuages ; eux aussi, ils empêchent que l'air amassé n'enlève la demeure.

Ces petites Araignées nagent facilement ; et c'est à leur vie absolument aquatique qu'elles doivent le surnom de *Naïades*, que leur a imposé Walckenaer, leur ingénieux historien. Une couche d'air fixée par le poil de leur corps, et qui leur donne sous l'eau l'éclat d'une perle, facilite leur natation en les allégeant. C'est même à l'aide de celle-ci qu'elles parviennent à remplir de gaz respirable leur petite cloche, aussitôt qu'elle est édifiée. A cet effet, l'Araignée vient à la surface du ruisseau prendre une bulle d'air sous son abdomen, puis la porte à son refuge submergé ; et elle répète ses voyages jusqu'à ce qu'il en soit totalement gonflé.

Les entomologistes connaissent encore d'autres Hydrauliciens, mais aucun n'égale en intelligence les Naïades dont nous venons de parler.

Un de nos grands coléoptères de France, l'Hydrophile, dont le nom rappelle les mœurs aquatiques, bâtit bien aussi sous l'eau une imperméable retraite de soie, mais il ne l'habite pas et se contente de lui confier sa progéniture; c'est une simple coque pour ses œufs.

D'autres fois, c'est avec des matériaux plus solides que construisent les Insectes. Ils emploient le mortier et la pâte ; ce sont de véritables Maçons, qui, au lieu de travailler dans les marais, placent leur œuvre en plein air sur nos édifices élevés ou vers la cime des arbres.

La Mégachile des murailles, qu'on nomme vulgairement *Abeille maçonne*, s'est acquis une grande célébrité à cause des nids en fines pierres ou en mortier qu'elle applique contre les édifices. Ils représentent des cellules ovoïdes, pouvant contenir une noix. Ce sont autant de gîtes auxquels cette mouche confie sa progéniture. Lorsque, après un long labeur, le monument en miniature est achevé, la mère place à l'intérieur un de ses œufs, puis se retire par l'ouverture restée béante vers le haut, et qu'elle maçonne hermétiquement avant de s'envoler.

La progéniture de l'Abeille se trouve ainsi enfermée vivante dans un tombeau ; mais la tendresse maternelle a déployé là toutes les ressources de la plus extrême prévoyance. Avant de sortir, la Mégachile en a tapissé la paroi d'une fine tenture de soie. Ainsi sa délicate larve se trouve abritée contre le froid des nuits, et n'a plus à redouter le contact des parois abruptes de sa chambrette. En opérant de laborieux voyages, la mère a eu le soin d'amasser dans ce berceau, la quantité de pâtée qu'il faut à son petit. Et quand enfin elle l'enferme dans son réduit à l'aide d'une cloison de maçonnerie, elle sait qu'il y possède l'air et la nourriture suffisante pour arriver à bien ; et qu'au moment de prendre son essor, lui aussi, il aura, comme sa mère, des instruments de travail pour défoncer la muraille sous laquelle il est emprisonné.

Dans les pays où les Abeilles maçonnes sont rares, leurs nids sont isolés ou fort peu nombreux les uns à côté des autres. Souvent on les rencontre dans des enfoncements de pierres ou sur des cannelures de colonnes. J'en ai trouvé d'isolés sur divers monuments de l'Italie; ils étaient appliqués sur des colonnes et construits avec de petites pierres agglutinées par un mortier très-fin. Leur solidité était extrême.

En Égypte, où les Abeilles maçonnes sont fort communes, on rencontre de considérables agglomérations de leurs nids dans beaucoup de monuments. La voûte de quelques-uns de ces antiques temples souterrains que l'on appelle Spéos, en est parfois totalement obstruée. Ils y sont même tellement tassés et empilés les uns sur les autres, dans certains endroits, qu'ils pendent aux plafonds, comme les stalactites de nos cavernes. Mais ces nids ne sont plus édifiés en petites pierres; imitant les fellahs de la Haute-Égypte, là c'est avec le limon du Nil que l'Abeille maçonne construit sa demeure.

Le plafond d'une salle d'un temple de l'île de Philœ, dans laquelle je bivouaquai quelques jours, était totalement masqué par ces nids. Pendant que j'étais couché, je voyais circuler au milieu d'eux, et avec une surprenante agilité, de ces Lézards qui s'accrochent si bien aux moindres aspérités des murailles, des Geckos qui se jetaient sur les jeunes Abeilles sortant de leurs demeures, ou croquaient les larves dont le réduit offrait quelque brèche (32).

Mais, si quelque Insecte mérite la palme de l'architecture, il faut absolument la décerner à la Guêpe cartonnière. Celle-ci se bâtit des demeures beaucoup plus ingénieuses encore que notre abeille domestique. Si les âteaux en cire de cette dernière offrent des alvéoles d'une merveilleuse régularité, c'est surtout par l'ordonnance générale de son monument que brille la Guêpe dont nous parlons. Celui-ci se compose d'étages régulièrement disposés les uns au-dessus des autres dans une espèce de tour circulaire. Quelques-unes de ces maisons ont jusqu'à quinze à vingt étages, qui communiquent tous entre eux par un trou placé vers le centre de chacun. Les alvéoles qui abritent ces architectes se trouvent situées au plafond de chaque compartiment. Toute la demeure de cette Mouche, qui ordinairement pend aux arbres, est construite en une espèce de pâte brune, absolument analogue à du carton, et c'est de là que lui vient le nom sous lequel on la connaît. Mais où l'Insecte, qui habite Cayenne, prend-il ses matériaux? C'est ce qu'on ignore absolument.

CHAPITRE IV.

L'ARCHITECTURE DES OISEAUX.

L'extrême diversité des constructions des Oiseaux a excité l'admiration de tout le monde. Ces animaux en varient à l'infini les formes, le style et les matériaux; aussi est-il possible d'en faire autant de catégories que nous avons de professions. Les uns charpentent, d'autres tissent; quelques-uns bâtissent, et l'on trouve parmi eux des terrassiers, des maçons et de véritables mineurs; il n'y manque que des forgerons.

Près de nos gigantesques monuments, tels que Saint-Pierre de Rome et les pyramides des Pharaons, le nid de l'Oiseau n'est qu'un point dans l'espace ; mais le travail grandit subitement à nos yeux lorsque l'on compare la faiblesse de l'ouvrier à l'ampleur de son œuvre ; car quelques-uns de nos Architectes aériens, pour édifier leurs demeures, amassent plus de terre en une seule saison, qu'un homme n'en amoncellerait en toute sa vie!

L'amour maternel, chez l'Oiseau, s'ingénie au suprême degré. Si la Caille et la Perdrix, mères trop confiantes, déposent leur progéniture sur la terre, à découvert, et l'exposent à la voracité de chaque Carnassier qui passe, d'autres espèces prennent des précautions infinies pour la défendre. Le Martin-pêcheur creuse un profond et sinueux souterrain pour abriter la sienne. La Pie, pour protéger ses petits, construit une véritable citadelle casematée, où elle n'entre et ne sort que par un chemin étroit. Seulement, au lieu de charpente ou de terre, ce sont des branches étroitement entrelacées qui couvrent le nid et le défendent contre les Aigles et les Faucons, ces véritables brigands de l'air.

Parmi les diverses peuplades aériennes, une seule espèce, étrange sous tous les rapports, autant poisson qu'oiseau, se dérobe à la loi générale, et ne confie sa progéniture à aucun nid; c'est le Manchot de Patagonie, qui ne vit qu'au milieu des glaces, des brisants et des flots, et dont les ailes sont absolument impropres au vol. Mais, avouons que l'amour que le couple déploie pour sa couvée, fait immédiatement pardonner sa paresse et sa stupidité.

Semblable à ces mammifères de l'Australie, qui cachent leurs petits dans une bourse abdominale, la femelle du Manchot porte constamment son œuf unique dans une poche formée par un repli de la peau du ventre; et il y est si fortement étreint, qu'elle saute ou roule parfois de rocher en rocher, sans le laisser choir. Elle fait bien, car quand ce malheur lui arrive, le mâle la corrige impitoyablement. Cet œuf est même caché là avec tant de soin par la mère, que pour s'en emparer, il faut lui livrer un véritable combat; et, à ses cris de colère, le mâle accourt et se jette sur le ravisseur avec une fureur qui ne cesse que lorsque celui-ci le fait expirer sous le bâton.

Le Manchot.

LES GÉANTS ET LES PYGMÉES.

La nature nous offre partout les plus extrêmes oppositions. Les Oiseaux ont aussi leurs pygmées et leurs géants; leurs paresseux et leurs infatigables travailleurs. Leurs mœurs présentent, côte à côte, l'imbécillité et l'intelligence, la solitude et la vie de famille.

Souvent, dans les régions tropicales, là où le soleil darde ses plus ardents rayons, vous voyez voltiger sur les fleurs de brillants oiseaux, qui passent rapides comme l'étincelle d'une topaze ou d'un rubis; ce sont les Colibris, véritables diamants vivants, plus frêles que certains insectes, et qui deviennent parfois la pâture des Araignées.

Si vous compariez la taille des Oiseaux entre eux, vous arriveriez à des chiffres prodigieux. Lacépède, qui, sans doute, ne se piquait pas de l'exactitude d'Archimède, avait supputé qu'il faudrait mille millions de Musaraignes pour équivaloir au poids d'une Baleine. Si cela était vrai, il faudrait entasser presque autant d'oiseaux-mouches pour contre-balancer la pesante Autruche!

Nous venons de parler de l'Autruche, mais celle-ci n'est elle-même qu'une assez faible créature comparée aux deux merveilles de l'ornithologie, dont on a dû la récente révélation à d'illustres zoologistes, R. Owen et Isidore Geoffroy Saint-Hilaire.

L'une d'elles, le Dinornis de la Nouvelle-Zélande, dont le muséum des chirurgiens de Londres possède une partie du squelette, devait avoir environ dix-sept pieds de hauteur. L'os de la jambe d'un homme n'est qu'un grêle fuseau près de celui de ce colosse ailé.

L'autre, l'Épiornis, qui vivait naguère à Madagascar, a dû être encore d'une taille plus élevée. L'œuf de cet oiseau, qui est aujourd'hui au muséum de Paris, est six fois plus volumineux que celui de l'Autruche; et l'on a calculé que pour en combler la cavité il faudrait douze

Dinornis.

mille œufs d'Oiseau-mouche. Sa coque, épaisse de deux millimètres, ne peut être brisée qu'à coups de marteau.

Quelle puissance fallait-il donc qu'eût le bec du jeune petit pour parvenir à la trouer!

Quelles différences aussi dans les forces! Les Oiseaux-mouches, dont la langue pompe le nectar des fleurs, pourraient à peine en endommager les pétales, tandis que le Serpentaire, sans cesse occupé à combattre les reptiles, d'un coup d'aile étourdit une tortue ou un menaçant serpent. Le Cygne casse la jambe d'un homme. Le Vautour gypaëte attaque parfois les chasseurs dans les passages dangereux des Alpes. Et l'Aigle, dans son vol audacieux, enlève des enfants à travers les plaines de l'air et les brise dans les précipices des montagnes (33).

L'INSTINCT DE LA CHIMIE. LES CONSTRUCTEURS DE MONTAGNES ET LES GLANEURS.

Quelques Oiseaux se font remarquer et par l'ampleur de leurs constructions, et par les notions innées qu'ils semblent avoir sur certains phénomènes chimiques qu'on les voit parfaitement utiliser.

Tel monticule d'un parterre anglais, nous étonne par ses dimensions et le travail qu'il a exigé. Beaucoup de bras et de temps y ont été employés, et, cependant, si vous comparez l'ouvrage aux moyens de l'ordonnateur, cet amas de terre vous semble bien peu de chose. Un Oiseau, à lui seul, accomplit une besogne mille fois plus considérable; c'est le Mégapode tumulaire.

Celui-ci a le port et la taille d'une Perdrix, et sa modeste robe brune, sans éclat, rappelle les sombres couleurs de tous les oiseaux de sa patrie, l'Australie, cette terre des merveilles zoologiques; mais ses travaux et son intelligence font immédiatement oublier le triste aspect de l'ouvrier.

La nidification de cette espèce est vraiment une œuvre herculéenne; et l'on n'y croirait pas si elle n'était attestée par les plus authentiques témoignages.

C'est sur le sol que repose l'immense construction que fait le Mégapode. Il commence par y amasser une épaisse couche de feuilles, de branches et d'herbes. Ensuite, il recueille de la terre et des pierres et les jette tout autour, de manière à former un énorme tumulus cratériforme, concave au milieu, endroit où les matières primitivement entassées restent seulement à nu. L'un de ces nids, dont l'illustre ornithologiste Gould a donné les dimensions exactes, avait 14 pieds de hauteur et offrait une circonférence de 150 pieds. Proportionnellement à la taille de l'oiseau, une telle montagne a vraiment des dimensions qui tiennent du prodige; et l'on se demande comment, à l'aide de son bec pour toute pioche et pour tout moyen de transport, il a pu rassembler tant et tant de matériaux! Les tumuli si célèbres de Patrocle et d'Achille, ont assurément demandé moins de travail à l'homme.

L'immense œuvre achevée, l'ouvrier lui confie ses œufs. La femelle en pond ordinairement huit, qu'elle dispose en cercle, au centre du nid, dans les herbes et les feuilles qui s'y trouvent entassées. Tous y sont mis à distances parfaitement égales, et placés verticalement. Quand la ponte est terminée, le Mégapode abandonne son chef-d'œuvre et sa progéniture; la Providence lui ayant révélé qu'il leur est désormais inutile.

Doué d'un merveilleux instinct de chimiste, cet Oiseau n'a rassemblé tant et tant de substances végétales, que pour confier l'incubation de ses œufs à leur fermentation. C'est en effet sur la chaleur que celle-ci développe, qu'il a compté pour le remplacer : ainsi la mère substitue à ses soins un véritable procédé scientifique.

Réaumur proposait d'abandonner à la chaleur du fumier, l'incubation des œufs de nos poules ; mais celui-ci les empoisonnait par ses vapeurs méphytiques. Le Mégapode, plus judicieux que le célèbre académicien, emploie la fermentation de l'herbe et des feuilles, ce qui n'a pas le même inconvénient.

Tout est extraordinaire dans l'histoire de cet animal. Au lieu de naître nu ou couvert de duvet, et de sortir de l'œuf incapable de pourvoir à sa subsistance, quand le jeune Mégapode brise sa coquille, déjà il est pourvu de plumes propres au vol. A peine libre, il aspire l'air et la lumière ; écarte les feuilles qui l'entourent et l'étouffent ; monte sur la crête de son tumulus, sèche au soleil ses ailes encore humides et les essaye par quelques battements. Enfin, devenu rapidement confiant en ses forces, après avoir jeté un regard inquiet et curieux sur la campagne environnante, le faible oiseau prend son essor dans l'atmosphère et abandonne à jamais son berceau ; il sait se nourrir en naissant !

Un autre Oiseau de l'Australie a les mêmes prévisions instinctives que celui dont il vient d'être question, mais au lieu d'être terrassier, lui, c'est un rude glaneur. Le Télégamme de Latham, c'est ainsi qu'on le nomme, qui a la taille et l'aspect d'une poule, confectionne son nid avec de l'herbe qu'il ramasse dans la campagne et dont il fait un énorme tas, comparable aux mulons que nos faneuses élèvent dans les prairies. Mais ce n'est pas avec son bec qu'il travaille, c'est avec ses pattes. A l'aide de l'une de celles-ci, il ramasse une petite botte de foin, et l'étreint dans ses doigts; puis il l'apporte au nid, en sautillant à cloche-pied sur l'autre patte. Quand à la suite de ses incalculables voyages, le tas est devenu assez volumineux, la femelle lui confie ses œufs. Sachant, ainsi que nous, que le foin s'échauffe en séchant, c'est sur sa chaleur que celle-ci compte pour l'incubation de sa progéniture, qu'elle abandonne totalement après la ponte. Les jeunes Télégammes naissent couverts de plumes et sont aptes à se nourrir eux-mêmes lorsqu'ils sortent de l'œuf. Aussi, quelques minutes après avoir éparpillé le matelas qui les environne, ils prennent leur vol.

Un petit Rongeur des Alpes Sibériennes, le Lagomys, dont la taille n'atteint pas celle du lapin, amasse de semblables monceaux de foin, qui ont jusqu'à cinq pieds de hauteur et huit de diamètre. Souvent les tartares accaparent le fruit de son labeur pour nourrir leurs chevaux. On pourrait également utiliser les nids du Télégamme, qui est encore un plus laborieux faneur.

LE TRAVAIL ET LA FAMILLE. LA PARESSE ET L'INGRATITUDE.

Toute la tribu des Roitelets et des Mésanges, fait oublier son infime stature par l'ingénieux fini de ses travaux et son amour exquis de la famille : c'est parfois merveilleux à voir.

Parmi ces charmants hôtes de nos buissons, on distingue le Troglodyte, qui construit un nid semblable à une demeure souterraine. Puis la Mésange à longue queue, dont l'habitation tient du prodige. Celle-ci, qui est globuleuse, n'excède pas la grosseur du poing, et est composée de Mousse et de Lichen. La mère n'y accède que par une ouverture excessivement étroite, et y nourrit souvent dix à douze petits. Il est vraiment inexplicable qu'une si nombreuse famille puisse s'entasser dans une chambrette d'une telle exiguïté.

Par rapport à l'élégance de la construction, la Mésange rémiz étonne encore plus l'observateur. Son nid, suspendu aux branches des arbres, a exactement la forme d'une cornue de chimiste ; seulement au lieu d'être confectionné en si dure matière, il n'entre dans sa composition que de la fine mousse et du duvet. L'ouverture en est œuvrée avec soin; pas une fibre végétale ne dépasse l'autre !

Qui pourrait dire de quelle merveilleuse manière l'oiseau aborde son nid en volant ; y entre ou en sort par une ouverture qui semble avoir à peine le diamètre de son corps, et sans jamais en déranger une fibrille ?

La hutte de quelques sauvages reste constamment ouverte ; leur intelligence deshéritée ne leur a pas encore fait inventer la porte protectrice. Les Araignées sont plus ingénieuses : il en est, qui, comme nous l'avons vu, savent s'enfermer dans leur souterrain, avec une porte habilement œuvrée; quelques Oiseaux prennent des précautions analogues.

Dans son ouvrage sur les Oiseaux de l'Inde, M. Jerdon rapporte le curieux manége de certaines espèces du genre Homrains, dont les mâles ont l'habitude, à l'époque de la ponte, d'emprisonner la femelle dans son nid. Ils en ferment l'entrée au moyen d'un épais mur de boue, qui n'offre qu'une petite ouverture par laquelle la couveuse respire et peut seulement passer le bec pour recevoir les aliments que lui apporte son trop sévère époux. Cette reclusion forcée ne cesse qu'au moment où se termine l'incubation.

Dans son voyage aux Indes, Sonnerat parle d'une Mésange dont le nid en forme de bouteille et fait avec du coton, mérite d'être signalé. Quand la femelle couve à l'intérieur, le mâle, vraie sentinelle vigilante, reste au dehors, couché dans une poche spéciale, ajoutée à l'un des côtés du goulot. Mais lorsque sa compagne s'éloigne et qu'il veut la suivre, à l'aide de son aile, il bat violemment l'orifice du nid, et parvient à l'obstruer pour protéger la progéniture contre ses ennemis.

Mais en fait de construction ingénieuse, suscitée par l'amour de la famille et du travail, il n'en est pas qu'on puisse comparer à l'œuvre du Républicain. Ce petit Oiseau du Cap, gros comme nos moineaux, auxquels il ressemble absolument, vit en sociétés nombreuses dont tous les membres se réunissent pour former une immense cité, ayant l'apparence d'un toit circulaire, entourant le tronc de quelque gros arbre. On y compte parfois plus de trois cents cellules, ce qui indique qu'elle est habitée par plus de six cents oiseaux. Ce nid est tellement pesant, que Levaillant, qui en recueillit un durant son voyage en Afrique, fut obligé d'employer une voiture et plusieurs hommes pour le transporter.

Nous avons dit que parmi la gent ailée on trouvait des spécimens de presque toutes les professions. On ne s'attendrait guère à y rencontrer de véritables couturières, car le bec des oiseaux semble assez impropre aux travaux à l'aiguille, et cependant quelques-uns de ces animaux en produisent d'absolument analogues.

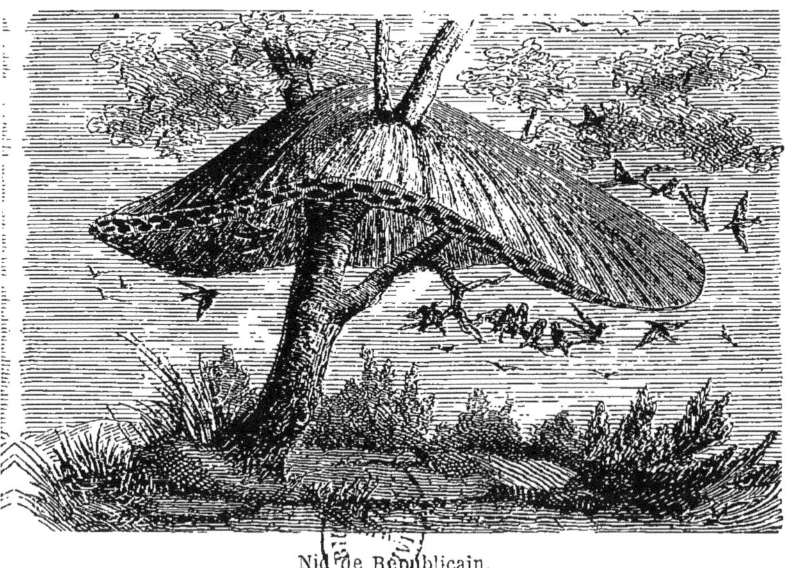

Nid de Républicain.

Je n'entends nullement parler ici des Tisserins, dont les nids en herbes fines, connus de tout le monde, représentent un lacis inextricable, mais de la *Sylvia sutoria*, Lath., charmante Fauvette qui prend deux feuilles d'arbre très-allongées, lancéolées, et en coud exactement les bords en surget, à l'aide d'un brin d'herbe flexible, en guise de fil. Après celà, la femelle remplit de coton l'espèce de petit sac que celles-ci forment, et dépose sa gentille progéniture sur ce lit moelleux.

Ce nid, qui est extrêmement rare, est un véritable chef-d'œuvre d'intelligence.

Le Loriot de nos climats, exécute un acte analogue ;

seulement, il coud son nid sous la bifurcation de deux branches horizontales.

Mais il est à remarquer qu'il l'y fixe constamment, non pas avec de l'herbe, mais avec quelque bout de corde ou

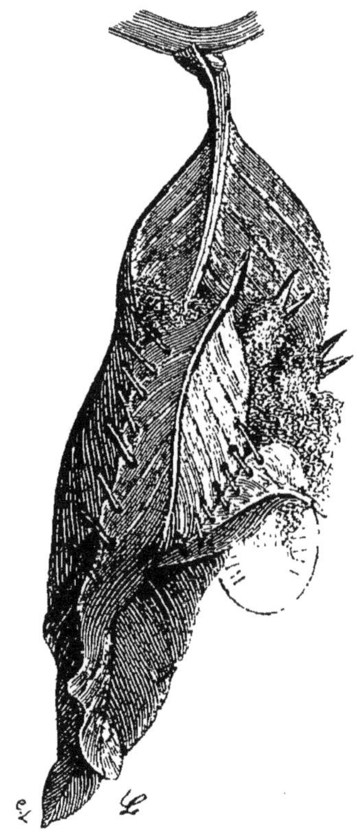

Nid de Fauvette cordonnière. *Sylvia sutoria*. Lath.

de fil de coton, qu'il a volé dans une habitation voisine ; aussi se demande-t-on parfois, comment il faisait avant que l'industrie inventât la ficelle ou la filature !

A tout ce labeur, à toute cette activité, opposons l'instinctive paresse, l'instinctive cruauté du Coucou. Ce sauvage habitant de nos forêts ne veut ni édifier de nid, ni couver ses œufs, ni nourrir ses petits. Par ruse il transmet ce fatal soin à d'autres oiseaux, et c'est constamment aux espèces de la moindre taille qu'il impose la besogne dont il se délivre.

Les plus illustres naturalistes de l'antiquité et des temps modernes, tels qu'Aristote, Pline et Linnée, avaient déjà reconnu que le Coucou s'emparait d'un nid étranger, dont les légitimes possesseurs étaient sacrifiés au profit de la progéniture de l'envahisseur. Mais ce n'est que récemment que ses odieuses menées ont été exactement dévoilées.

La nature, avare à l'égard du Coucou, ne lui a accordé que deux œufs. Cependant, on reconnaît là une sage prévoyance, car pour élever ses deux petits, un bon nombre d'autres sont barbarement sacrifiés.

C'est le nid d'un Roitelet ou d'un Troglodyte que cet oiseau choisit pour l'accomplissement de ses desseins, et il n'y place qu'un seul de ses œufs.

Déjà s'offre ici un curieux problème à résoudre. Les nids de ces charmants hôtes de nos bocages sont si exigus qu'un oiseau de la taille du Coucou ne pourrait s'y poser pour pondre; comment donc y introduit-il sa progéniture? Levaillant désespérait de pouvoir pénétrer ce mystère, lorsque le hasard lui en fournit l'occasion. Le célèbre voyageur en tuant une femelle de Coucou doré, en Afrique, trouva dans sa gorge un œuf entier, qu'il reconnut pour être celui de l'oiseau ; et son nègre lui assura que souvent en tuant des Coucous au vol, il avait vu des œufs tomber de leur bec.

Un savant modeste, M. Florent Prevost, auquel on

doit tant et tant d'amples et curieuses observations, a reconnu que la même chose se passait à l'égard de notre Coucou commun. Il a vu que la femelle pondait son œuf sur le sol, et qu'ensuite elle le prenait avec son bec, le plaçait dans sa gorge, et allait le déposer dans le nid de l'espèce insectivore dont elle a fait choix.

Pline raconte, au long, que lorsque le jeune Coucou est éclos au milieu de la petite famille de la mésange, celle-ci, par un sentiment de vanité maternelle, en le voyant si fort, lui sacrifie tous ses autres petits, et les lui laisse dévorer sous ses yeux, jusqu'au moment où elle-même devient sa pâture.

Telle est la fiction; abandonnons-la pour la réalité, non moins extraordinaire, et qui nous fut révélée par un homme d'immortelle mémoire, Jenner, l'inventeur de la vaccine.

Ce n'est pas la mère qui se charge de l'assassinat, mais le petit Coucou. Voici comment le grand médecin raconte le fait dans les transactions philosophiques : « Le jeune Coucou, peu d'heures après sa naissance, en s'aidant de son croupion et de ses ailes, tâche de se glisser sous le petit oiseau dont il partage le berceau et de le placer sur son dos où il le retient en élevant ses ailes. Alors il se traîne à reculons sur les bords de son nid, s'y relève un instant; puis faisant un effort, jette sa charge hors de ce nid. Après cette opération, il s'arrête quelques moments, comme pour s'assurer du succès de son entreprise. »

Le spoliateur déploie une affreuse persistance dans l'accomplissement de son œuvre de destruction; il y travaille d'une manière incessante, et jette successivement hors du berceau tout ce qui s'y trouve. Le colonel

Montagu vit un jeune Coucou expulser pendant quatre jours, avec une infatigable persévérance, une hirondelle, nouvellement éclose, qu'il avait soin de replacer chaque fois à ses côtés.

Or, comme la couvée de chaque Troglodyte ou de chaque Roitelet, se compose d'une dizaine de petits, il en résulte que, pour élever sa progéniture, le Coucou sacrifie annuellement une vingtaine de jeunes oiseaux.

Voici pourquoi le Coucou s'est attiré l'animadversion générale, et, à juste raison, est devenu en Allemagne le symbole de l'ingratitude.

L'ARCHITECTURE DE PLAISANCE.

L'amour maternel, nous l'avons vu, opérait des prodiges, et ne négligeait rien pour le bien-être et la protection de la famille. Ici, ce sont des Oiseaux qui sacrifient simplement au luxe et aux plaisirs; et, au lieu de nids ingénieux, édifient d'élégants bosquets de plaisance, destinés à la simple promenade, aux tendres ébats, aux rendez-vous d'amour.

Le plus habile de ces faiseurs de charmilles, de ces le Nôtre de l'ornithologie, est le Chlamydère tacheté, qui ressemble beaucoup à notre Perdrix. Cependant il s'en distingue, à la première vue, par son plumage foncé, relevé de gouttes claires, et par son cou orné d'un gracieux collet rose.

Le couple procède par ordre à l'édification de son bosquet. C'est ordinairement dans un lieu découvert qu'il le place, pour mieux jouir du soleil et de la lumière.

Son premier soin est de faire une chaussée de cailloux arrondis et d'un volume à peu près égal; quand la surface et l'épaisseur de celle-ci lui semblent assez considérables, il commence par y planter une petite avenue de branches. On le voit, à cet effet, rapporter de la campagne de fines pousses d'arbres, à peu près de la même taille, qu'il enfonce solidement, par le gros bout, dans les interstices des cailloux. Ces Oiseaux disposent ces branches sur deux rangées parallèles, en les faisant toutes converger l'une vers l'autre, de manière à représenter une charmille en miniature. Cette plantation improvisée a presque un mètre de long, et sa largeur est telle, que les deux amants peuvent se jouer ou se promener de face, sous la protection de son ombrage.

Aussitôt que le bosquet est achevé, le couple amoureux songe à l'embellir. A cet effet, il erre de tous côtés dans la contrée, et butine chaque objet brillant qu'il y rencontre, afin d'en décorer l'entrée. Les coquilles à nacre resplendissante sont surtout l'objet de sa convoitise; aussi les issues de la charmille en sont-elles pourvues d'une épaisse couche miroitante.

Si ces collectionneurs d'un nouveau genre trouvent dans la campagne de belles plumes d'oiseau, ils les recueillent et les suspendent, en guise de fleurs, aux ramilles fanées de leurs résidences. On est même certain qu'aux environs de celles-ci, tout objet vivement coloré ou éclatant, dont le sol est accidentellement jonché, en est immédiatement enlevé. Gould me racontait même que, dans les sites où ces oiseaux édifient, si quelque voyageur perd sa montre, son couteau, son cachet, il est inutile de les chercher sur le lieu où ils sont tombés; ils en ont été emportés, mais on les retrouve dans la plus voisine promenade des Chlamydères du canton.

La découverte de ce bosquet d'amour étant un fait ornithologique absolument inattendu, M. Gould craignit qu'en Europe sa narration ne fût suspectée : il voulut y joindre des pièces à l'appui. A cet effet, ayant enlevé du sol une de ces promenades extraordinaires, à l'aide de soins infinis, il parvint à la transporter au British Museum, où l'on peut l'admirer aujourd'hui.

Quand on connut le travail, on voulut essayer l'ouvrier. L'un de ces champêtres architectes fut apporté vivant au Jardin zoologique de Londres. On l'avait mis dans une grande salle, environné de tous les matériaux nécessaires à ses constructions; mais le pauvre oiseau n'avait fait là que de bien mauvaise besogne : l'air et le soleil de la patrie lui manquaient; le courage s'était énervé. C'était à peine s'il avait commencé à planter irrégulièrement quelques branchages dans un tas de pierres et de terre qu'il avait rassemblées.

L'ARCHITECTURE NAVALE.

On a raconté bien des choses inexactes au sujet des constructions navales des oiseaux. La fiction a détrôné la vérité, et celle-ci cependant est infiniment plus intéressante que les contes qu'on lui a substitués.

On a souvent répété, dans les vieux ouvrages d'histoire naturelle, que la Fauvette des roseaux fixait à ceux-ci son nid d'herbes entrelacées, et que l'élégant berceau, rempli de la jeune famille, flottait à la surface de nos marécages, montant ou descendant le long de son support aquatique, en suivant les mouvements de l'eau, et toujours surnageant, pour sauver la couvée du naufrage.

Le nid de cette Fauvette offre une structure ingénieuse; mais tout se borne là. Il est formé d'herbes enchevêtrées, et se trouve constamment fixé vers le haut de trois tiges de Roseaux à balais. C'est là que la gracieuse petite femelle, balancée par le vent, couve en sécurité ses œufs. Mais son gîte ne peut ni monter ni descendre sur le trio de plantes qu'il lie étroitement; et s'il le pouvait, il ne flotterait même pas : l'eau submergerait la pauvre couvée. C'est une erreur à rectifier.

Tous les auteurs de l'antiquité racontent une fable charmante à l'égard des nids flottants de l'Alcyon. C'était vers le coucher des Pléiades que l'oiseau des orages les construisait. Alors cessait le murmure des flots, et les vents se taisaient pour que l'œuvre de Dieu pût s'accomplir sur une mer tranquille. C'étaient ces belles journées, si rares au solstice d'hiver, que le nocher appelait les *jours de l'Alcyon*.

« Ces nids sont admirables, dit Pline; ils ont la figure d'une boule et ressemblent à de grandes éponges. On ne peut les couper avec le fer, mais un coup violent les brise. » Plutarque croyait qu'ils n'étaient composés que d'os de poissons entrelacés. Mais il paraît que ce philosophe avait pris pour des nids d'Alcyon, des carapaces d'Oursins que les flots apportent sur le rivage.

S'il est bien reconnu aujourd'hui que l'Alcyon de l'antiquité, qui n'est autre que notre Martin-pêcheur, ne confie point de nids flottants au calme de la mer, les ornithologistes ardents qui étudient les mœurs des

Nids du Grèbe castagneux.

habitants de nos marécages, ont découvert quelques espèces dont la merveilleuse nidification surpasse encore le mythe célèbre.

Telle est celle du Grèbe castagneux. Ce Palmipède couve sa progéniture sur un véritable radeau, qui vogue à la surface de nos étangs. C'est un amas de grosses tiges d'herbes aquatiques, très-serrées; et comme celles-ci contiennent une notable quantité d'air, et qu'en outre elles dégagent divers gaz en se putréfiant, ces fluides aériformes, emprisonnés par les plantes, rendent le nid plus léger que l'eau. On le trouve flottant à sa surface, dans les sites solitaires peuplés de joncs élevés et de grands roseaux. Là, dans ce navire improvisé, la femelle, sur son humide lit, réchauffe silencieusement sa progéniture. Mais si quelque importun vient à la découvrir, si quelque chose menace sa sécurité, l'Oiseau sauvage plonge une de ses pattes dans l'onde et s'en sert comme d'une rame, pour transporter sa demeure au loin. Le petit batelier conduit son frêle esquif où il lui plaît; entraînant souvent, tout autour, une grande nappe d'herbes aquatiques, il semble une petite île flottante emportée par le labeur du Grèbe, qui s'agite au centre d'un amas de verdure.

Ainsi la vérité est plus extraordinaire que la fiction (34).

LES MINEURS ET LES MAÇONS.

Tous les voyageurs qui abordent les rivages des mers australes sont frappés de l'aspect des innombrables bandes de Manchots qui les animent.

Oiseaux par le fond de l'organisation, par les mœurs ce sont de véritables Poissons. Leurs ailes, transformées en nageoires, les rendent inhabiles au vol, et leurs pattes ne sont propres qu'à la natation. Aussi, ne pouvant ni s'élever dans l'air, ni se dérober par la course, quand ils veulent fuir leurs agresseurs, ils trébuchent et tombent à chaque pas sur la terre. Les marins comptent sur leurs chutes pour les assommer, et ils en font souvent un énorme carnage. Mais la scène change aussitôt que les Manchots ont gagné l'eau, leur élément de prédilection. Ils s'y précipitent du haut des rochers qui s'élèvent de dix à quinze pieds au-dessus des flots, et, arrivés dans la mer, plongent et nagent avec une prestesse qui nargue les gros poissons et fait le désespoir des petits, leur pâture habituelle.

Assis sur leur queue et toujours debout sur la plage, ces Oiseaux, éparpillés en bandes immobiles, par leur ventre blanc, leur capuchon et leur manteau noirs, rappellent le costume de certaines corporations religieuses, ce qui les fait comparer par tous les marins à des processions de pénitents.

Grands nageurs, mais mauvais marcheurs, les Manchots ne pouvant nidifier ni dans les arbres, ni dans la mer, il leur a fallu s'accommoder du rivage. Trop bornés pour tisser un nid, ils se contentent de creuser la terre : ce sont de simples mineurs.

C'est ordinairement sur les îlots déserts et couverts d'herbes que ces animaux établissent leur demeure souterraine. Ils la creusent à l'aide de leur bec et de leurs pattes, à fleur du sol, et lui donnent souvent jusqu'à trois pieds de profondeur. L'intérieur, par sa forme, rappelle un four, et l'entrée étroite et surbaissée en représente la gueule. De toutes les cavernes, partent de véritables chemins dérobés, tracés au milieu des herbes et recouverts par les cimes de celles-ci.

Ces travaux souterrains sont si nombreux dans certains parages, qu'il arrive souvent aux marins de s'y enfoncer en marchant. Le Manchot troublé, se jette sur l'imprudent qui défonce et envahit sa demeure, et souvent la jambe du visiteur ne s'en retire qu'après avoir eu à subir de rudes coups de bec, de vives blessures. Plus d'un pantalon de matelot y abandonna quelque portion de son étoffe.

Nous venons de voir un Palmipède qui se creuse un four ; un Passereau de l'Amérique est plus ingénieux, il le construit. C'est un véritable Maçon, aussi lui a-t-on tout naturellement donné le nom de *Fournier*.

C'est un plus robuste ouvrier que les hirondelles, qui appartiennent aussi à la catégorie des Oiseaux maçons. L'on s'étonne du nombre de voyages qu'il a dû faire pour porter au haut des arbres la terre gâchée, presque pure, qui compose sa demeure de famille.

Le Fournier est de la taille d'une Caille. Ses nids hémisphériques, placés à la bifurcation des grosses branches d'arbres, ont plus de huit pouces de diamètre ; ils pèsent de trois à quatre livres. Si cette construction n'est point comparable, pour le travail, à celle du Mégapode, elle est cependant curieuse par sa maçonnerie serrée et son ouverture exactement analogue à celle d'un four de boulanger.

Le prince Ch. Bonaparte nous a fait connaître une curieuse Chouette, qu'on doit placer aussi dans la catégorie qui nous occupe. Tout à fait différent de ses congénères, c'est un oiseau nocturne révolté, qui dédaigne les vieux monuments et les cavernes, et ne chasse qu'en plein soleil.

Cette espèce pullule sur le territoire du Mississipi, où elle s'abrite dans des souterrains de plusieurs mètres de profondeur, dont l'entrée est surmontée d'un tumulus de terre. On l'appelle Chouette mineure, mais cependant elle ne mérite pas strictement ce nom, car c'est souvent une simple spoliatrice, qui s'installe dans les villages des Marmottes et les en chasse probablement. Ce qu'il y a de certain, d'après l'illustre ornithologiste, c'est que les deux animaux n'habitent point ordinairement ensemble; seulement, dans un danger commun, la Marmotte et l'Oiseau se blottissent au fond du même souterrain, où parfois on les trouve en compagnie de plusieurs serpents à sonnettes et de divers lézards.

CHAPITRE V.

LES MIGRATIONS DES ANIMAUX.

Beaucoup d'animaux, entraînés par d'impérieux besoins ou par une force instinctive irrésistible, à un moment donné, abandonnent en masses leur résidence habituelle et se dirigent vers des régions éloignées. De telles Migrations, dont le but se dérobe souvent à notre pénétration, s'observent dans presque toutes les classes du règne animal. Le plus ordinairement on les voit se produire périodiquement; mais d'autrefois aussi elles ne se montrent qu'accidentellement et viennent tout à coup étonner les populations des contrées qui en sont le théâtre, et où ces envahisseurs inattendus apportent parfois la dévastation et la famine.

Lorsque les animaux opèrent annuellement leurs lointains voyages, on observe un ordre et une prévoyance qui n'ont point lieu lors de leurs migrations erratiques. Durant ces dernières, parfois toute la colonie expire vaincue par les éléments ou la faim : partie du lieu natal, en colonnes innombrables, pas un seul individu ne le revoit. Dans les autres, au contraire, instruite sans doute par une expérience dont tous profitent, le voyage s'accomplit avec un ordre qui nous étonne.

L'arrangement qu'affectent les Oies en traversant le ciel, lorsqu'elles se rendent dans une autre patrie, décèle chez elles certaines combinaisons mentales. Toutes se trouvent placées à la suite les unes des autres, sur deux longues lignes obliques, qui forment un angle aigu en avant ; disposition la plus favorable pour fendre l'air. Et comme l'individu placé à la tête de la phalange déploie plus d'efforts pour ouvrir la route, quand il se trouve fatigué, on le voit s'abaisser, prendre le dernier rang, tandis qu'un autre lui succède.

J'avais pensé qu'il y avait peut-être plus de poésie que de véracité dans ce qu'ont dit sur cela les naturalistes anciens ; mais ayant fréquemment vu, le long du Nil, des bandes d'oies traverser le ciel, j'ai pu reconnaître l'exactitude de leurs récits.

J'ai reconnu aussi que, lorsque ces voyageurs exténués de fatigue se reposaient sur les bords du fleuve, de place en place, tout autour de leur masse tassée et endormie, il y avait d'immobiles sentinelles donnant l'éveil à tout le camp, aussitôt que quelque ennemi s'en approchait.... Nos chasseurs tentèrent, mais toujours en vain, de les surprendre. Longtemps avant qu'elles se trouvassent à portée de fusil, on voyait ces vedettes vigilantes élever le cou, observer l'approche, hésiter quelques instants en battant des ailes, puis enfin s'envoler en jetant un léger cri ; alors toute la troupe émigrante les suivait.

Cependant, il est probable que les anciens Égyptiens, plus habiles que nous, parvenaient à surprendre ces bandes voyageuses. En effet, parmi les peintures ou les hiéroglyphes des monuments des Pharaons, on a fréquemment représenté des chasses d'Oies au filet et des gens portant de ces oiseaux dans des paniers. Lepsius a reproduit, dans son bel ouvrage sur l'Égypte, plusieurs de ces scènes cynégétiques, d'après les bas-reliefs de Beni-hassan et des grandes pyramides de Giseh.

Certains Insectes n'affectent pas un ordre moins remarquable quand ils s'éloignent de leur demeure. Les larves du Bombyx processionnaire doivent leur nom à ce qu'elles marchent régulièrement les unes derrière les autres, deux à deux, trois à trois, quatre à quatre; en formant une troupe qui a parfois plus de quarante pieds de longueur, et suit en serpentant sur le sol, le chef qui est à la tête.

Ce besoin impérieux, irrésistible, de changer de site ou de patrie, ne se manifeste ordinairement que chez les individus jouissant de toute la plénitude de leurs forces. Cependant, on l'observe aussi pour quelques jeunes à peine éclos. C'est ce qui a lieu à l'égard des Anguilles au printemps. Ces Poissons, dont la mystérieuse origine n'est point encore débrouillée, remontent nos fleuves par bandes tellement serrées, que tous les voyageurs se touchent, et que tout dénombrement en serait impossible.

Celles-ci forment près des berges de la Seine un cordon d'un mètre de largeur, qui met parfois plus d'une semaine à traverser les environs de Rouen; et, après ce temps, tout disparaît subitement, sans laisser aucune trace. D'où nous arrive cette voie lactée vivante, et que devient enfin cette progéniture diaphane à peine ébauchée? C'est encore un impénétrable secret (35).

Nos relations commerciales avec les régions éloignées favorisent aussi les migrations de certains animaux, mais pas autant cependant qu'on serait tenté de le croire. Transportés sous un climat étranger, ceux-ci y meurent le plus souvent ; le froid glace les uns, la chaleur tue les autres. Il n'est pas rare de voir errer dans nos ports quelque Serpent ou quelque Araignée des contrées tropicales, que nos navires y ont débarqués avec leurs bois de teinture. Mais, engourdis par notre soleil avare, bientôt ils expirent en regrettant une plus heureuse patrie.

MIGRATIONS DES MAMMIFÈRES.

Les Mammifères, quoique placés dans des circonstances beaucoup moins favorables que bien d'autres animaux, accomplissent cependant des migrations dont le grandiose et l'intelligence provoquent l'étonnement et l'admiration.

Rien n'offre peut-être un spectacle plus imposant que les immenses troupes de Bisons qui traversent les savanes de la Louisiane. Quand les décrets de la Providence en ont marqué l'instant, l'un de ces sauvages mammifères s'érige en chef de la troupe émigrante. Ses mugissements retentissent dans les vallées du Meschacebé, et il rassemble bientôt autour de lui une troupe formidable prête à le suivre à travers le désert. « Lorsque le moment arrive, dit Chateaubriand, ce chef secouant sa crinière, qui pend de toutes parts sur ses yeux et ses cornes recourbées, salue le soleil couchant en baissant la tête, et en élevant son dos comme une montagne ; un bruit sourd, signal du départ, sort en même temps de sa profonde poitrine, et tout à coup il plonge dans les vagues écumantes, suivi de la multitude des génisses et des taureaux qui mugissent d'amour après lui. »

Plus ingénieuse, mais moins bruyante, est la migration des légions d'Écureuils qui animent les forêts de la vieille Scandinavie.

Tandis que les formidables Bisons renversent tout sur leur passage, des colonies d'Écureuils timides et silencieux, vont à travers mille péripéties se fixer loin de leur site natal. Des voyageurs assurent qu'en Amérique et en Laponie, quand quelque fleuve barre le passage, chaque membre de la famille errante transforme en radeau quelque fragment de bois ou d'écorce, déploie sa large queue au vent, et que la petite flottille vivante, emportée par le souffle du zéphyr, atteint le rivage opposé (36).

De gentils Mammifères de la Laponie, les Lemmings, qui ne sont guère plus gros que des souris, accomplissent encore des migrations plus extraordinaires, et surtout plus courageuses. A certaine époque de l'année, ces aventuriers descendent des montagnes, par troupes si nombreuses que, sur des espaces considérables, la campagne est absolument couverte par leur armée grouillante et serrée. Étonnés de l'invasion subite de ces innombrables légions de Rongeurs, qui dévastent tout sur leur passage, les grossiers habitants du nord s'imaginent que ce fléau tombe du ciel. C'est surtout quand un hiver prématuré produit la disette sur les hauteurs, que les Lemmings gagnent les basses terres.

Tous ces émigrants sont animés d'une vaillance qu'on ne s'attendrait pas à trouver dans de si faibles créatures. Ils s'avancent en ligne droite, gravissent les rochers, passent les fleuves à la nage et se défendent contre quiconque les attaque. L'homme lui-même ne les effraye pas en leur barrant le passage ; leurs dents impuissantes mordent son bâton.

Si le départ coïncide avec la naissance de la progéniture, l'amour maternel enfante des prodiges; chaque mère prend un petit à sa gueule et en porte un autre sur le dos.

Mais tant de courage, tant d'énergie et de persévérance n'aboutissent ordinairement qu'à des désastres. Les émigrants laissent derrière eux une longue traînée de cadavres. Beaucoup deviennent la proie des Renards et des oiseaux carnassiers ; d'autres périssent au milieu des flots ou sont décimés par la faim et la fatigue ; parfois même, la mort les moissonne en nombre si prodigieux que l'air en est infecté.

MIGRATIONS DES OISEAUX.

Nul animal ne révèle autant de force et d'instinct que l'Oiseau durant ses lointaines excursions : celles-ci tiennent du prodige. Ce n'est qu'à l'aide d'instruments de précision et de calculs épineux, que le marin s'aventure sur la mer; nos voyageurs ailés, sans guide et sans boussole, se transportent du cercle polaire aux régions tropicales : des Grues passent l'été sur les grèves orageuses de la Scandinavie, et l'hiver dans les ruines des palais des Pharaons.

Le mécanisme des Oiseaux est admirablement disposé pour seconder leurs courses rapides. Leurs rames aériennes, mues par des muscles d'une extraordinaire puissance, se prêtent merveilleusement à toutes les témérités de leurs pérégrinations à travers les hautes régions de l'air. Il est de ces animaux pour lesquels le vol est si facile, qu'ils semblent s'en faire un jeu ; telles sont nos Hirondelles. Une force passive vient encore favoriser leur suspension dans les plaines de l'atmosphère; un air raréfié par la chaleur du corps, pénètre dans toutes ses cavités et jusqu'à l'intérieur des os. Rendus ainsi spécifiquement plus légers, comme des Mongolfières gonflées de gaz échauffés, ils planent sans effort au milieu des nuages. Tel est le vol audacieux de ces Condors, qui, des cimes glacées des Andes, s'élançaient vers les cieux et bientôt disparaissaient à la vue de M. d'Orbigny, sans qu'on s'expliquât comment ils pouvaient respirer dans une atmosphère si raréfiée.

L'Oiseau, quoique doué d'une si frêle organisation, dépasse cependant en puissance les lourdes machines qui glissent sur nos rails de fer. Ses vaisseaux et ses fibres, malgré leur prodigieuse délicatesse, fonctionnent et résistent plus énergiquement que nos pesants rouages et nos épais canaux de fonte ; là est le doigt de Dieu ; ailleurs seulement le génie de l'homme ! Lancé comme un trait dans l'espace, un Oiseau, en se jouant, franchit silencieusement vingt lieues à l'heure. En marchant à toute vapeur, une locomotive, enveloppée de feu et de fumée, n'atteint la même rapidité qu'en dévorant des masses de charbon et d'eau, au bruit infernal de ses engrenages et de ses pistons.

Les Mouettes qui nichent sur les rochers des Barbades, à ce que nous rapporte Hans Sloane, font chaque jour une promenade de cent trente lieues en mer pour aller, sur une île éloignée, trouver le plaisir et la nourriture. L'animal l'emporte sur l'industrie humaine !

Durant leurs audacieuses excursions, les Oiseaux suivent infailliblement leur route, guidés par des sensations d'un ordre inconnu et d'une extrême délicatesse, parmi lesquelles la vue et l'odorat jouent, sans doute, un grand rôle. Tous les historiens racontent qu'après la bataille de Pharsale, les émanations putrides des morts entassés sur le sol, attirèrent des Vautours de l'Asie et de l'Afrique, qui y vinrent faire la curée. Ce qu'il y a de certain, d'après de Humboldt, c'est que, au milieu des plus solitaires gorges des Cordillères, là où l'on ne supposerait même pas qu'il existât des Condors, si l'on tue un cheval ou une vache, bientôt après, plusieurs de ces Rapaces, avertis par l'odorat, arrivent pour se gorger de ses chairs putréfiées.

Les migrations de certains oiseaux sont parfaitement connues; on sait d'où ils partent, où ils font leurs haltes, en quel lieu ils s'arrêtent. Tout cela s'accomplit avec une telle régularité, qu'à jour fixe on peut prédire leur passage. Ainsi, constamment, à l'automne, des bandes de Cailles, en émigrant, tombent épuisées sur l'île de Malte et n'y trouvent qu'une fatale hospitalité. On les prend en masse dans les rues de la ville ou sur les chemins; et comme les habitants ne peuvent consommer entièrement cette moisson vivante, on l'expédie sur des marchés lointains. J'en vis encombrer le pont du navire sur lequel je sortais du port.

La mystérieuse migration des Hirondelles a surtout exercé les savants. Que deviennent ces ravissants messagers, lorsqu'on les voit tout à coup disparaître? C'était ce qu'on ne savait pas. Naguère encore on faisait à cet égard les plus étranges suppositions.

Comme à l'automne, ces oiseaux vont butiner dans

les marécages et semblent s'y plonger, on crut qu'alors ils s'enfonçaient dans leur limon, pour n'en sortir qu'au retour de la chaleur printanière, qui les ranimait après une asphyxie de six mois. Olaus Magnus, célèbre naturaliste du Nord, plus érudit qu'observateur, fut le premier qui propagea cette fable; allant jusqu'à prétendre que les pêcheurs de la Norvége prenaient souvent, dans leurs filets, un grand nombre d'hirondelles mêlées aux poissons. On assurait même, qu'en exposant à la chaleur du poêle les pauvres oiseaux mouillés et engourdis, bientôt on les voyait se sécher et renaître à la vie.

Linnée, Buffon, et même Cuvier, ont cru de tels faits! Doit-on leur en faire un crime, quand on voit encore quelques physiologistes de notre époque s'obstiner à professer que certains animaux ressuscitent (37)!

Les Hirondelles nous ayant longtemps voilé leur résidence hivernale, celle-ci a été l'objet de toutes les suppositions. Divers savants prétendaient qu'au lieu d'émigrer dans de lointaines régions, elles se cachaient et s'engourdissaient au fond de quelque caverne, ainsi que le font nos chauves-souris. Un des hommes les plus dignes de foi que l'on puisse citer, le chirurgien Larrey, rapportait même avoir découvert, dans les environs de Maurienne, une grotte dont la voûte était tapissée d'une masse d'Hirondelles, qui s'y tenaient accrochées comme un essaim d'abeilles.

Mais les expériences de Spallanzani ont ruiné toutes ces fausses croyances. Ce savant abbé vit, non pas s'endormir, mais périr les Hirondelles qu'il voulait faire hiverner dans une glacière.

Adanson nous a appris que c'est au Sénégal que se

réfugient les Hirondelles durant la froide saison. Celles qui se trouvent dispersées dans nos régions, se rassemblent à l'automne sur les rivages de la Méditerranée, et traversent celle-ci par bandes nombreuses, quand une aspiration suprême ordonne leur départ. Ainsi donc, l'été, l'Hirondelle maçonne sa demeure sous la corniche de nos palais, et l'hiver elle habite les huttes de la Sénégambie.

Toutes n'atteignent pas le but de leur pèlerinage. Les flots engloutissent celles qui ont trop compté sur leurs forces, si quelque rocher ou quelque navire propice ne se trouve à temps pour leur offrir un refuge. A diverses reprises, j'en ai vu qui, épuisées par la fatigue et la faim, s'abattaient presque expirantes sur le pont d'une frégate sur laquelle je traversais la Méditerranée.

Mais, après leurs longs et périlleux voyages, ces charmants hôtes de nos demeures reviennent, chaque année, avec une touchante fidélité, retrouver leur ancien asile. Si les pluies ou les vents l'ont altéré, les architectes le réparent rapidement avant de le rendre témoin de leurs amours. Spallanzani a même vu que ces couples ailés s'attachent vivement à leurs constructions. Ayant noué des rubans diversicolores aux pattes de quelques-uns, il les reconnut l'année suivante, lorsqu'ils vinrent en reprendre possession. Il en vit y revenir ainsi pendant dix-huit années de suite. Combien parmi nous ne font pas un si long bail !

Moins remarquable par l'instinct qui la guide que par l'innombrable multitude de son armée, la Colombe voyageuse parcourt les forêts de l'Amérique en masses si serrées qu'elles interceptent absolument les rayons du soleil, et projettent sur la terre une ample traînée de ténèbres. Ses colonnes compactes offrent de telles proportions que l'œil ne peut en embrasser toute l'étendue. On a supputé qu'elles avaient souvent une soixantaine de lieues de longueur. Le passage de celles-ci dure parfois trois heures, et comme ces Oiseaux voyagent à peu près à raison de vingt lieues à l'heure, nécessairement leur colonne doit se développer dans le ciel sur un espace de cinquante à soixante lieues.

L'immense armée ne voyage jamais la nuit, et aussitôt que celle-ci la surprend, elle se précipite, haletante et épuisée, sur la plus prochaine forêt, pour s'y refaire de ses fatigues. Ses légions s'entassent sur les arbres, qui plient sous leur poids, et bientôt se livrent au repos. Mais à peine les Pigeons sont-ils installés, que tous les gens valides de la contrée accourent et en font un véritable carnage. Le bruit et la fusillade nourrie ne les interrompent nullement. Les victimes tombent, les femmes et les enfants les ramassent ou même les tuent à coups de bâton. La récolte devient tellement abondante que ne pouvant manger tous les oiseaux sur place, on est obligé de les saler et de les entasser dans des barils, pour les expédier au loin.

La rigueur de l'hiver chasse la plupart des animaux des régions polaires, et ceux-ci gagnent alors des contrées plus favorisées du soleil. Les Manchots du Cap semblent seuls se dérober à cette loi universelle. Ces véritables Oiseaux-poissons, nageurs intrépides, ne se plaisent qu'au milieu des vagues mugissantes. Ils n'habitent guère les rivages de l'Afrique que pour y creuser leurs nids, couver leurs œufs et élever leurs petits. Puis, quand la jeune famille est devenue assez robuste pour soutenir les fatigues du voyage, tous ces Palmipèdes, mystérieusement emportés par un instinct dont le Créateur connaît seul le but, disparaissent subitement des plages africaines, et vont, durant six mois d'hiver, gagner les plus affreuses régions du pôle austral, condamnés à d'incessantes luttes au milieu des tempêtes et des glaces. Le printemps revenu, les Manchots encombrent subitement les rivages riants de verdure, en s'y groupant en longues processions, qui ne semblent occupées qu'à s'abreuver de lumière et d'amour.

MIGRATIONS DES REPTILES ET DES POISSONS.

Les Reptiles n'opèrent pas de ces Migrations qui étonnent, soit par le nombre des voyageurs, soit par l'espace qu'ils parcourent; mais il est un fait de leur histoire qui a donné lieu à de longs débats : ce sont les *pluies de crapauds* et de *grenouilles*, qui ne représentent en réalité que de véritables *migrations forcées.*

Il en avait été question fort anciennement; mais, généralement, on croyait que les assertions des auteurs étaient absolument controuvées. Quelques observations exécutées dernièrement, ont enfin démontré l'existence réelle de ce phénomène, que l'on explique aujourd'hui fort rationnellement.

Ces averses de Grenouilles devaient être assez communes dans l'ancienne Grèce, puisque Aristote leur imposait un nom particulier. Faisant allusion à l'idée dominante de son temps, qui les faisait provenir du ciel, il les appelait des *envoyées de Jupiter.*

Deux cas bien observés récemment ont surtout entraîné les savants.

Le premier fut attesté par toute une compagnie de nos soldats, qui, durant la Révolution, était en marche dans le nord de la France. En pleine campagne, ceux-ci furent assaillis par une pluie de petits Crapauds qui leur cinglaient le visage, en tombant avec des torrents d'eau. Étonnés de cette surprenante agression, et voulant constater que cette averse vivante provenait bien d'en haut, les militaires tendaient leurs mouchoirs au niveau de leur tête et les en trouvaient immédiatement couverts. Après l'orage, l'étonnement fut général quand les soldats virent cette progéniture inattendue, sautiller dans les replis de leurs tricornes.

La seconde pluie de Crapauds, bien constatée, tomba, en 1834, sur la ville de Ham, et immédiatement les rues, les toits et les gouttières furent remplis d'une abondance de ces jeunes animaux.

Déjà, à l'époque de la Renaissance, un médecin célèbre, Cardan, qui a produit tant et tant d'hypothèses étranges, avait cependant, pour ce phénomène, mis le doigt sur la vérité. Il supposait que les pluies de Grenouilles devaient être attribuées aux trombes qui enlevaient ces animaux sur les montagnes et allaient les déposer au loin quand elles venaient à crever. Récemment, le sage et savant Duméril, dans le sein de l'Académie des sciences, lorsque ce phénomène donna lieu à de si grands débats, se rapprocha de cette opinion. Il supposa que les trombes, en passant sur des marécages, en pompaient l'eau ainsi que ce qu'elle contenait, et allaient au loin verser le tout.

A l'appui de cette hypothèse fort rationnelle, Arago

rapporta que, dans leurs tourbillons, les vents enlèvent parfois des masses d'eau à la mer, qu'ils laissent après tomber sous forme de pluie à six à sept lieues des rivages. Des grêlons, beaucoup plus pesants que de petits Crapauds, se trouvent bien suspendus pendant un certain temps dans les nuages.

On prétendit que si cette opinion était positive, il devait aussi tomber des pluies de Poissons. On a répondu à cette objection, en citant divers exemples de celles-ci.

Ainsi donc, la science moderne a constaté un fait avancé par l'antiquité, et dont l'étrangeté avait longfait douter (38).

Parmi les Poissons, il en est quelques-uns dont les migrations ont une grande célébrité; telles sont surtout celles des Harengs. On pense que les mers du Nord doivent être considérées comme la résidence de prédilection de leurs innombrables cohortes, et que c'est de là qu'annuellement partent les longues bandes qui viennent en Europe apporter tant de nourriture, et donner l'essor au commerce maritime. Leur extrême fécondité explique seule comment elles résistent à la destruction que nous en faisons depuis tant de siècles. Quand ces masses errantes sortent des mers polaires, elles se divisent en deux colonnes. L'une d'elles s'avance vers l'Islande et longe l'Amérique; l'autre descend à l'opposé, le long des rivages accidentés de la Norvége, fournit un rameau à la Baltique, tandis que la masse vient se répandre sur les côtes de la France et de l'Angleterre. La route est tellement régulière que certains savants n'ont pas craint de la tracer sur les cartes géographiques qui accompagnent leurs ouvrages.

Les pêcheurs reconnaissent au loin la présence des bancs de Harengs; le jour, aux nuées d'Oiseaux de proie qui les accompagnent, dévorant tous ceux qui s'approchent de la surface des flots; la nuit, au long sillon lumineux qui s'étend sur la mer dans tout le parcours de l'émigration (39).

Les Thons et les Maquereaux exécutent aussi de pareils voyages.

MIGRATIONS DES INSECTES.

Mais les plus grands déprédateurs du globe ne sont ni ces imposants Bisons, dont les mugissements ébranlent le désert, ni ces envahisseurs ailés qui dévastent nos forêts, ce sont de frêles insectes, que la colère de Jéhovah disperse sur la terre pour y manifester sa puissance.

Telle est la Sauterelle émigrante, l'un des plus terribles fléaux de l'agriculture. En Afrique et en Asie, ses innombrables cohortes sont tellement tassées, que lorsqu'elles s'avancent dans le lointain, elles ressemblent à d'immenses nuages noirs qui interceptent les rayons solaires, et plongent le pays dans les plus profondes ténèbres. Un bruit formidable, que Forskal compare à celui d'une cataracte, annonce l'arrivée de ces redoutables Orthoptères. Ceux-ci, en s'abattant sur le sol, y forment parfois une nappe vivante de plus d'un pied d'épaisseur; et lorsque, exténués de fatigue, ils s'entassent sur les arbres, les branches plient et se brisent sous leur poids. Tout le parcours de ces dévorants Insectes, semble avoir été ravagé par un incendie ; on n'y aperçoit plus aucun vestige de verdure.

Le génie humain est impuissant pour conjurer ce fléau. En vain les armées et les peuples se lèvent-ils en masse pour arrêter ces terribles dévastateurs, ils échouent. Et si la mort frappe ces hôtes affamés, leurs cadavres amoncelés sur le sol exhalent de pestilentielles vapeurs; à la ruine succède la mortalité; les hommes expirent par milliers.

Ces effrayantes migrations ont été observées à toutes les époques de l'histoire. Déjà Moïse nous apprend qu'à la voix de l'Éternel, des Sauterelles couvrirent toute la terre d'Égypte, rongèrent ses moissons et envahirent même les palais des Pharaons. Pline dit qu'en Afrique quelques contrées ont même été dépeuplées par leurs ravages. L'épouvante qu'elles inspiraient arrache cette exclamation à saint Jérôme : « Qu'y a-t-il de plus fort et de plus terrible que les Sauterelles? Toute l'industrie humaine ne peut leur résister. Dieu seul règle leur marche (40). »

L'histoire moderne n'a eu que trop souvent à enregistrer de ces désastreuses apparitions. L'une d'elles, semblable à un ouragan obscurcissant le soleil, barra le passage à l'armée de Charles XII, lorsqu'elle traversait la Bessarabie, et la força de s'arrêter (41).

De tout temps, aussi, l'homme s'est efforcé de conjurer ces redoutables invasions. Dans l'antiquité, de sévères lois ordonnaient le massacre de ces insectes errants. Dans l'île de Lemnos, comme tribut annuel, chaque particulier était forcé d'apporter au magistrat un certain nombre de mesures de Sauterelles. Pline raconte que dans la Cyrénaïque, la loi contraignait même le peuple à leur faire trois fois chaque année une guerre d'extermination. Le citoyen qui s'y refusait était puni comme déserteur.

Le naturaliste ancien prétend qu'en Syrie on y employait parfois les légions romaines. Ce fait s'est reproduit à diverses reprises dans les temps modernes.

M. Virey dit qu'il y a peu d'années, en Transylvanie, on eut recours aux soldats pour atteindre le même but. Des régiments entiers ramassaient des Sauterelles, et quinze cents hommes n'étaient occupés qu'à écraser, brûler ou enterrer leur moisson vivante. Cela se passait en 1780. Mais l'année suivante le fléau reparut, et ses ravages prenaient de telles proportions, qu'on fut obligé pour le combattre de lever le peuple en masse. Cependant une foule de campagnes n'en furent pas moins ruinées de fond en comble.

Récemment, Ibraïm-Pacha employa toute son armée pour combattre l'une de leurs cohortes et en détruire les vestiges infects. Bravant le plus ardent soleil, le grand capitaine excitait de sa présence le zèle de ses soldats (42).

D'autres Insectes se font moins remarquer par leur nombre que par l'ordre qui préside à leurs migrations; ils y procèdent avec la prudence d'une armée en campagne. Un chef intelligent semble diriger tous leurs mouvements; tel est ce qu'on observe pendant les excursions du *termite voyageur*. Lorsqu'une légion de ces Névroptères entreprend une pérégrination lointaine, elle s'avance en droite ligne; tous les Travailleurs marchent en colonnes de dix à quinze individus, aussi serrés qu'un troupeau de moutons. Pendant ce temps, les Termites armés de fortes mandibules et faisant l'office de véritables Soldats, se dispersent en éclaireurs sur les côtés de la phalange, afin de la protéger contre toute attaque. Si une herbe plus élevée que les autres se trouve sur le passage de l'émigration, on les voit souvent grimper sur ses plus hautes feuilles, et y rester suspendus comme autant de vedettes chargées d'éclairer la route. Si quelque danger surgit, ces Soldats, en frappant la feuille à l'aide de leurs pieds, produisent un petit cliquetis ; c'est un ordre qui ébranle toute l'armée. Celle-ci y répond par un sifflement, et immédiatement double le pas avec une ardeur nouvelle.

Parallèlement aux Insectes émigrants, on doit mentionner ceux qui, sans exécuter d'aventureux voyages, apparaissent subitement en masses compactes, et deviennent des fléaux passagers pour nos campagnes.

L'un de ces voraces déprédateurs est le Hanneton, si commun en France. Dans son magnifique ouvrage sur les ennemis de l'industrie forestière, M. Ratzeburg n'hésite pas à le représenter comme *le plus terrible destructeur de nos cultures*. Les annales de l'agriculture abondent en affligeants détails sur les dégâts causés par cet Insecte. On le voit parfois, en un temps fort court, dévorer totalement le feuillage de forêts d'une vaste étendue. J'ai pu observer une semblable dévastation dans l'une de celles du département de la Seine-Inférieure. Tous ses arbres avaient été absolument dépouillés de leur verdure; pas une feuille, strictement parlant, ne restait sur l'un d'eux; et dans cette forêt, que nous parcourions au milieu de l'été, nous eussions pu nous croire en plein hiver, si le soleil ardent, en traversant les branches dénudées, ne nous eût brûlé de ses rayons.

Les Hannetons abandonnent souvent les forêts pour infester les champs. Ils pullulèrent tant en 1574, sur les côtes de l'Angleterre, qu'en tombant dans la Saverne, ils entravaient les roues des moulins. On lit dans une chronique de 1688, que ces Insectes se multiplièrent si fatalement alors en Irlande, que, dans le comté de Galway, l'air en fut obscurci. Et leur abondance était telle parmi les campagnes, qu'on avait peine à se frayer un chemin.

Quelques Insectes, même ceux de la moindre taille, dévorent et dévastent toutes nos cultures, partout où ils apparaissent; aucune puissance humaine n'en arrête les ravages. Selon M. Guérin de Méneville, ceux-ci engloutissent même annuellement une forte portion de nos récoltes; parfois le quart y passe, ce qui élève leurs dégâts à plus de 500 millions de francs.

L'effrayante facilité avec laquelle certains Insectes pullulent, malgré leur petitesse et leur énorme dépense alimentaire, vient constater la malheureuse exactitude de ce chiffre. Un expérimentateur ayant renfermé douze Charençons mâles et douze femelles dans une caisse de blé, au bout de six mois, ces petits Coléoptères, qui ont à peine trois millimètres de longueur, avaient déjà produit une innombrable progéniture, et mangé avec elle quinze kilogrammes du grain au milieu duquel on les avait enfermés. Aussi a-t-on calculé que ce faible Coléoptère, à lui seul, dévore pour plus de 100 millions de blé dans les greniers de l'Europe.

MIGRATIONS DES CRUSTACÉS.

Certains Crustacés, doués d'étranges mœurs, opèrent des migrations tout à fait singulières. Ce sont de gros crabes appelés Gécarcins. Charpentés comme leurs congénères pour respirer l'eau à l'aide de branchies, ils habitent cependant la terre, et se rencontrent par bandes serrées dans les montagnes et les forêts du Brésil, où ils nichent dans des trous. Mais chaque année, ces animaux font un pèlerinage à la mer, pour y déposer leur progéniture, et après cet acte accompli, ils reviennent vers leurs sites de prédilection.

Comme pendant ce double et long voyage il faut respirer, sinon de l'eau, au moins un air humide, tout a été prévu par la nature. Les Tourlourous, car ces crabes sont vulgairement désignés sous ce nom, possèdent, à cet effet, au-dessus des branchies, des espèces de sacs qui ne sont que des réservoirs de liquide. Quand l'un de ces Crustacés veut voyager, il commence par faire sa provision d'eau, en remplissant ceux-ci complétement. Puis, durant sa course, le liquide se distille goutte à goutte sur les organes respiratoires et en humecte les vaisseaux. Les branchies se trouvant ainsi continuellement imbibées, l'animal aquatique peut mener une vie aérienne et circuler en bravant la sécheresse et la chaleur. Ainsi qu'une locomotive en voyage, il porte avec lui sa provision d'eau, il n'a plus qu'à se nourrir.

Un poisson singulier offre une organisation absolument analogue au crabe dont nous venons de parler :

c'est l'Anabas. Celui-ci remplit d'eau une cavité labyrinthiforme qui se trouve aussi au-dessus de ses branchies. Avec sa provision de liquide, il sort de la mer quand cela lui plaît, et, quoique essentiellement aquatique, reste longtemps au contact de l'air en humectant continuellement ses organes respiratoires. Pendant ce temps, le poisson grimpe sur les rochers à l'aide de ses

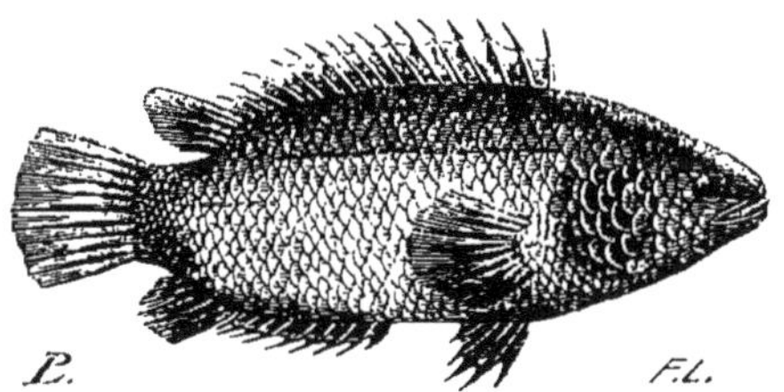

Anabas.

nageoires épineuses; et quelquefois même, dit-on, dans les fentes des arbres des rivages.

II

LE RÈGNE VÉGÉTAL

LE RÈGNE VÉGÉTAL.

Tout n'est qu'une mobile et perpétuelle transmutation dans l'harmonie des globes. Les cieux se peuplent de nébuleuses nouvelles, et de vieilles étoiles disparaissent en s'abîmant dans l'immensité. Sur la terre surgissent de nouvelles générations d'animaux et de plantes, tandis que la faux du temps moissonne celles qui s'y épanouissaient naguère. Là, c'est la masse de l'être animé qui révèle ostensiblement sa vitalité, tandis qu'ailleurs ses forces occultes se dérobent et n'opèrent que dans les plus cachés replis de l'organisme. Mais tout est emporté par la suprême puissance, ce mystère inexpliqué et insondable !

Là ce sont les animaux qui, à une certaine saison, à un instant donné, viennent irrésistiblement se montrer ou disparaître, guidés providentiellement par une force inconnue. Parfois il semble même qu'un rayon de lumière les attire, tandis que l'obscurité les chasse; d'autres fois c'est l'opposé.

Lorsque la nuit commence à répandre ses sombres voiles sur la terre, déjà des légions de Papillons crépusculaires voltigent lourdement près de leur refuge, tandis que la Chauve-souris, sortant de ses ruines, secoue ses ailes membraneuses et s'élance à leur poursuite. Quelques Mollusques délicats affluent vers l'aurore à la surface de la mer, et s'enfoncent sous ses flots aussitôt que le soleil en dore les onduleux replis.

Ailleurs, ce sont les plantes ou les fleurs qui se montrent ou s'ouvrent selon les saisons ou les heures de la journée. Attentif à suivre tous ces phénomènes, l'observateur sagace s'aperçoit rapidement, tant ils sont précis, que d'après eux il peut dresser des Calendriers ou des Horloges de Flore.

On sait que Pline, après avoir noté avec soin l'époque de la floraison des plantes, avait eu l'idée qu'on pourrait s'en servir pour marquer les différentes saisons de l'année. Cuvier prétend même que le naturaliste romain se proposait d'exécuter un véritable Calendrier de Flore; mais ce projet n'a été réalisé à fond que par Linnée, et c'est une des plus gracieuses conceptions de son génie.

Ce Calendrier végétal est d'une assez grande précision, et l'on reconnaît que chacun des mois de l'année s'y trouve exactement indiqué par l'épanouissement de certaines fleurs. Le premier de ceux-ci, malgré ses neiges et ses glaces, voit déjà éclore l'Ellébore noire. Le second l'Aune et le Bois gentil. En mars, les Ravenelles décorent les murailles de leurs corolles dorées, et dans nos jardins, l'Impériale ouvre ses perfides cloches. Le mois suivant, la Pervenche étend ses réseaux à l'ombre de nos forêts. En mai, les fleurs abondent : les Iris, les Muguets et les Lilas embaument l'air. Pendant les mois de juin et de juillet l'empire de Flore se pare de ses plus belles fleurs : les Digitales, les Sauges, les Coquelicots, les Menthes et les Œillets s'épanouissent dans les champs et les bois. En août, les Asters, les Dahlias et les Hélianthus semblent braver l'ardeur du soleil. Enfin, en septembre, le Colchique jonche de ses fleurs purpurines toutes nos prairies et nous annonce le retour de l'hiver : c'est lui qui, selon Linnée, donne le signal du repos au botaniste.

L'heure à laquelle chaque fleur s'épanouit est elle-même tellement précise que, par son observation, on peut créer des Horloges de Flore d'une assez grande précision.

Le père Kircher y avait déjà songé ; mais c'est à Linnée qu'il faut encore reporter l'ingénieuse idée d'indiquer toutes les heures de la journée par le moment où les végétaux ouvrent ou ferment leurs corolles. Le botaniste suédois avait créé une Horloge de Flore pour le climat qu'il habitait; mais, comme sous nos latitudes heureuses les fleurs deviennent plus matinales, Lamarck a été obligé de reconstruire pour elles une autre horloge qui avance sur celle d'Upsal (43).

Cette régularité dans l'épanouissement des fleurs frappe tout le monde. Certaines peuplades sauvages s'en servent pour diviser leurs journées et leurs travaux. On commence ceux-ci à l'heure où s'épanouit le Souci; et le Natchez, dit Chateaubriand, donne un rendez-vous d'amour pour le moment où les fleurs de l'Hibiscus doivent se fermer.

D'autres fleurs, moins régulières dans leurs habitudes, ne s'épanouissent que sous l'influence de certaines conditions atmosphériques ; de là le surnom de Météoriques, qui leur a été donné. Quelques-unes d'entre elles possèdent une assez grande célébrité. Tel est le Souci des pluies, qui clôt sa corolle avec le plus grand soin pour la préserver des orages. De mœurs tout à fait différentes, le Laitron de Sibérie semble redouter notre soleil ; il ne s'épanouit que lorsque le ciel est nébuleux, et ferme strictement ses fleurettes aussitôt que l'atmosphère s'échauffe.

Les rapports de l'homme et du règne végétal ne se bornent pas à ces curieuses investigations ; les plantes, vivant emblême du rapide passage des heures et du temps, cette éternelle leçon de sagesse, se trouvent associées à tous nos besoins, à tous nos plaisirs, à toutes nos douleurs.

Les plus robustes servent à construire nos demeures, d'autres forment notre plus naturelle nourriture.

L'existence de certaines peuplades dépend parfois d'une seule espèce végétale. Un palmier qui étale ses forêts tout le long de l'Orénoque, suffit à tous les besoins de quelques tribus sauvages, qui, semblables aux singes, vivent presque continuellement accrochés au milieu de son feuillage. Il leur offre des aliments, du vin, et même des cordes pour tresser les hamacs sur lesquels ils se suspendent pendant toute la durée des inondations (44).

De tout temps on a recherché l'éclat et le parfum des fleurs, et elles sont devenues l'indispensable ornement des moindres fêtes. Les anciens avaient leurs *plantes co-*

ronaires, et dans les festins, la tête de chaque convive en était parée. Mais on doit aussi leur rendre cette justice, que, pour les douloureuses cérémonies de la mort, ils employaient un ample cortége de *plantes funéraires :* chacune avait sa mission spéciale (45).

CHAPITRE I.

L'ANATOMIE DES PLANTES.

Trois hommes de génie, Grew, Malpighi et Leuwenhoeck, disséminés en Angleterre, en Italie et en Hollande, fondèrent presque en même temps l'anatomie végétale. L'antiquité n'en avait eu nulle connaissance, car comme ce n'est qu'à l'aide du microscope, ce grand révélateur, qu'on en pénètre les intimes secrets, la découverte de cet instrument devait nécessairement précéder celle de la structure élémentaire des plantes.

Le Microscope nous apprit bien rapidement que tout l'édifice végétal dérivait de la Cellule, et que celle-ci n'était que l'élément créateur des divers organes de la plante, malgré leur diversité.

Les Cellules représentent de petites vésicules microscopiques d'abord globuleuses, mais qui, en s'accroissant et en se déprimant mutuellement, deviennent polyèdres. C'est ainsi que ces éléments, qui se dérobent à nos yeux, animés d'une inconcevable force plastique, en se multipliant d'une façon prodigieuse, font surgir des mondes nouveaux.

« Donnez-moi un levier et un point d'appui et je soulèverai le globe, » disait Archimède. Presque en le paraphrasant, M. Raspail a pu dire : « Donnez-moi une cellule animée et je reproduirai toute la végétation. »

Cependant, ce sont ces cellules, ces atomes vivants, ayant à peine un centième de millimètre de diamètre, mais doués d'une mystérieuse et incommensurable force de production, qui couvrent à chaque printemps notre sol de verdure, et font surgir l'effrayante savane ou l'immense forêt vierge.

Ces vésicules créatrices, en s'allongeant, deviennent des fibres ou des vaisseaux; et ces éléments anatomiques, en se groupant, forment des racines, des tiges, des feuilles ou des fleurs.

Malgré le disgracieux aspect de ses tortueuses divisions, et le désordre de sa chevelure absorbante, la Racine de nos arbres n'en est pas moins organiquement identique à leurs rameaux réguliers, à leurs symétriques ramilles. L'anatomie et l'expérience le démontrent.

On voit parfois dans les forêts de grosses branches serpentant à la surface du sol, enterrées par leur moitié inférieure, tandis que l'autre est plongée dans l'air. La première émet des radicelles qui s'enfoncent dans la terre, et l'autre des feuilles allant s'épanouir au sein de l'atmosphère. C'est donc le même organe qui est à la fois tige et racine.

L'expérience prouve encore mieux ce fait. Duhamel, en retournant des Saules, mit leurs racines en plein air et leurs rameaux dans la terre. Bientôt après, tant ces organes sont identiques, les racines s'étaient couvertes de feuilles ; et les tiges, transformées en appareil souterrain, avaient poussé des radicelles absorbantes. En grand, cette curieuse expérience réussit de même. Dans ses mémoires, M. de Raguse raconte avoir vu, chez un seigneur russe, une avenue de Tilleuls que celui-ci avait eu la fantaisie de transplanter la tête en bas. La métamorphose était complète, tous ces arbres renversés végétaient splendidement.

L'anatomie confie généralement trois fonctions aux racines; elles fixent le végétal, le nourrissent et remplissent en même temps l'office d'organes excréteurs.

Dans la plupart des Fucus, la racine ne représente qu'une sorte de crampon, qui ne sert qu'à ancrer les plantes au fond de la mer, sans retirer la moindre parcelle nutritive du rocher qu'elle étreint.

Au contraire, la Lentille d'eau, qui étale son tapis de verdure à la surface de nos mares, ne possède que des radicelles absorbantes. La Pontédérie aux pétioles renflés, qui flotte à la surface des fleuves de l'Inde, n'a aussi qu'une fine chevelure éparpillée dans l'onde et qui n'en atteint jamais le fond.

La Tige des arbres de nos forêts a une structure fort complexe. Sa coupe transversale y fait reconnaître trois parties fondamentales : la moelle, le bois et l'écorce.

La moelle n'est ordinairement formée que de tissu cellulaire pur et très-régulier.

Le bois est composé de zones concentriques, emboîtées les unes dans les autres, et formées de vaisseaux et de fibres. Il se produit chaque année une de ces zones, et elles sont séparées par des intervalles plus mous et plus pâles.

L'écorce se compose de couches assez multiples.

C'est l'une de ses plus externes qui, sur certains arbres, acquiert une grande épaisseur et constitue le Liége, amas de cellules fines et d'une grande régularité. Les couches internes représentent des feuillets minces, assez compactes dans certaines espèces pour remplacer le papier. C'était avec elles que les anciens confectionnaient ces Papyrus si célèbres, qui nous ont conservé leurs écrits depuis le temps des Pharaons. D'autres fois, formées d'un tissu fin et léger, les lames corticales remplacent la dentelle pour les vêtements des sauvages (43 *bis*).

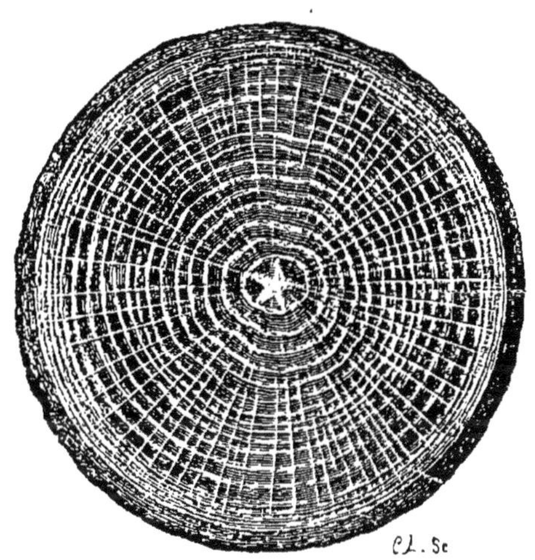

Coupe d'un tronc de chêne.

Quelles différences n'observe-t-on point aussi dans la structure et la physiologie des feuilles et des fleurs!

Quelques végétaux ont leurs feuilles transformées en longs filaments capillaires, qu'on voit mollement onduler dans le courant de nos ruisseaux, comme la chevelure d'une Naïade, entraînée sous une eau limpide. C'est ainsi que se présentent celles de quelques Renoncules aquatiques, qui forment de mobiles tapis verts au fond de nos cours d'eau.

Si nous nous transportons sur les ondes agitées de l'Amazone, nous y rencontrons des feuilles qui s'étalent à leur surface, semblables à d'immenses plaines de verdure. Ce sont celles de la *Victoria regia*. Ces feuilles, presque circulaires, ont six à huit pieds de diamètre. Elles naissent d'une pétiole, qui, partant du fond du fleuve, offre souvent une vingtaine de pieds de longueur et vient se terminer sous leur lame en y formant, par ses ramifications, une véritable charpente solide, composée de cloisons extrêmement saillantes, comme n'en possède aucune autre plante. Au contraire, le dessus des feuilles de la Victoria est très-uni et d'un beau vert; aussi, de loin, celles-ci ressemblent-elles à autant de tables flottantes, couvertes d'un tapis velouté. Grâce à leur charpente de nervures, ces feuilles nageantes peuvent supporter un grand poids sans s'enfoncer. La demoiselle d'un des plus illustres botanistes de l'Angleterre me racontait, qu'étant enfant, elle avait pu marcher sur l'une de ces feuilles gigantesques, sans la submerger.

La mythologie indienne n'est donc pas très-loin du possible, lorsqu'elle raconte que c'est sur une feuille de Nymphea que le dieu Vichnou, armé d'un trident, a franchi l'abîme des eaux éternelles; et que l'une de celles-ci servit de conque flottante à la gracieuse déesse Laeckmie.

D'autres feuilles ne s'étalent pas, il est vrai, en élégantes nappes de verdure, comme celles de la *Victoria* ; mais, en se déployant, elles étendent encore leurs nombreuses lanières d'une façon bien plus extraordinaire. Telles sont celles du *Corypha umbraculifera*, grand Palmier qui habite l'Inde, et dont le nom spécifique rappelle l'immense ombrage que sa couronne de verdure projette sur le sol. Ses feuilles sont supportées par une longue queue ou pétiole qui a la hauteur d'un homme ; et sous leur vaste limbe, on peut abriter une quarantaine de personnes. On voit assez souvent des feuilles de cet arbre appliquées au plafond des collections d'histoire naturelle, qu'une seule masque parfois entièrement.

Desmodie oscillante.

C'est surtout dans les feuilles que nous rencontrons l'un des principaux caractères de l'animalité, les mouvements spontanés. Ils sont surtout remarquables dans la Desmodie oscillante, plante de l'Inde, dont les folioles se portent alternativement l'une vers l'autre, par un mouvement saccadé, analogue à celui de l'aiguille d'une montre à secondes.

Certaines feuilles, singulièrement conformées, ne sont

que d'insidieux engins de destruction; celles de la Dionée attrappe-mouches représentent de véritables piéges à in-

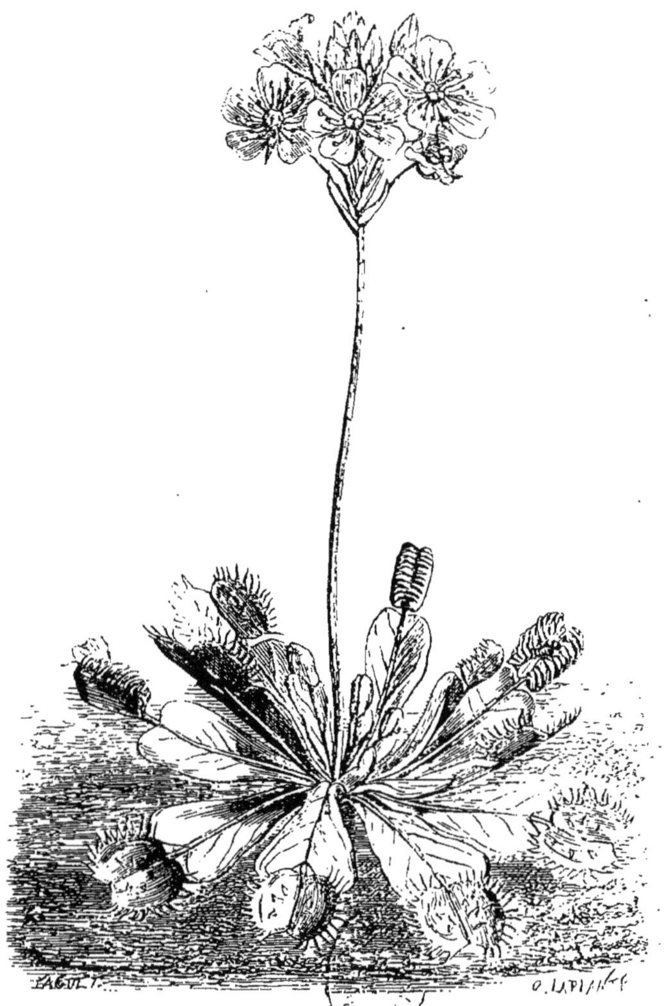

Dionée attrape-mouches.

sectes. Leur extrémité évasée offre deux petites palettes dentées, réunies à l'aide d'une charnière longitudinale.

Lorsque quelque imprudent Insecte vient à se reposer sur leur surface, les deux lames, irritées par son contact, s'appliquent subitement l'une contre l'autre, comme un livre que l'on ferme, et elles se serrent d'autant plus que l'animal se débat davantage. Les palettes ne s'ouvrent que quand, épuisé, ses mouvements cessent, mais parfois alors il est trop tard, on le trouve absolument étouffé (46).

CHAPITRE II.

LA PHYSIOLOGIE DES PLANTES.

ABSORPTION.

C'est aux Racines et aux Feuilles que la nature a confié l'absorption, cette source de toute nourriture.

Les feuilles pompent l'air par tous leurs pores, tandis que ce n'est qu'à l'aide de leur fine chevelure que les racines s'imbibent de l'eau du sol. Et encore, sur la racine l'absorption se trouve absolument localisée : elle ne se produit même pas sur toute l'étendue de ses filaments capillaires, mais seulement par la spongiole microscopique qui termine chacun d'eux, et fait l'office d'un suçoir ; aussi Linnée a-t-il pu comparer les racines aux vaisseaux chylifères des animaux.

Une puissance instinctive, irrésistible, guide la racine vers son but. Rien ne l'entrave ; pour l'atteindre, elle fend les rochers, traverse l'eau, ou se suspend et se contourne de mille manières.

Un Acacia de la Nouvelle-Angleterre devenu débile et languissant, après avoir épuisé le sol stérile dans lequel il se trouvait implanté, pour se désaltérer, envoya une de ses racines à travers une cave de 66 pieds, se plonger dans un puits voisin. A compter de ce moment, à ce que rapporte Malherbe, auquel on doit cette histoire, l'arbre releva ses rameaux penchés et son feuillage flétri, et s'accrut avec une merveilleuse rapidité.

Le Figuier religieux, *Ficus religiosa*, célèbre dans l'Inde à cause de la vénération dont il est l'objet, et de son aspect étrange, est encore plus remarquable. De ses vigoureux rameaux horizontaux tombent, de place en place, de fines racines aériennes, semblables à de simples filaments. Ces appendices descendent vers le sol, comme attirés par lui, et ne grossissent nullement jusqu'à ce qu'ils s'y soient enfoncés. Mais tout change aussitôt qu'ils l'ont touché. Ces frêles expansions prennent alors un accroissement considérable en formant, tout autour du tronc maternel, une splendide colonnade végétale, dont les multiples piliers suspendent une imposante voûte de verdure. Le brame place parfois ses idoles sous ce temple rustique et mystérieux, où l'Indien incline son front vers le Gange sacré. C'est à cette coutume que l'arbre doit son nom vulgaire de Figuier des pagodes.

Le nombre des racines aériennes de ce Figuier de l'Inde est parfois considérable, et l'arbre mère produit tout autour de lui une impénétrable colonnade composée de fûts de toutes les grosseurs. Il en est qui comptent plus de 350 de ces grosses racines, auxquelles s'en adjoignent de 2 à 3000 petites; il semble une forêt au milieu de la forêt. Une tradition indienne affirme qu'Alexandre passa près de l'un de ces gigantesques arbres qui existe encore sur le Nerbuddah.

Les racines aériennes du *Clusia rosea* produisent d'autres effets. La plante les laisse pendre du haut des Palmiers. D'abord, frêles et inoffensives, elles enlacent innocemment leurs tiges ; mais bientôt, en se soudant, et en trouvant dans le sol une surabondance de vie, ces racines forment un manteau épais et ligneux, et étouffent leur protecteur dans le fourreau compressif dont elles l'ont enserré. Ainsi le Figuier maudit, c'est le nom vulgaire du parasite, est le vivant symbole de l'ingratitude.

L'absorption est un phénomène vital, la spongiole semble instinctivement choisir l'aliment de la plante. Dans des contrées où l'Arsenic abonde, certaines familles végétales savent se soustraire à son redoutable poison. Quelques Légumineuses vivent sur le sol de la Cornouaille, qui en contient de si grandes proportions.

L'eau est, il est vrai, le principal aliment du végétal, mais les radicelles puisent aussi dans la terre quelques autres corps. Il leur faut de l'azote. Les Graminées veulent y trouver une certaine quantité de silice. Le chaume du blé en renferme déjà une notable proportion, mais cette substance consolide bien autrement la robuste tige des Bambous. Celle-ci, selon Davy, en contient jusqu'à $\frac{71}{100}$, et, ainsi que nos cailloux, fait feu avec le briquet. D'après Decandolle, l'analyse démontre que d'autres végétaux absorbent du fer et même de l'or. On a aussi trouvé du cuivre dans le café et le blé ; et un chimiste a supputé qu'en France 3650 kilogrammes de ce métal entraient dans notre alimentation avec cette céréale.

En voyant la quantité d'eau que les plantes absorbent

chaque jour, Boyle en avait conclu que ce fluide était seul employé à leur nutrition. L'opinion du célèbre physicien anglais fut adoptée par Van Helmont; et celui-ci pensa l'avoir élevée à la hauteur d'une démonstration, en voyant rester bien portant un Saule qu'il n'arrosait qu'avec de l'eau de pluie, qui, au temps de cet alchimiste, passait pour être d'une admirable pureté....

La science a renversé ces assertions, en prouvant que l'eau distillée ne suffisait nullement pour entretenir la vie des plantes.

Les organes aériens des végétaux jouent un grand rôle dans l'absorption. C'est à même l'atmosphère que se nourrissent presque exclusivement les Cactus. Ils y pompent l'eau qui imbibe leurs tissus mous et charnus, leurs débiles racines ne tirant presque rien du sol aride où elles sont implantées.

L'absorption des feuilles était connue des anciens. Théophraste en fait déjà mention, mais il faut arriver jusqu'à l'époque de Mariotte pour obtenir la démonstration de ce phénomène, que le botaniste grec n'avait fait qu'indiquer. Le physicien français le démontra ostensiblement, par une expérience très-simple. Il prenait une branche bifurquée, plaçait l'une de ses portions dans un vase rempli d'eau, et laissait l'autre à l'air. L'eau qu'absorbait la première suffisait pour entretenir la seconde verte et fraîche pendant longtemps. L'une absorbait donc pour l'autre.

CIRCULATION VÉGÉTALE.

Plus on l'étudie, plus la nature s'agrandit. La science, en pénétrant ses secrets, nous révèle souvent que là où nous n'apercevons que l'inertie, il existe des forces imposantes et cachées. L'obscure vitalité des Plantes, mise en évidence par le génie des savants, se manifeste elle-même à nos yeux, avec une puissance tout à fait inattendue.

Ainsi que les animaux, les plantes ont une circulation. C'est à Claude Perrault, génie universel, à la fois médecin, architecte et naturaliste, que l'on en doit la découverte.

La Séve, ce véritable sang des végétaux, circule dans leurs vaisseaux à l'aide d'une force qui dépasse peut-être de beaucoup celle qui chasse le sang dans les artères d'un éléphant.

Le célèbre Hales fit à ce sujet une expérience fort curieuse. Ayant adapté un long tube à une jeune tige de vigne qu'on avait amputée, il vit ce fluide s'y élever à 44 pieds.

De tels résultats ayant paru extraordinaires aux physiologistes français, ceux-ci s'empressèrent de répéter les expériences du savant étranger; mais leur étonnement fut grand, quand ils reconnurent qu'il était au-dessous de la vérité.

En effet, Decandolle, qui s'est occupé l'un des derniers de ce sujet, a vu que la force avec laquelle la Séve s'élève dans les vaisseaux des plantes était égale au poids de deux atmosphères et demie; résultat qui dépasse énormément, et presque du double, l'appréciation du chanoine de Windsor, puisque cela équivant à la pesanteur d'une colonne d'eau de 80 pieds de hauteur.

Ainsi, une fonction occulte qui s'accomplit si mystérieusement dans les végétaux, par l'expérience, nous révèle une suprême énergie; énergie qui dépasse même la circulation si apparente et si tumultueuse des plus gros animaux. Quelques savants ont avancé, non sans une certaine véracité, que la Séve s'élève dans les vaisseaux de la Vigne avec cinq fois plus de force que le sang ne circule dans l'artère crurale du cheval, le plus important des canaux sanguins de sa cuisse; et avec sept fois plus de puissance que dans le même vaisseau du chien.

La Séve se forme et se meut avec une telle vigueur dans divers végétaux, qu'il n'est pas rare d'en pouvoir extraire, en un temps assez court, une quantité fort notable. L'Érable à sucre, disséminé sur les montagnes du Canada, en produit un seau par jour. Et c'est d'elle que l'on extrait, en grande partie, le sucre que l'on consomme dans les pays où il croît (47).

Scott assure qu'au printemps certains Bouleaux laissent écouler une telle quantité de fluide séveux qu'elle égale leur poids.

RESPIRATION DES PLANTES.

L'air n'arrive à nos poumons que par un seul canal. C'est par des millions de petites bouches que le moindre végétal respire, et chacune de ses feuilles cache dans son épaisseur d'innombrables cavités pneumatiques.

Les Feuilles ne sont, en effet, que les poumons des plantes. Quand le microscope en explore la surface, il y découvre une foule d'ouvertures allongées, bordées d'un bourrelet et assez semblables aux boutonnières de nos habits : ce sont les Stomates, ou les orifices béants par lesquels l'air entre dans les Chambres respiratoires. De dimension excessivement restreinte, puisqu'elles se trouvent dans l'épaisseur de la feuille, ces petites chambrettes sont creusées dans le tissu cellulaire et traversées par de fines colonnades de cellules placées bout à bout, et dont l'air parcourt le merveilleux labyrinthe.

Quelques plantes aquatiques, qui vivent dans la profondeur des fleuves, n'offrent point cette organisation. N'ayant aucun rapport avec l'atmosphère, ces cavités aériennes ne leur seraient d'aucune utilité; aussi respirent-elles comme les poissons; leurs feuilles dépourvues d'épiderme sont de véritables Branchies agissant directement sur l'air contenu dans l'eau.

Mais si les plantes ont, ainsi que les animaux, des organes de respiration, cette fonction présente dans celles-ci des phénomènes directement opposés. Les animaux absorbent, en respirant, une certaine portion de l'oxygène de l'air, ce véritable principe vital; et, en même temps, ils y versent une notable quantité d'acide carbonique, trop énergique agent léthifère. C'est par ce double motif que des animaux enfermés dans un étroit espace où l'atmosphère n'est point renouvelée, s'y asphyxient si rapidement.

Les végétaux, au contraire, en respirant, versent une abondance d'oxygène dans l'atmosphère, et y absorbent une notable quantité d'acide carbonique. Ils sont donc, comme on le voit, appelés à remédier aux délétères et incessantes altérations que les animaux font subir au fluide respirable.

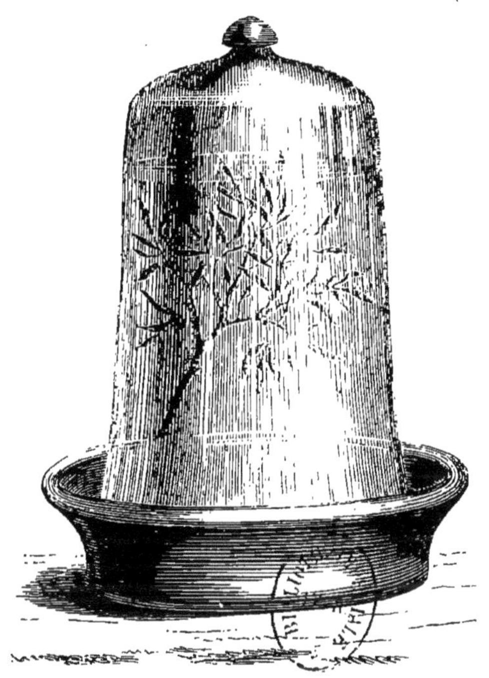

Feuilles sous l'eau produisant de l'oxygène.

Mais, chose remarquable, cette salutaire intervention des végétaux ne se produit que sous l'influence de la lumière. Si l'astre dont elle émane venait à s'éteindre, elle cesserait au même moment, et le globe plongé dans l'obscurité se dépouillerait bientôt de sa robe de verdure. Aussi l'illustre Lavoisier a-t-il pu dire, avec raison :

« L'organisation, le sentiment, le mouvement spontané, la vie, n'existent qu'à la surface de la terre et dans les lieux exposés à la lumière. On dirait que la fable du flambeau de Prométhée était l'expression d'une vérité philosophique qui n'avait point échappé aux anciens. Sans la lumière, la nature était sans vie, elle était morte et inanimée : un Dieu bienfaisant, en apportant la lumière, a répandu sur la surface de la terre l'organisation, le sentiment et la pensée. »

Ce sont donc les Plantes qui se trouvent chargées d'entretenir l'harmonieuse composition de l'air. Aussi est-il évident que si la végétation de toute la surface du globe s'anéantissait subitement, dans un temps donné, tout le règne animal succomberait à son tour. Cependant, selon les calculs de M. Dumas, cet événement ne se produirait qu'après une longue suite de siècles, tant l'atmosphère est riche en oxygène! Suivant le savant chimiste, ils ne faudrait pas moins de 800 000 ans à tous les animaux du globe pour absorber ce gaz en totalité, et 10 000 années s'écouleraient même sans que sa diminution fût sensible à nos instruments de physique (48).

A l'aide d'ingénieuses investigations, le professeur Liebig a même prouvé que la nature chimique de l'atmosphère n'avait pas varié sensiblement depuis plus de deux mille ans. Il prit l'un de ces petits vases en verre, dans lesquels les dames romaines recueillaient leurs larmes, et qui après en avoir été en partie remplis étaient scellés hermétiquement au feu, et déposés dans le sarcophage du mort. Ce vase lacrymatoire ayant été brisé, et l'air qu'il contenait analysé, ce savant reconnut que cet air avait absolument la même composition que le fluide que nous respirons aujourd'hui.

Par de délicates expériences, M. Lacrèze-Fossat a pu déterminer quelle était la proportion de gaz respirable que certains végétaux versaient dans l'atmosphère. Cet observateur a reconnu qu'en douze heures, la face inférieure des larges feuilles flottantes que le Nénuphar jaune étale sur nos fleuves, produisait presque 17 centilitres d'oxygène. Et, selon lui, un seul pied de cette plante, se composant de quinze feuilles, verse dans l'espace de cinq mois d'été 535 litres de ce gaz dans l'atmosphère.

Combien donc un grand arbre en doit-il produire en une seule saison, lui dont la surface respiratoire a tant d'étendue comparativement à celle de la plante aquatique (49)!

TRANSPIRATION DES PLANTES.

La physiologie végétale se rapproche beaucoup de celle des animaux. Ainsi qu'eux, les plantes exhalent, par toute leur surface, une abondante transpiration. C'est celle-ci qui, condensée sur les feuilles par le froid des nuits, y forme les limpides gouttelettes de rosée, que le vulgaire croit à tort provenir du dépôt de l'humidité atmosphérique.

Ce phénomène fut d'abord signalé par Muschenbroeck, et ce physicien en donna immédiatement une irrécusable démonstration. Ayant garni de plaques en plomb le sol d'où s'élevait un Pavot, et ayant ensuite placé une cloche en verre sur ce végétal, il fit voir que celui-ci ne s'en couvrait pas moins d'abondantes gouttelettes d'eau pendant la nuit, quoiqu'il fût isolé de l'atmosphère. Il n'était donc plus possible d'attribuer la rosée à l'humidité de l'air.

Lorsque dans les détours d'un parterre, par une brûlante journée d'été, exténués et ruisselants de sueur, nous contemplons un Soleil des jardins; nous admirons sa lourde couronne de fleurons penchée vers l'astre qu'elle accompagne sans cesse dans sa course, et ses amples et immobiles feuilles; mais ce calme apparent nous voile une énergie vitale que nous sommes loin de supposer.

En effet, qui pourrait se douter que la sueur qu'exhalent les pores de la plante est beaucoup plus abondante que celle qui imbibe notre front? C'est cependant ce que la science a prouvé.

Hales vit qu'un Soleil des jardins, qui végétait dans un pot hermétiquement clos, et que l'on arrosait avec de l'eau exactement pesée, transpirait chaque jour 20 onces de cette même eau. Le célèbre expérimentateur, en supputant ensuite quel est le rapport en surface entre la peau d'un homme et les feuilles d'un Soleil, trouva que la première était aux secondes comme 26 est à 10; et, qu'à surfaces égales, conséquemment, le Soleil avait une transpiration dix-sept fois plus considérable que nous.

On était loin de s'attendre à de tels chiffres.

Sur certains végétaux le phénomène ne se passe pas aussi mystérieusement; leurs feuilles transpirent avec une abondance surprenante; l'eau ruisselle de toute leur surface.

Ruysch rappelle qu'un Arum, qu'il possédait dans les serres du jardin botanique d'Amsterdam, distillait l'eau goutte à goutte par l'extrémité de ses feuilles, presque aussitôt qu'on l'avait arrosé.

Mais la merveille végétale, sous le rapport de la transpiration, est l'Arbre qui pleure, que l'on voyait il y a peu d'années dans l'une des îles Canaries. L'eau tombait de son feuillage touffu, semblable à une abondante pluie, ce que les botanistes ont voulu exprimer en l'appelant *Cesalpinia pluviosa*. Amassée à son pied, elle y formait une espèce de mare où les habitants du voisinage s'approvisionnaient d'eau (50).

J'avais d'abord soupçonné d'exagération ce que les voyageurs racontaient par rapport à la transpiration de cet arbre; mais, depuis que j'ai vu, dans l'une de nos serres, un Fuchsia arborescent faire pleuvoir tant d'eau sur les plantes qui l'entouraient qu'on était forcé de les en éloigner, j'ai cru à leurs récits.

Les Feuilles de quelques autres végétaux, plus avares de la sueur qu'elles distillent, la recueillent dans des godets, qui se trouvent à leur extrémité; tantôt constamment ouverts, et tantôt se fermant et s'ouvrant à l'aide d'un couvercle mobile.

Au premier rang, nous devons mentionner le fameux Népenthès distillatoire. Ses feuilles offrent une forte nervure médiane, qui se prolonge au delà du limbe et se termine par une gracieuse coupe cylindrique, munie d'un opercule à charnière, qui s'ouvre et se ferme spontanément, selon l'état de l'atmosphère. Durant la nuit, ce couvercle se rabat et clôt hermétiquement le petit vase, qui se remplit alors d'une eau limpide, exhalée par sa paroi. Le jour, l'opercule se relève et le liquide s'évapore plus ou moins complétement. Le salutaire

Népenthès a fréquemment étanché la soif de l'Indien égaré dans ses brûlants déserts.

Dans les forêts marécageuses de l'Afrique septentrionale, la Providence a confié ce soin à une autre plante distillatoire, la Sarracénie pourpre, dont la structure est non moins bizarre. Les feuilles de celles-ci, en se soudant par leurs bords, se transforment en élégantes amphores, dont l'ouverture rétrécie est surmontée d'une ample oreillette verte, décorée de veines d'un rouge écarlate, auxquelles l'espèce doit son nom. Ces coupes offertes par l'empire de Flore, et qui se dressent de place en place aux pieds des voyageurs, sont remplies d'une eau délicieuse et pure, dont le bienfait le rend d'autant plus reconnaissant qu'il n'est environné que de marais dont les eaux sont tièdes et nauséabondes.

L'ACCROISSEMENT.

L'Accroissement de nos arbres ne fut longtemps qu'un impénétrable mystère.

Duhamel prétendait que c'était l'écorce qui produisait le bois; et durant près d'un siècle, on crut ce célèbre Intendant des forêts du Roi, lui qui avait fait tant et tant d'expériences sur ce sujet. On ne s'était pas avisé de lui demander d'où provenait alors l'écorce.

Après bien des discussions, il a été enfin démontré que le corps ligneux et son enveloppe se forment, chacun de son côté, à leur jonction, l'écorce s'accroissant à son intérieur, et le bois au dehors, par couches concentriques qui s'ajoutent les unes au-dessus des autres. Une se produit chaque année, de manière que si vous comptez ces zones circulaires à la base d'un tronc, leur nombre vous donne exactement l'âge de l'arbre.

Avant que ce fait nous eût été dogmatiquement enseigné par les botanistes, il était connu du vulgaire. Il en est déjà question dans le *Voyage en Italie* de Michel Montaigne; singulier ouvrage publié en 1581 et dans lequel, au lieu de l'Italie, on ne trouve guère que la liste et l'effet des divers remèdes qu'employait l'illustre maire de Bordeaux, dans chaque ville où il passait. Un ouvrier tourneur lui montra qu'il appréciait fort bien l'âge des arbres sur leur coupe. « Il m'enseigna, dit-il, que tous les arbres portent autant de cercles qu'ils ont duré d'années, et me le fit voir dans tous ceux qu'il avait dans sa boutique. Et la partie qui regarde le septentrion est plus étroite et a les cercles plus serrés et plus denses que l'autre. Par cela il se vante, quelque morceau qu'on lui porte, de juger combien d'ans avait l'arbre et dans quelle situation il poussait. »

Ces notions sur l'accroissement expliquent certains phénomènes qui ont souvent fait crier au miracle.

Lorsque, comme un impérissable témoignage de leur constance, deux amants gravent leurs chiffres enlacés sur l'écorce, les ciselures de l'arbre, hélas! ne durent souvent pas plus que leurs serments. L'écartement incessant qu'éprouve l'enveloppe, par l'accroissement annuel, a bientôt déformé d'abord, puis ensuite totalement effacé les lettres.

Mais si la gravure est plus profonde, si l'instrument a traversé les couches de l'écorce et atteint le bois, tout se passe différemment; l'ouvrier a buriné sur un organe stable. Et comme les années ne font que déposer de nouvelles couches ligneuses à la surface de l'œuvre, celle-ci se conserve intacte. Et, quand, après un long laps de temps, on fend le tronc, les ciselures apparaissent aux yeux étonnés, merveilleusement entières, dans la profondeur de ses couches.

Il y a quelques années, en fendant un gros arbre des environs d'Orléans, on rencontra vers son centre une cavité absolument close, contenant une tête de mort et deux os en sautoir. L'étonnement du public fut extrême, et ce fait, fort simple en lui-même, fit crier au prodige. A une époque reculée, quelque anachorète de la forêt ayant, sans doute, creusé l'arbre, se prosternait devant ces restes, qu'il avait confiés à son excavation. Puis avec les années, le solitaire ayant disparu, la nature en avait ingénieusement conservé l'oratoire.

Lors du siége de Toulon, un boulet de la flotte anglaise entra profondément dans la tige d'un Pin des environs. Aujourd'hui la blessure est totalement invisible. Si la tradition de ce fait se perd, quand on abattra cet arbre, combien ne sera-t-on pas étonné d'y rencontrer cette énorme masse de fer !

SÉCRÉTIONS.

Partout, dans le règne végétal, apparaissent les plus extraordinaires oppositions. Nous les retrouvons aussi bien dans les détails que dans l'ensemble de l'organisme, dans le port de la Plante comme dans les obscures fonctions de la cellule. Les mêmes porosités transsudent, tour à tour, une bienfaisante nourriture ou un perfide poison, des sucs adoucissants ou des liqueurs corrosives. Le même fruit nous nourrit, ou nous tue instantanément.

Le Tapioca, dont s'alimente le sauvage américain, et qui est si souvent employé sur nos tables, nage au milieu d'un poison aussi foudroyant que les philtres de Locuste. On isole l'aliment pour le livrer au commerce; mais les nègres, qui connaissent l'énergie du suc léthifère, mangent le fruit entier lorsqu'ils veulent se suicider. L'effet est presque aussi rapide que celui de l'acide prussique (51).

Là, s'épanouissent des fleurs amies, dont les replis ne distillent qu'un nectar parfumé que l'abeille transforme en miel. Ailleurs, de sombres corolles, ainsi que celles de l'Impériale et de l'Azalée pontique, n'exsudent que des sucs vénéneux. Malheur à l'insecte qui s'en nourrit, car il ne donne plus que de funestes produits. On se rappelle l'accident qui frappa l'armée de Xénophon aux environs de Trébizonde. Ses soldats s'étant jetés sur du miel qu'ils rencontrèrent près de la mer, tous jonchaient la terre quelques instants après, gravement empoisonnés.

Tournefort, avec raison, attribue cet accident à ce que les Abeilles de la contrée avaient pompé les sucs de l'Azalée pontique, qu'il reconnut être vénéneux.

La main de la Providence puise amplement dans le règne végétal, pour satisfaire nos plaisirs et nos besoins

La Cannamelle, *saccharum officinarum*, originaire de l'Inde et de l'Arabie heureuse, gonfle sa moelle de ce sucre précieux qu'on en extrait depuis tant de siècles.

En parlant des productions de ces deux pays, Strabon,

dans sa géographie, et Dioscoride, dans son grand répertoire de matière médicale, mentionnent évidemment cette Graminée. C'est un Roseau qui donne du miel, dit le premier de ces écrivains. Dioscoride est encore plus explicite. Selon lui, les Roseaux de l'Inde et de l'Arabie heureuse fournissent un miel congelé et figé, dur comme du sel, qui se brise entre les dents et qu'on appelle sucre. D'après les érudits, les Chinois, dès la plus haute antiquité, ont connu la culture de la Canne à sucre et l'art d'extraire son produit.

Bélon dit même que cette Graminée est indiquée dans une foule d'ouvrages indiens et arabes; et de Humboldt semble confirmer tout cela en attestant que ce végétal est figuré sur les plus anciennes porcelaines de la Chine.

Ainsi donc, plus de doute, la Cannamelle est indigène de l'Ancien continent, et sa culture y remonte à une époque fort reculée.

Mais ce fut vers le treizième siècle, que les marchands qui imitèrent Marc Paul, en rapportant par terre des produits de l'Inde en Europe, transportèrent le végétal en Nubie et en Égypte; d'où, au quatorzième siècle, on le propagea en Sicile, en Syrie et à Madère. De là il fut enfin transporté en Amérique, peu de temps après sa découverte.

Une autre Graminée, le Maïs, contient aussi du sucre dans sa tige; mais c'est moins à cause de cela que par rapport à sa beauté et à son emploi alimentaire, que cette plante était devenue presque sacrée chez les anciens peuples de l'Amérique. Les vierges péruviennes, consacrées au culte du soleil, en faisaient elles-mêmes du pain que les Incas offraient en sacrifice. Et quand la plante révérée manquait dans leurs jardins, on y en substituait d'or et d'argent, que l'art avait imitées (52).

La Manne, précieuse aussi sous tant de rapports, est un sucre que l'arbre fournit tout préparé. Il coule et se concrète sur les branches du Frêne à fleur, où l'on en recueille les stalactites blanches et sucrées, à l'aide d'un couteau de bois (53).

Ailleurs, des sucs obscurément sécrétés dans la profondeur des tiges de quelques arbres, et recueillis par l'intelligente main de l'homme, viennent ajouter à la richesse des nations. Là, le Pin maritime répand des trésors sur les landes de Bordeaux, naguère stériles. De ses blessures découle une Térébenthine que les résiniers, agiles comme des singes, recueillent dans les innombrables godets suspendus aux arbres de la forêt (54).

C'est cette sécrétion qui donne au bois des Conifères une si longue durée; plus elle abonde dans leurs conduits résinifères, et plus ils peuvent braver les siècles. Le bois du Pin des Canaries, qui en est tout imprégné, est presque impérissable. Les anciennes habitations de Ténériffe, qui en furent entièrement construites, il y a plus de quatre siècles et demi, lors de la conquête de l'île, sont tout aussi fraîches que si elles venaient d'être élevées. La résine suinte encore de toutes leurs poutres pendant les ardeurs de l'été.

Au lieu de distiller goutte à goutte leurs produits résineux, certains végétaux s'en forment une atmosphère gazeuse; et celle-ci est tellement circonscrite aux alentours des plantes, que dans les journées calmes on peut facilement l'enflammer en en approchant une bougie allumée.

D'autres végétaux jettent d'inexplicables lueurs, des espèces d'éclairs, durant les ténèbres. Ce phénomène extraordinaire, que l'on attribue à l'électricité, fut d'abord signalé par Mlle Linnée, et ensuite reconnu par quelques savants (55).

Un bel arbre de la famille des Sapotilliers, naguère considéré comme inutile, nous fournit aujourd'hui une substance des plus précieuses, la *gutta-percha*. Répandu sur les côtes de Sumatra et de Java, c'est seulement depuis une vingtaine d'années que l'on y exploite avantageusement ses produits. Ce végétal, comme l'or de la Californie, a causé d'importantes perturbations dans les pays où il croît.

Les Gommes adoucissantes découlent de toutes les fissures des Mimosées. Le Palmier porte-cire et le Myrica cérifère enduisent leur tronc et leurs fruits d'une épaisse couche grasse, qui remplace partout le produit de l'Abeille : c'est une vraie cire végétale. Dans les Caracas, s'élève l'Arbre à lait, *galactodendron utile*, Kunth, dont la tige émet un suc blanc d'une saveur absolument analogue à la sécrétion de la vache, et qui sert aux mêmes usages alimentaires. Un végétal non moins utile dans la vie domestique croît sur les bords du Niger ; c'est l'Arbre à beurre; sa sécrétion est fréquemment employée dans les cuisines des nègres, qui la vendent sous le nom de beurre de Shéa Enfin, vient l'Arbre à pain auquel la reconnaissance a imposé la dénomination de *pendanus utilis*. Ce bel arbre des rivages de Taïti porte de gros fruits pendants, tout gonflés de fécule alimentaire, et qu'il suffit de couper par tranches et de faire griller, pour les transformer en un excellent pain (56).

Partout la nature nous offre à profusion les plus extrêmes oppositions. Là, d'une main généreuse et bienfaisante, elle nous prodigue des aliments ou des substances médicinales; ailleurs, comme dans le laboratoire de Médée, elle ne distille que des poisons.

Ici, c'est le Quinquina, cet *antidote herculéen de la fièvre*, comme le nommait Torti; là, l'Opium, ainsi qu'une rosée de lait, suinte des têtes de nos pavots, et devient si précieux à l'art médical, que Sydenham, l'Hippocrate des temps modernes, y eût renoncé si on lui eût enlevé cet énergique calmant. Les poisons de la Belladone, du Datura et de la Jusquiame, nous sont tour à tour utiles ou funestes (56 *bis*).

Là, ce sont les Mauves, toutes gonflées de sucs émollients que la médecine appelle à son secours. Ailleurs, sous l'ardent soleil de l'Inde, où le serpent à lunette distille son redoutable venin, les Orties sécrètent de mortels poisons.

Ce rapprochement avec le Reptile a une double exactitude; aussi n'est-on pas étonné de voir un botaniste allemand appeler les Urticées les *serpents du règne végétal*. C'est par un organe analogue, en effet, que ces plantes introduisent leur venin dans nos plaies; et si l'on songe à la minime quantité qu'un de leurs poils nous inocule, peut-être pas la cent cinquante millième partie d'un grain! à la rapidité et à l'intensité des accidents, il deviendra évident que le poison de l'Ortie est peut-être le plus foudroyant qui soit connu.

Nos espèces indigènes ne produisent qu'une brûlante sensation, qui se dissipe rapidement; mais celles des contrées tropicales donnent lieu à de sérieux accidents. Leschenault rapporte avoir vu des blessures de l'Ortie crénelée plonger des personnes une huitaine de jours dans d'horribles souffrances. Une autre espèce qui croît à Timor et que les naturels appellent Feuilles du Diable, l'*urtica urentissima*, produit des piqûres tellement graves que, selon Schleiden, l'amputation seule préserve du trépas.

Mais au milieu de cette funeste cohorte de végétaux léthifères, l'Upas de Java est l'un de ceux qui distillent les plus terribles sucs. Leur action est telle, que l'arme qui en est imprégnée tue subitement l'animal qu'elle atteint. Des voyageurs rapportent avoir vu périr, en six minutes, plusieurs femmes coupables d'adultère, qu'on avait piquées, au-dessous du sein, avec une lancette imbibée du suc de cet arbre.

Jamais on n'a débité sur aucun végétal autant de ridicules fables qu'on l'a fait sur l'Upas; naguère encore celles-ci étaient populaires. Sur la foi d'un chirurgien hollandais nommé Foersche, on racontait que l'Upas découlait d'un arbre unique et singulier, qui végétait au milieu d'une affreuse solitude de Java, la vallée de la mort. Aucune créature vivante, selon ce voyageur, ne pouvait résister aux vapeurs empoisonnées qu'il exhalait, et, à trois et quatre lieues à la ronde, on ne rencontrait que des cadavres ou des squelettes d'hommes et d'animaux. Les oiseaux eux-mêmes, qui s'aventuraient dans l'air environnant, tombaient subitement foudroyés. Des criminels condamnés à la peine capitale essayaient seuls d'en arracher l'infernal produit. Beaucoup tentaient ce périlleux voyage; bien peu en revenaient (57).

Il est honteux d'avouer que ce n'est qu'à Leschenault que nous devons d'avoir réfuté cette fabuleuse narration. Ce voyageur reconnut que le poison fameux est fourni par deux espèces d'arbres qui vivent au milieu des forêts de Java. Loin d'exercer une influence délétère sur leur voisinage, la végétation la plus luxuriante les environne; les oiseaux, les lézards et les insectes animent leurs rameaux et leur feuillage. Le savant français, en explorant l'un de ces arbres qu'il avait fait abattre, eut même le visage et les mains recouverts des sucs qui découlaient de ses branches fracturées, et n'en ressentit aucune indisposition.

Mais il n'en est pas de même quand le produit est introduit dans les organes, à l'aide de la moindre piqûre. L'une de celles-ci fait périr un chien en cinq à six minutes, comme Magendie l'a reconnu dans ses expériences. Huit gouttes de suc d'Upas, injectées dans les veines d'un cheval, le tuent subitement.

Depuis longtemps on avait remarqué qu'il existait une sorte de sympathie entre certains végétaux, l'un se plaisant à l'ombre de l'autre. C'est ainsi que, sur le bord de de nos ruisseaux, les épis amaranthes de la Salicaire ornent constamment les alentours des Saules. D'autres plantes, au contraire, semblent éprouver quelque aversion les unes pour les autres, et si l'homme s'efforce inconsidérément de les rapprocher, elles languissent ou elles meurent. Le Lin, par exemple, semble avoir une manifeste antipathie pour la Scabieuse.

On attribue aujourd'hui ces singuliers faits, à ce que les racines émettent des produits favorables à certaines espèces et nuisibles à d'autres; produits que Plenk, avec la crudité d'un médecin de Molière, appelait *excréments des plantes*.

Déjà Duhamel s'était aperçu, en faisant abattre des Ormes, que la terre dans laquelle ils se trouvaient avait subi une certaine altération ; elle était onctueuse.

Un observateur de Genève, M. Macaire, alla plus loin. Il reconnut qu'en mettant des racines de Chicorée et d'Euphorbe dans de l'eau, celles-ci y versaient un produit extractif coloré, qui ne pouvait être qu'une excrétion.

Enfin, un célèbre professeur de l'Université de Leyde, M. Brugmans, fit encore plus; en recueillant cette substance sur des racines de Violettes, qu'il avait placées dans du sable fin et pur, il vit qu'elle agissait à l'instar d'un poison sur d'autres plantes.

Ainsi se trouve démontrée la cause de ces curieux rapprochements instinctifs, déjà entrevus par le vieux Mathiole qui les nommait *les amitiés des plantes*.

En Allemagne, guidée par la science, déjà l'agriculture apprend à tirer parti de ces mutuelles affections; et dans ses savants ouvrages, Schwerz indique comment il faut allier les Céréales sociales pour augmenter le produit de nos champs.

LE SOMMEIL DES PLANTES.

Plus on a fouillé les mystères de la vie végétale, et plus on lui a découvert de rapports avec l'animalité. Exténuées par le travail fonctionnel diurne, quand arrive la fin de la journée, beaucoup de plantes prennent une attitude particulière, qu'elles conservent toute la nuit : c'est leur sommeil.

Ce curieux phénomène, qu'un hasard heureux fit découvrir à Linnée, fut élevé par lui à la hauteur d'une démonstration. Il l'observa d'abord sur un Lotus pied d'oiseau, cultivé dans l'une des serres du jardin d'Upsal. Il l'avait trouvé fleuri le matin ; mais en passant au milieu de la nuit près de la plante, il n'en aperçut plus les fleurs. Il s'imagina d'abord que quelque amateur infidèle les lui avait dérobées. Cependant en examinant la plante plus attentivement, l'illustre botaniste s'aperçut que c'était elle qu'il fallait accuser du larcin. En effet, il reconnut que chaque soir les feuilles de ce Lotus prenaient une position particulière, qui en dérobait les corolles (58).

Pensant qu'un tel phénomène n'était point isolé, Linnée, un flambeau à la main, passa désormais ses nuits à parcourir son jardin, pour en constater les effets. Ce fut ainsi qu'il reconnut qu'un grand nombre de végétaux prennent pour se livrer au sommeil une attitude toute particulière ; c'est un besoin de repos qui, comme chez la plupart des animaux, coïncide avec l'absence de la lumière.

On avait voulu d'abord attribuer aux variations de la température diurne et nocturne le phénomène dont il est ici question; mais comme on le vit se produire dans des serres dont la chaleur était égale de nuit et de jour, on fut forcé de lui chercher une autre cause.

De Candolle a prouvé, par de curieuses expériences, que, dans l'empire de Flore, c'est à l'absence de la lumière que doit être attribué le sommeil. En réfléchissant une vive clarté sur des Sensitives, pendant la nuit, et en les plaçant, au contraire, durant le jour, dans une profonde obscurité, le savant botaniste est parvenu à changer absolument leurs habitudes. Ces végétaux resserraient leurs folioles et s'endormaient durant la journée, trompés par les factices ténèbres dont on les enveloppait; et ils veillaient la nuit lorsque six lampes projetaient sur eux une lumière qui équivalait au 5/6me de celle du jour.

C'est principalement parmi les plantes qui habitent les contrées intertropicales que l'on remarque le phénomène en question. Il est surtout ostensible dans la famille des Légumineuses. Beaucoup de celles de nos campagnes nous l'offrent manifestement.

Si vers six heures, à la fin de l'été, vos regards s'arrêtent sur une prairie de Trèfle, vous serez frappé de l'aspect qu'à ce moment, le premier de leur sommeil, toutes les plantes vous offriront. Les deux folioles latérales se sont étroitement appliquées l'une contre l'autre, et la foliole moyenne les recouvre comme un toit protecteur; l'apparence de la prairie est tout à fait changée.

LA SENSIBILITÉ VÉGÉTALE.

Quelles mystérieuses forces président à la vie des plantes? Ces êtres, d'un aspect si gracieux ou si imposant, parés de couleurs éblouissantes, embaumant l'air des plus suaves parfums, ont-ils été déshérités de toutes les facultés qu'on accorde aux plus ignobles animaux?

Il y a deux Écoles qui, à ce sujet, ont également exagéré leurs prétentions; l'une s'est complue à trop élever l'essence intime des végétaux, l'autre à la dégrader.

L'antiquité avait surtout donné dans le premier excès. Empédocle n'hésitait pas à accorder aux plantes des facultés d'élite, et quelques-uns des successeurs du philosophe d'Agrigente l'ont même dépassé à cet égard (59).

La merveilleuse Mandragore passait, parmi eux, pour être douée de la plus exquise sensibilité. A la moindre blessure, la plante aux formes humaines poussait de lamentables gémissements. Et ceux qui avaient l'audace de la cueillir, pour n'en être point terrifiés et braver ses maléfices, devaient employer certaines précautions.

Le plus illustre botaniste de l'ancienne Grèce va même jusqu'à décrire les procédés qu'exige impérieusement la conquête de cette sombre Solanée. Il dit que pour l'arracher il faut tracer trois cercles autour d'elle avec la pointe d'une épée, en regardant l'orient, tandis qu'un des assistants danse aux environs, en débitant d'obscènes paroles (60).

Les hypothèses de la crédule antiquité se sont reproduites; on les a même dépassées de notre temps. Adanson, savant audacieux, s'il en fut, répartit largement les âmes parmi les plantes ; une ne lui suffisait pas pour chacune d'elles, il leur en accorde plusieurs (61).

Hedwig, botaniste profond, Bonnet, plus rhéteur que réellement savant, et surtout Ed. Smith, accordaient aussi aux végétaux une sensibilité exquise, et même des sensations assez élevées.

Ces idées ont encore trouvé de nos jours d'ardents défenseurs en deux des plus célèbres savants de la studieuse Allemagne, Von Martius et Théodore Fechner. Ceux-ci considèrent la plante comme un être sentant et doué d'une âme individuelle ; et le dernier pousse même la témérité jusqu'à fonder une sorte de psychologie végétale.

Dans son charmant petit livre, Camille Debans fait au système de ces deux botanistes une allusion pleine de poésie et de fraîcheur. Il peint une rose tellement affaiblie et languissante, que le moindre souffle de l'air, aussi léger que le soupir d'une vierge, en arrache successivement les pétales souffrants et fanés. Et quand sa meurtrière haleine a enfin tué la fleur, naguère si belle et si parfumée, les gnomes tout en larmes emportent son âme en paradis sur leurs ailes diaphanes (62).

Le génie de Descartes avait été assez puissant pour faire admettre aux masses, que les animaux ne représentaient que de simples automates montés pour accomplir un certain nombre d'actes. A plus forte raison, beaucoup de savants, et en particulier Hales, dont les belles expériences fondaient la physiologie végétale, eurent la plus grande tendance à ne considérer les plantes que comme autant d'êtres absolument sous l'empire des forces matérielles.

Mais, ni les témérités des Cartésiens, ni les hypothèses des Animistes, ne trouvent aujourd'hui aucun asile dans le sévère domaine des sciences. On ne peut assimiler les phénomènes de la vie végétale, ni à de simples actes physico-chimiques, ni à une suprême direction intellectuelle. Il est évident que ceux-ci sont régis par une force vitale qui enchaîne tous les ressorts de l'existence; elle disparue, rien ne préserve l'être de la destruction (63).

Tous les savants qui ont traité la question en physiologistes sérieux, professent que les végétaux jouissent d'une vie tout aussi active que beaucoup d'animaux, et qu'ils possèdent des vestiges de sensibilité et de contractilité. Le plus illustre des anatomistes modernes, Bichat, dans son magnifique ouvrage sur la vie et la mort, l'admet sans hésitation.

De nombreuses expériences attestent qu'il y a évidemment, dans les plantes, des vestiges de sensibilité analogue à la sensibilité animale. L'électricité les foudroie, les narcotiques les paralysent ou les tuent. En arrosant des Sensitives avec de l'opium on les a endormies profondément. Dans leurs curieuses recherches, MM. Gœppers et Macaire Princeps ont reconnu que l'acide prussique empoisonne les plantes avec autant de rapidité que les animaux.

Est-ce que la Sensitive ne se contracte pas ostensiblement quand on l'irrite? Et ne sait-on pas que les tissus végétaux se crispent eux-mêmes lorsqu'on les met en contact avec le moindre stimulant? Caradori a vu qu'il suffisait d'exciter les sommités d'une Laitue pour en faire jaillir les sucs propres.

Divorçons avec toutes nos vieilles idées sur la vie végétale, observons simplement les phénomènes, et nous arriverons à des conclusions qui nous étonneront nous-mêmes. Nous serons tout surpris de reconnaître que l'énergie des actes biologiques des plantes surpasse souvent tout ce que nous présente le règne animal; fait qui n'a été méconnu que parce que nous avons, à tort, considéré ses manifestations turbulentes comme en étant la suprême expression.

Si, vers le crépuscule d'une brûlante journée d'été, nous entrons dans une serre où serpentent en lacis épineux, inextricable, les longues tiges cannelées du Cactus à grandes fleurs, nous apercevons çà et là sur celle-ci des boutons lancéolés, aigus et d'un assez médiocre volume. Rien ne fait encore supposer le splendide spectacle qui va s'offrir à nos yeux.

Vers huit heures et demie, au moment où l'obscurité

se répand sur la terre, tout à coup, la fleur du Cactus étale ses mille lanières aurores et blanches, et sa couronne de cinq cents étamines s'agite et frémit autour du pistil; puis, de la vaste excavation de sa corolle s'exhale un parfum de vanille qui embaume toute la serre.

Cependant une telle exubérance de vie n'est que bien éphémère. Un bouton de deux pouces de tour s'est transformé en une fleur d'un pied de circonférence. Quelques minutes ont suffi pour produire une des merveilles de l'empire de Flore; quelques minutes suffiront aussi pour la détruire. Vers minuit, toutes les pièces de cette couche nuptiale, si brillante et si parfumée, se flétrissent et se décomposent totalement.

Quel animal nous montre à la fois une si active et si passagère puissance organique? Mais aucun, et nous n'y avons fait nulle attention. Cette splendide fleur, en une heure, vit plus qu'un Mollusque en tout un siècle!...

Parmi toutes les plantes douées de sensibilité, il n'en est aucune qui frémisse et s'agite avec autant d'animation que la reine des Mimosées, la pudique Sensitive (64). Si, par le plus léger attouchement, on ébranle une seule de ses folioles, toutes se ferment, et simultanément les branches s'affaissent vers la terre; la plante éprouve une commotion profonde, elle semble foudroyée.

En vain, certains botanistes ont tenté d'expliquer cet extraordinaire phénomène par l'intervention des forces physico-chimiques; il est évident qu'il ne s'agit ici que d'une manifestation vitale.

Si, en la préservant de tout ébranlement, on dépose sur une feuille une gouttelette d'un acide, son contact irritant suffit pour faire crisper toute la plante. Et si même on se contente de chauffer simplement l'une d'elles en la plaçant au foyer d'un verre ardent, la douleur est immédiatement ressentie dans toutes les régions de la Sensitive; et, frappée de stupeur, elle abat subitement son feuillage et ses rameaux.

Cette charmante Légumineuse, objet de tant d'ingénieuses comparaisons, possède une délicatesse de sensation qu'on serait loin de s'attendre à rencontrer dans le règne végétal. Lorsque M. de Martius traversait les savanes de l'Amérique tropicale, où elle abonde, il remarquait que le bruit des pas de son cheval faisait au loin contracter toutes les Sensitives, comme si elles en étaient effrayées. Un rayon de soleil ou l'ombre d'un nuage suffit même pour produire une animation manifeste au milieu de leurs groupes.

De tels et si remarquables phénomènes devaient suffire pour faire supposer que la fibre végétale cachait, dans ses replis, quelques vestiges de l'appareil qui préside partout à la vie animale. M. Dutrochet crut même avoir trouvé le régulateur de tant de mystérieux actes, un système nerveux. Mais l'œil, armé du meilleur microscope, ne peut apercevoir rien d'analogue.

Quoique l'existence des nerfs soit encore paradoxale dans les plantes, il n'en est pas moins vrai que l'irritabilité qu'offre la Sensitive semble absolument sous l'empire d'organes analogues à ceux-ci, puisqu'elle se trouve impressionnée par les mêmes agents, et de la même manière que le sont les animaux. Les narcotiques affaiblissent sa sensibilité comme ils affaiblissent la nôtre. Arrosée avec de l'Opium, la plante cesse de sentir les irritations mécaniques et ne se contracte plus : elle est paralysée. Une décharge électrique la tue.

Et, chose encore plus étrange, cette Légumineuse sait, ainsi que nous, se façonner aux circonstances variées dans lesquelles elle se trouve. Desfontaines en ayant placé une avec lui, dans une voiture, la vit contracter immédiatement toutes ses feuilles, aussitôt qu'elle sentit l'ébranlement des roues. Chose extraordinaire, le voyage s'étant prolongé, revenue de sa frayeur, la Sensitive rouvrit peu à peu toutes ses feuilles et les tint étalées tant que dura le mouvement. Elle s'y était accoutumée. Mais, si la voiture s'arrêtait, on voyait le même phénomène se reproduire : au départ la plante se recontractait pour ne se rouvrir que plus loin.

D'autres végétaux accomplissent instinctivement des actes presque incroyables en cherchant leur bien-être. Dans son livre sur la botanique, écrit avec une remarquable indépendance, M. Grimard cite l'histoire d'une Clandestine écailleuse qui, ayant germé au fond d'une mine, s'était élevée à la prodigieuse hauteur de cent vingt pieds pour se porter vers la lumière; elle qui n'offre jamais que cinq à six pouces de hauteur!

PHYSIOLOGIE DES FLEURS.

Dans la fleur, ce pompeux et suprême effort de la vie végétale, la poétique imagination de Linnée ne voyait que le tableau d'un chaste hyménée.

L'enveloppe extérieure, qui l'étreint de ses rustiques bras, n'en était que la couche virginale. Les voiles délicats et onduleux, qui s'attachent au dedans, en formaient les mystérieux rideaux. Enfin, au centre, siégeaient les pudiques époux, s'enivrant d'amour, enveloppés d'un nuage de parfums et les pieds baignés de nectar.

Mais toutes les plantes n'étalent pas ainsi à nos yeux les magnificences de leur hymen. Le mystère de celui-ci nous est même absolument voilé à l'égard de beaucoup d'entre elles, que le plus grand et le plus ingénieux des botanistes nommait à cause de cela *cryptogames*, ce qui signifie mariage secret.

Parmi les végétaux qui se décorent de fleurs apparentes, celles-ci nous offrent une infinie variété pour la taille, la forme, la coloration et le parfum.

Si quelques plantes, telles que les Valérianes, portent de si petites corolles, qu'on les distingue à peine, déjà les Lis nous en offrent de grandes et magnifiques, qui séduisent tous les regards ; et certains végétaux exotiques les laissent bien loin d'eux sous ce rapport.

La fleur d'une Aristoloche qui croît sur les bords de la Madeleine, présente la forme d'un casque à grands rebords. L'ouverture en est tellement ample, qu'elle peut admettre la tête d'un homme ; aussi de Humboldt rapporte-t-il qu'en voyageant le long de cette rivière, il rencontrait parfois des sauvages coiffés avec cette fleur, en guise de chapeau.

Mais c'est à la surface des fleuves que s'étalent toutes les pompes de la végétation. La nature ne nous offre aucune fleur qui, pour la taille et le gracieux coloris, puisse être comparée à celles des Nymphéas et des Nélumbos. De tout temps, ces merveilleuses plantes ont attiré l'attention de l'homme, et sont devenues l'objet de son admiration. L'art en a fait le plus spendide emploi ; et les mythes anciens en ont tiré leurs plus délicates et leurs plus gracieuses conceptions. Dans la mythologie et l'art égyptiens, elles jouent même un rôle immense. Sur les monuments indous, c'est la fleur du Nélumbo qui sert de siége à Brama, lorsqu'il est représenté assis et tenant dans ses mains les Védas sacrés (65).

Cependant, la brillante fleur rose et blanche de la royale Victoria, qui décore les flots de l'Amazone, parvient encore à de plus remarquables dimensions que les précédentes; fréquemment elle atteint jusqu'à un mètre de circonférence.

Mais combien la fleur de la Rafflésie d'Arnold, cette véritable monstruosité végétale, laisse derrière elle toutes celles que nous avons citées! On la rencontre dans les forêts de Sumatra. Ses formes et ses gigantesques proportions s'éloignent tellement de tout ce que l'on connaît, que, malgré les assertions des voyageurs, les botanistes n'y voulaient pas croire, et s'obstinaient à ne considérer ce repoussant colosse que comme un énorme champignon. La discussion ne cessa qu'au moment où l'une de ces fleurs ayant été envoyée à Londres, R. Brown en fit l'anatomie et dissipa tous les doutes. Chacune se compose d'une masse charnue pesant de douze à quinze livres. Son limbe, dont le périmètre n'a pas moins de dix pieds, offre cinq lobes, formant une excavation béante qui peut contenir une douzaine de pintes de liquide.

Cette bizarre et gigantesque fleur, que les botanistes regardent encore comme une des merveilles du monde végétal, a d'abord l'aspect de ces volumineux champignons vulgairement appelés Vesses de loup; et ce n'est que quand elle a étalé ses pétales épais et de couleur de chair, que se révèle sa véritable nature. Il s'en exhale une repoussante odeur cadavérique.

Le savant reste stupéfait en présence d'une si exubérante production, mais le Javanais se prosterne devant elle; il la divinise presque et lui prête une miraculeuse puissance. Cependant, son volume, son poids et sa puanteur empêcheront toujours de l'utiliser pour nos besoins ou nos jouissances.

La poésie a épuisé toutes ses ressources en parlant du parfum et du coloris des fleurs. La nature a débordé l'art; et la palette d'Apelles et de Rubens ne pourrait en reproduire toutes les magnificences. Une seule couleur fait défaut au milieu de cette multitude de teintes variées : c'est le noir. Quelques corolles sont, il est vrai, d'un pourpre sombre, mais le noir absolu ne s'observe jamais sur cet organe.

Il se passe, au sujet de la coloration des fleurs, un phénomène dont on a beaucoup parlé, c'est celui de sa mutabilité. Pallas, en explorant les bords du Volga, remarquait avec étonnement qu'une espèce d'anémone, l'*anemone patens*, portait tantôt des fleurs blanches, tantôt des fleurs jaunes et tantôt des fleurs rouges. Ce phénomène, encore inexpliqué, avait paru tellement anomal qu'on le mentionnait souvent. Il est cependant assez commun, et sans affronter un si long voyage, nous pouvons l'observer en France.

Le Mouron des champs, si abondant dans nos campagnes, nous l'offre fréquemment. Ordinairement sa fleur est d'un rouge de vermillon; mais souvent aussi elle est d'un magnifique bleu de ciel, ce qui avait fait croire à certains botanistes que c'étaient deux espèces différentes.

Une jolie petite plante du genre Myosotis, que l'on rencontre dans nos terrains arides, varie encore plus extraordinairement sa coloration, car c'est sur la même tige que l'on trouve à la fois des fleurs rouges, des jaunes et des bleues ; particularité à laquelle cette espèce doit le nom de Myosotis diversicolore, qu'on lui a imposé.

D'autres végétaux présentent encore un phénomène beaucoup plus remarquable ; c'est la même fleur qui change de couleur à différentes époques de la journée. Tel est l'*Hybiscus mutabilis*, dont les corolles sont blanches le matin, deviennent roses vers le milieu du jour, et le soir prennent enfin une teinte d'un beau rouge.

La mutabilité successive des teintes des corolles se conçoit facilement; elle peut dépendre de l'action vitale ou des réactions chimiques; mais, ce qui ne s'explique que bien plus difficilement, ce sont les fleurs qui, après avoir offert une certaine série de colorations durant la journée, reprennent celles-ci tour à tour le lendemain. Cela s'observe sur le Glaïeul diversicolore, dont la corolle, brune le matin, devient bleue le soir; et le lendemain, reprend exactement la succession des teintes qu'elle présentait la veille.

Combien aussi le parfum des fleurs ne possède-t-il pas de variétés? Et cependant, malgré ses mille et mille nuances, avec des sens exercés, nous reconnaissons celui de chaque espèce.

On raconte même, dans quelques ouvrages, qu'une jeune Américaine devenue absolument aveugle, en se guidant seulement à l'aide de l'odorat, herborisait au milieu des prairies émaillées d'une végétation luxuriante, et, dans sa moisson, ne commettait jamais aucune erreur.

Les odeurs qui émanent des végétaux sont presque

toujours exquises; ce n'est que rarement qu'ils en produisent de repoussantes.

Les vapeurs vireuses qui enveloppent les Pavots et les Nénufars, décèlent leurs propriétés narcotiques. Des exhalaisons infectes, absolument analogues à celles de la viande putréfiée, s'échappent des fleurs des Stapélias et des Arums; aussi, l'Insecte trompé par elles vient-il confier à leurs calices une progéniture carnivore, qui doit infailliblement y périr. Quelques plantes émettent des odeurs qui rappellent absolument celles que produisent certains animaux; un Satyrion de nos forêts nous repousse par sa puanteur de bouc; d'autres végétaux nous attirent par leur suavité : telle est la Mauve musquée, dont le parfum rappelle le musc.

Le parfum des fleurs semble dépendre de la volatilisation d'une huile essentielle, qu'elles sécrètent dans leurs plus cachés replis : sur certains végétaux ce fait est palpable. Quand l'atmosphère est très-tranquille, les vapeurs odorantes se concentrent tout autour d'eux, et l'on peut les enflammer à l'aide d'un corps en ignition. Il m'est plusieurs fois arrivé de faire cette expérience sur le Dictame fraxinelle, durant les calmes soirées de l'été. Aussitôt que j'en approchais une bougie allumée, une flamme petillante s'en élevait, analogue à celle que produit le Lycopodium que l'on brûle sur nos théâtres, dans les torches des divinités infernales.

A l'aide de divers procédés, l'homme s'approprie cette huile essentielle odorante exhalée par les fleurs, et qui imbibe aussi beaucoup d'autres organes. L'Essence de rose, l'un des trésors de l'Orient, n'est que cette huile concrétée (66). Le Camphre nous en offre une autre sous la forme de cristaux.

La sécrétion du parfum est ordinairement continue : commençant au moment où la fleur s'épanouit, elle cesse à l'instant où celle-ci se fane. Si même la corolle, tout à fait éphémère, n'a que quelques instants de vie, on la voit aussi n'embaumer l'air que durant de rapides moments. Tel est ce qui s'observe sur le magnifique Cactus à grandes fleurs. Absolument inodore quelques instants avant son épanouissement; quand son calice s'ouvre, vers le crépuscule, il en sort un nuage parfumé de la plus suave odeur de vanille; puis, quand à minuit, la fleur meurt et se putréfie, le prestige disparaît.

Ne dédaignant pas d'animer la nuit, quelques fleurs ont des mœurs nocturnes, et ne répandent leurs parfums que durant les ténèbres; ce sont les véritables Chauves-souris de la végétation. Souvent aussi leur coloration sombre et triste a porté les botanistes à leur imposer de disgracieuses dénominations; ils désignent sous les noms de *tristes* ou de *nocturnes*, presque toutes les plantes qui offrent cette singularité. Tels sont le *Pelargonium triste*, le *Gladiolus tristis*, le *Cestrum nocturnum*.

Les émanations des plantes produisent sur nous des effets physiologiques fort dignes d'être étudiés. Par trop concentrées, elles donnent lieu aux plus graves indispositions, à des convulsions, à des spasmes, et parfois même elles déterminent la mort.

Ces divers phénomènes ont surtout été observés sur des personnes qui gardent des bouquets près d'elles pendant la nuit. Les fleurs exhalent, on le sait, de l'acide carbonique; cependant, dans ces circonstances, ce n'est point à ces vapeurs léthifères qu'on doit attribuer les accidents, mais aux exhalaisons odorantes des fleurs qui agissent, ainsi que le dit Orfila, à l'instar de poisons relatifs, car elles frappent fatalement certains individus, tandis qu'elles épargnent absolument les autres.

A Londres, en 1779, une femme mourut pendant la nuit, pour avoir gardé dans sa chambre un volumineux bouquet de fleurs de Lis. Triller a vu une jeune fille périr de la même manière, par l'effet d'un bouquet de Violettes.

L'odeur des Roses, si recherchée par tout le monde, cause une certaine aversion à quelques personnes et en incommode d'autres. Catherine de Médicis ne pouvait la souffrir; et sa répulsion pour ces fleurs était telle, qu'il lui suffisait d'en apercevoir en peinture pour être prise d'un certain dégoût. Le chevalier de Guise, plus impressionnable encore, s'évanouissait à la vue d'un bouquet de Roses.

On cite même quelques observations dans lesquelles l'odeur de celles-ci a pu produire instantanément la mort; mais elles sont peut-être apocryphes (67).

LES AMOURS DES PLANTES.

Sous ce titre, Darwin a écrit un poëme délicieux, qui est dans les mains de toutes les dames de la Grande-Bretagne; et la chaste plume du naturaliste anglais y a esquissé, de la plus attrayante manière, la mystérieuse histoire de la fécondation des végétaux.

La fleur est difficile à décrire; cependant, Linnée, par une des plus ingénieuses métaphores, en donne une idée charmante. C'est, dit-il, le Lit nuptial dans lequel se célèbrent les noces des plantes.

Ceci exhale un délicieux parfum de poésie, mais, dès que l'on aspire à plus d'exactitude, la difficulté commence.

« Quand on ne me demande pas ce que c'est que le temps, je le sais fort bien; je ne le sais plus quand on me le demande. » Ces paroles de saint Augustin, que rapporte J. J. Rousseau, s'appliquent parfaitement à la définition de la fleur. Tout le monde sait ce que c'est qu'une fleur, et personne n'arrive à la décrire rigoureusement. C'est cependant ce qu'a fait, le premier, le philosophe de Genève, qui confesse avoir trouvé tant et tant de bonheur dans l'étude de la botanique (68).

Mais, ce que le vulgaire considère comme la fleur, n'en est que l'inutile et somptueux ornement; ses plus essentielles parties passent inaperçues à ses yeux. Pour le botaniste, le véritable appareil floral ne consiste que dans les petits filaments situés vers le centre. Ce sont là les époux : les pistils, ou les chastes fiancées : les étamines, ou les maris.

C'est pour eux que la nature étale ses plus délicates somptuosités. Les rideaux veloutés de leur couche virginale, tissés par la main des fées, les abreuvent de lumière et de feu dans leurs replis de saphirs et d'émeraude. Là, d'infidèles maris disséminent profusément la fécondité et la vie sur tout ce qui les entoure; ailleurs, de chastes ménages vivent retirés, et de jalouses fiancées dérobent leurs amants sous des dômes d'azur et d'or.

Les délicates enveloppes qui séduisent nos regards, ne représentent que le palais éphémère et embaumé dans lequel vont s'accomplir les mystères de l'hymen. Mais, aussitôt que la poussière dorée des étamines s'est répandue sur l'autel, les sources odorantes se tarissent, les voiles du temple se fanent et se dessèchent, et bientôt le merveilleux édifice jonche le sol, tandis que la mère fécondée nourrit son fruit précieux.

Toutes les fleurs ne présentent pas le même luxe d'organes. Généralement celles-ci offrent deux enveloppes protectrices. L'extérieure, ou le calice, qui décèle encore son origine foliacée ; l'intérieure, ou la corolle, ornée des plus brillantes couleurs.

Presque constamment les fleurs contiennent à la fois d'ardents maris et de tendres épouses ; plus rarement elles n'offrent qu'un seul sexe. Alors, les unes, sans ornement et sans parfum, ne recèlent que quelques rares cénobites; d'autres, offrent les splendeurs d'un harem, dont les rideaux parfumés ne voilent qu'un essaim de sultanes (69).

En fouillant intimement l'essence primordiale des fleurs, Goëthe, triplement illustre comme naturaliste, poëte et philosophe, est arrivé à une découverte tout à fait inattendue. Il a scientifiquement démontré que, quel que soit le somptueux éclat de celles-ci, chacune de leurs pièces n'était cependant que le résultat de la métamorphose d'une humble feuille. Un appareil floral complet est formé d'au moins quatre de leurs verticilles.

Le but de la nature est toujours nettement dessiné, et, pour l'atteindre, ses ressources sont à profusion. Quelques grains de pollen, presque invisibles, suffisent pour féconder une fleur, et c'est à pleines mains qu'elle les verse ; les quatre-vingt-dix-neuf centièmes pourraient se perdre. Une seule épouse, et tel est le cas de certains Cactus, est parfois environnée de cinq cents maris!

On remarque même que, pour assurer la reproduction des plantes dont les époux résident chacun dans une fleur séparée, la nature multiplie encore ses ressources. Les corolles à étamines produisent une énorme quantité de poussière pollinique, qui compense l'entrave des communications. C'est ce qui frappe tous les observateurs aux environs des forêts de Sapins. Le pollen est souvent enlevé de celles-ci avec tant d'abondance, qu'il couvre de sa poudre jaune toutes les campagnes en-

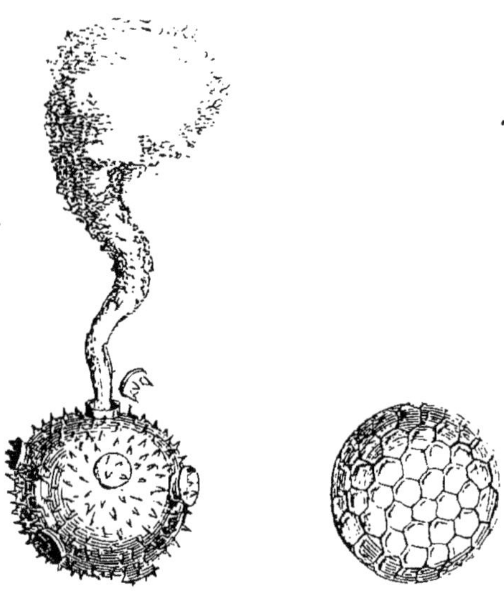

Pollen vu au microscope.

vironnantes. C'est ce phénomène que l'on désigne sous le nom de *pluie de soufre*. En effet, par sa couleur, par la manière dont il brûle avec une vive flamme, le pollen peut être rapproché du soufre par quelques observateurs peu exercés. Quelquefois, en tombant sur les toits des villes voisines, il les teint entièrement d'un jaune pâle (70).

Au moment où s'ouvrent les rideaux de la couche nuptiale, les plantes semblent éprouver une surexcitabilité fébrile. On remarque d'insolites mouvements dans leurs organes floraux, et la température s'y élève parfois d'une façon tout à fait extraordinaire. Il semble que dans ces moments, comme le dit Burdach, la plante nous offre des vestiges d'animalité. Là, ce sont les étamines qui s'agitent et se déplacent en se portant vers les stigmates. Plus rarement, comme si la pudeur était inhérente à la délicatesse des fleurs, les femelles s'avancent vers leurs époux.

A l'aide d'aiguilles thermo-électriques, on a constaté que l'élévation de température de la fleur au moment de la fécondation, était un phénomène général. Sur diverses plantes, cette chaleur est même telle qu'il n'est nul besoin d'instruments de précision pour la reconnaître, le plus simple thermomètre suffit. Il ne faut que toucher la fleur de certains Arums pour s'apercevoir qu'elle est brûlante, et l'on s'étonne même que celle-ci puisse supporter, sans en être consumée, une telle température! En effet, Decandolle a reconnu qu'un thermomètre, plongé dans la spathe de l'Arum d'Italie, s'y élève à 62° (71).

Dès la plus haute antiquité, on semble avoir pénétré les mystérieuses amours des plantes. La question était même résolue pratiquement, puisque Hérodote nous apprend que les Babyloniens savaient distinguer les Dattiers mâles des Dattiers femelles; et que, de son temps, aux environs de leur immense ville, on s'occupait de la fécondation artificielle des derniers.

Les premiers voyageurs qui, à l'exemple de Prosper Alpin, nous ont donné de véridiques notions sur les mœurs des Orientaux, rapportent que ceux-ci connaissaient si bien le pouvoir fertilisant des corpuscules polliniques, qu'ils avaient l'habitude, depuis les temps les plus reculés, de placer leurs Dattiers femelles sous le vent des mâles, afin qu'ils en reçussent plus efficacement la poussière prolifique.

Aujourd'hui même, les Nègres savent parfaitement que la perte des pieds mâles anéantit la production des fruits. Aussi, en temps de guerre, lorsqu'ils veulent affamer leurs ennemis, se contentent-ils de détruire les Palmiers à étamines, qui sont bien moins nombreux.

Depuis des siècles, en Égypte, on assure la récolte des dattes en montant aux Palmiers et en secouant des régimes mâles sur les fleurs femelles. En 1802, lors de l'invasion française, ce soin ne put être pris par les riverains du Nil, plus occupés à la guerre qu'aux travaux de l'agriculture ; aussi les Dattiers furent-ils frappés de stérilité.

On doit avouer que si les anciens entrevirent la sexualité des plantes, souvent ils se sont trompés sur celle-ci. Cependant Pline, dans son treizième livre, décrit la fécondation du palmier avec une perfection qu'il est presque impossible de surpasser.

Mais il faut arriver jusqu'à Linnée pour voir ce fait prouvé expérimentalement. Peu d'années après ce grand botaniste, Gleditsh le confirma par une démonstration transcendante. Il avait, dans son jardin de Berlin, un palmier femelle, dont, chaque année, les fleurs étaient frappées de stérilité. Mais, ayant appris qu'il existait à Dresde un pied mâle de la même espèce, qui y fleurissait aussi, il eut l'idée d'en faire venir du pollen, afin de féconder artificiellement le sujet en sa possession. La poussière pollinique lui fut adressée immédiatement, par la poste, et, peu de temps après qu'il l'eut versée sur les stigmates de son Palmier, il vit toutes les fleurs avivées par ce contact, produire autant de fruits (72).

Les Insectes jouent un grand rôle dans la végétation; quelques botanistes les considèrent même comme les principaux agents de la fécondité. En se vautrant parmi les étamines et lès pistils, ils enlèvent la poussière fécondante des premières et la transportent sur les autres. Les agriculteurs des bords du Rhin ont même remarqué que les vergers dans lesquels on élève des abeilles sont infiniment plus productifs que ceux où il n'y en a point.

Dans le Levant, les Insectes passent pour avoir une certaine influence sur la fécondité du Figuier. Là où on le cultive en grand, on apporte des rameaux de l'espèce sauvage, chargés de Cynips qui les fréquentent, et on les dépose sur les pieds domestiques. C'est cette opération qu'on appelle Caprification (73).

Ainsi, une simple Mouche qui vit sur le Figuier, assure providentiellement la subsistance et la richesse commerciale des plus grandes cités de l'Orient.

Un infime Coléoptère, par sa friandise, procure le même bienfait au Groenland, en y facilitant la reproduction du Lis du Kamtchatka, dont les bulbes, dans les rigoureux hivers de ces régions polaires, garantissent seuls de la famine toute la population.

Wildenouw, à l'aide d'une expérience curieuse, a démontré ostensiblement le rôle des insectes par rapport à la fructification. Il prit une Aristoloche clématite, et la plaça sous une cage recouverte d'une gaze. Comme celle-ci empêcha les insectes d'y arriver et de pénétrer dans ses fleurs, la plante ne produisit aucun fruit. Au contraire, une autre Aristoloche de la même espèce restée à côté, à l'air libre, eut toutes ses fleurs fécondées.

L'idée de l'intervention des insectes domine tellement Burdach, qu'il va jusqu'à supposer que chaque plante en nourrit de particuliers, dont la seule mission est de présider aux mystères de son hyménée. Selon l'illustre physiologiste, les fleurs ne conservent même leur pureté virginale que parce que leur fidèle visiteur ne se transporte jamais sur une autre espèce. Aux fleurs nocturnes sont affectés aussi des parasites qui ne s'animent que durant les ténèbres.

Conrad Sprengel pense même que si tant de fleurs sont frappées de stérilité dans nos serres, quoique y étalant avec luxe les appareils de la maternité, c'est que leur indispensable insecte n'y a point été apporté avec elles. Telle est la Vanille. Fleurissant chez nous, elle pourrait fructifier, réchauffée par nos calorifères, et cependant elle reste inféconde. Les corolles oranges de la royale Strélitzie sont absolument dans la même circonstance (74).

C'est surtout dans deux grandes familles, les Asclépiadées et les Orchidées, dont les étranges fleurs rappellent les formes et le brillant coloris des insectes, que la nature semble appeler ceux-ci à son secours. Là, les Anthères, analogues à de petites massues glutineuses, s'attachent aux Mouches lorsqu'elles s'abreuvent du nectar, et ce sont elles qui les transportent d'une fleur à l'autre et les déposent sur les stigmates.

Sans de tels visiteurs, ces plantes s'éteindraient sans progéniture (75).

Pour d'autres végétaux, c'est à l'aile des vents que la nature confie le soin de l'hyménée. C'est le cas des

Plantes dioïques, dont les sexes se trouvent séparés et résident sur des pieds distincts, souvent fort éloignés. Dans leurs tourbillons, les vagues de l'air enlèvent le pollen, le promènent dans les nuages et le laissent enfin tomber sur les fleurs comme une fécondante rosée.

La science conserve religieusement l'histoire de deux Palmiers nés en Italie, et qui ont offert le plus frappant exemple de ce que nous venons de dire. L'un de ceux-ci croissait aux environs d'Otrante; c'était un individu femelle, qui se couvrait annuellement de luxuriantes fleurs, et cependant restait constamment stérile. Chaque saison, depuis un long laps de temps, apportait les mêmes prémices de fécondité et le même avortement. Mais, quel ne fut pas l'étonnement général, quand, après tant de déceptions, on vit un jour le Palmier d'Otrante se charger de fruits! On apprit alors qu'un autre Palmier de la même espèce, mais un individu mâle, pour la première fois, avait fleuri à Brindes. Il ne pouvait y avoir de doutes : c'étaient les vents qui, en enlevant le pollen du dernier, étaient venus en saupoudrer l'autre. Ainsi, la poussière fécondante avait été transportée par eux à quinze lieues de distance. A compter de ce moment, chaque année, le Palmier d'Otrante offrit une récolte.

Les fleurs ne célèbrent leur chaste union qu'en plein soleil; il leur faut des flots d'air et de lumière, et pour s'y plonger, on les voit souvent accomplir les actes les plus inattendus.

Les Plantes aquatiques se font principalement remarquer sous ce rapport. C'est surtout au pédoncule que semble confié ce soin. Sur quelques végétaux enracinés au fond de nos marais, celui-ci s'allonge, et même démesurément s'il le faut, jusqu'à ce qu'il ait suspendu la fleur au-dessus du niveau de l'eau. Cela s'observe souvent sur les Nénufars, ces magnifiques Lis des marais, qui les décorent splendidement de leurs virginales corolles. Si la plante réside sur le bord et se trouve totalement à sec, elle n'a que des pédoncules d'un à deux pouces de longueur; tandis que, si elle est implantée dans une eau profonde, ces supports s'allongent de trois à quatre pieds, pour épanouir leurs fleurs à la surface de l'onde.

Tels végétaux, dans l'impossibilité d'exécuter de semblables manœuvres, y suppléent par un procédé équivalent. Ce fut ce que Ramond observa sur une Renoncule aquatique qu'il rencontra dans les Pyrénées. Née dans des eaux profondes, elle ne pouvait amener ses fleurs au contact de l'atmosphère; mais celle-ci se trouvait remplacée par un ingénieux moyen : chaque corolle avait sécrété une grosse bulle d'air, qui l'enveloppait totalement; de manière que, quoique sous l'eau, la fécondation s'accomplissait, comme si l'appareil floral se fût trouvé absolument émergé.

Mais la Vallisnérie en spirale est de toutes les plantes, celle dont la fécondation a le plus de célébrité. Cette espèce Dioïque vit dans les eaux des fleuves du midi de la France. Ses fleurs femelles, attachées à de longs pédoncules roulés en spirale, viennent s'épanouir à la surface de l'onde, dont elles suivent tous les mouvements. Ainsi qu'un ressort, leur spire s'allonge quand celle-ci monte, et se raccourcit lorsqu'elle descend. Les mâles, privés de cet appareil élastique, se trouvent enchaînés au fond de l'eau, au pied de la plante. Comment donc se réuniront les époux? La nature a tout prévu. Lorsque l'instant de l'épanouissement arrive, le pédoncule des mâles se rompt, et ceux-ci montent à la surface de l'eau, s'y épanouissent et forment un cortége nombreux, flottant autour des femelles. Ainsi s'accomplit l'hyménée de la Vallisnérie. Et cette curieuse scène a un but si franchement dessiné, qu'aussitôt l'acte accompli, les fleurs fécondées raccourcissent leurs spirales, et vont mûrir leur fruit sous l'eau (76).

Nos marais nourrissent une plante encore plus curieuse ; c'est l'Utriculaire, doublement remarquable par son singulier aspect et par son ascension. Cependant sa fécondation est loin d'avoir la célébrité de celle de la Vallisnérie, la poésie ne s'en étant point emparée, comme elle l'a fait pour l'autre. Ce végétal ressemble, au fond de l'eau, à une chevelure en désordre. Quand on l'en retire et qu'on l'examine, on s'aperçoit que ses ramifications capillaires offrent, de place en place, de petites feuilles vésiculaires représentant autant d'utricules en miniature, dont l'ouverture béante paraît gardée par deux filaments saillants. Tout le temps que l'Utriculaire ne s'occupe qu'à vivre pour elle, ses vésicules se trouvent remplies d'un fluide muqueux, dont le poids les surcharge, et l'herbe alourdie reste appuyée sur le fond du marais, auquel elle n'adhère cependant nullement.

Mais, plus tard, quand arrive l'époque de la floraison, les vésicules absorbent le mucus qui les remplissait, et le remplacent par un fluide aériforme. Alors, la plante, devenue tout à coup plus légère que l'eau, s'échappe du fond, et vient flotter à sa surface, où s'étalent et se fécondent toutes ses jolies fleurs d'un jaune doré.

Puis, par un revirement inattendu, lorsque les flambeaux de l'hyménée viennent à peine de s'éteindre, les vésicules expulsent le gaz qu'elles contenaient et se remplissent de nouveau de mucus pesant. A ce moment suprême, l'Utriculaire retombe dans la profondeur du marécage, où les époux vont expirer en mûrissant leurs fruits.

Un végétal plus robuste, l'Aldrovandie, qui habite les lacs de l'Italie, arrive au même but par des procédés moins ingénieux, et qui semblent avoir une certaine brutalité. Il vit au fond de l'eau; mais quand le moment de la fécondation a sonné pour lui, il coupe net sa grosse tige à la naissance de la racine, et tout à coup vient voguer sur les flots.

Ainsi, par des voies différentes, la nature arrive à ses fins.

CHAPITRE III.

LA GRAINE ET LA GERMINATION.

Ainsi que le disent Decandolle et Meyer, la Graine n'est qu'un *œuf végétal*, renfermant les rudiments d'une plante semblable à celle qui l'a produite.

Cet organe, qui est ordinairement globuleux ou réniforme, nous offre aussi les plus extrêmes oppositions physiques ou physiologiques.

Quelques Graines ont une telle petitesse qu'elles nous sont absolument invisibles sans le secours du microscope ; telles sont celles des Champignons ; tandis que d'autres, à l'instar de celles des Cocos des Maldives, acquèrent la grosseur du tronc d'un homme.

Les unes ne conservent leur faculté germinative que quelques heures, tandis que d'autres la possèdent encore après plusieurs siècles... peut-être après plusieurs milliers d'années !

Deux parties sont à distinguer dans la semence : le Tégument et l'Amande.

Le Tégument, qui n'en est que l'enveloppe, offre ordinairement une consistance coriace; quelquefois cependant, ainsi que cela a lieu dans le Grenadier, il n'est formé que d'une couche d'eau. Sa surface, ordinairement lisse, est parfois chagrinée, villeuse ou finement alvéolée.

Dans une de ses régions, on voit la trace du lieu où s'implantait le Cordon ombilical, qui attachait la graine à la plante mère et lui transmettait les sucs nutritifs. Cette empreinte porte le nom d'Ombilic.

L'Amande est essentiellement formée par l'Embryon, véritable plantule en miniature, environnée des parties qui doivent présider à son évolution.

Parmi celles-ci, les Cotylédons occupent le premier rang. Ce sont des organes ordinairement charnus et parfois foliacés, qui préparent à la plantule une nourriture appropriée à sa délicatesse, jusqu'à ce qu'elle puisse elle-même la pomper dans le sol.

Il n'y a ordinairement qu'un ou deux Cotylédons.

Quand les Cotylédons sont peu développés, leur fonction alimentaire est confiée à un autre organe, le Périsperme. Celui-ci, que Gaertner comparait avec raison à l'albumine de l'œuf, varie beaucoup pour son volume et sa consistance. Dans le Cocotier, il est en partie laiteux. Notre pain n'est confectionné qu'avec le Périsperme farineux du blé; notre café n'est que celui de la semence de ce nom.

On connaît des végétaux dont le Périsperme offre une

consistance qui dépasse de beaucoup celle qu'il présente dans le Caféier. C'est ce qui a lieu dans les semences du Coroso, où cet organe est blanc et aussi dur que de l'ivoire; ce qui fait que, dans le commerce, on en confectionne divers objets que l'on débite comme ayant été ouvrés avec cette substance. Cette particularité a fait désigner ce Palmier sous le nom de *plante éléphant*, *phytelephas;* et ses fruits, dont on apporte des cargaisons en France, sous celui d'*ivoire végétal.*

L'Embryon, découvert par Leuwenoeck, montre parfois déjà fort distinctement sa racine et ses feuilles; aussi, en envisageant le sujet philosophiquement, peut-on dire que certaines plantes sont Vivipares.

La germination, ce véritable allaitement végétal, n'est que le développement de l'Embryon jusqu'à la chute des Cotylédons.

Cet acte s'accomplit presque toujours dans la terre; il n'y a guère que les plantes aquatiques qui l'opèrent sous l'eau.

Cependant, quelques parasites germent sur les végétaux ou les animaux sur lesquels on les rencontre; tels sont les Champignons microscopiques qui attaquent notre chevelure et notre barbe et y occasionnent de trop déplorables maladies, des dartres, des teignes. Telles sont certaines plantes parasitaires qu'on ne rencontre jamais que sur tel ou tel Insecte.

D'autres fois, c'est dans des conditions tout à fait étranges que s'opère l'évolution de la semence. Vandermonde a observé des personnes dans les narines desquelles des Pois avaient germé. Un autre médecin, Bréra, dit avoir ouvert le cadavre d'un soldat dont l'estomac était rempli d'Orge, qui déjà s'y développait.

Il y a deux sortes d'actes à considérer dans la germination : les phénomènes physiologiques et les phénomènes chimiques.

Traitons d'abord des premiers.

Aussitôt que la semence est confiée à la terre, elle s'imbibe d'eau et se gonfle.

Bientôt après le Tégument se déchire irrégulièrement, et la jeune plante apparaît au dehors. Quelquefois, cependant, cet acte s'opère avec symétrie. La semence offre une sorte d'opercule ou de petite porte, que la jeune plante ouvre pour se diriger vers le sol, ainsi qu'on le voit sur le Balisier. Puis après, la racine s'y enfonce et la tige s'élance vers la lumière.

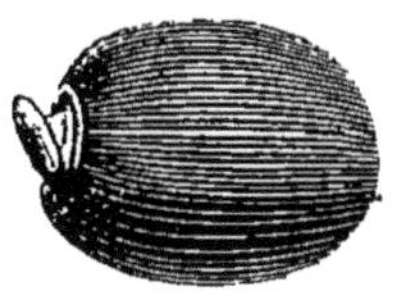
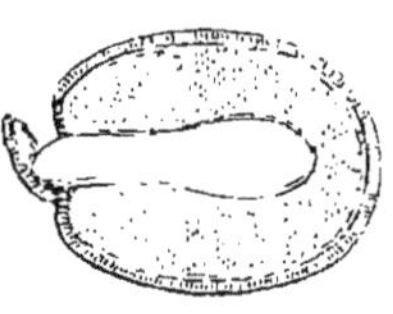

Germination des semences de Balisier.

Ce double phénomène a beaucoup occupé les physiologistes. On avait d'abord attribué la direction des racines à l'humidité de la terre ou à sa composition chimique. Mais Duhamel ayant vu que de jeunes racines ne s'enfonçaient point dans des éponges mouillées, entre lesquelles on faisait germer des graines ; et Dutrochet ayant reconnu que des semences suspendues dans de la terre l'abandonnaient pour se porter en bas, et même vers la lumière, on a été forcé d'abandonner ces deux hypothèses.

Kneith et Dutrochet ont vu qu'en faisant germer des

graines dans les auges d'une roue mise en mouvement par un mécanisme, toujours les radicelles se portaient au dehors et les tiges en dedans, et ils en ont conclu que

Racines se dirigeant vers la lumière.

la direction opposée de ces organes était sous l'influence de la gravitation terrestre.

A mesure que le jeune Embryon se développe, les

Cotylédons, comme l'avait déjà vu Malpigni, se remplissent de vaisseaux chargés de sécréter les premiers fluides nutritifs de la délicate plante. Puis, quand ces véritables mamelles végétales, comme les appelait Bonnet, ont accompli leur fonction et que les racines sont assez vigoureuses pour pomper elles-mêmes leur nourriture, le rôle des Cotylédons étant fini, ils se fanent et tombent.

Telle est la dernière phase de la germination.

Pour s'accomplir, les phénomènes chimiques exigent impérieusement un certain degré de chaleur, de l'eau et de l'air. Si l'un de ces facteurs manque, la germination est impossible.

A la température de zéro, toute végétation cesse.

Lorsque le froid saisit les graines, il les conserve indéfiniment, comme il a conservé les compagnons de Bilbao, le découvreur de la mer du Sud, dont les cadavres ont été naguère retrouvés dans les neiges des Cordillères; comme il a conservé ces éléphants et ces rhinocéros qu'on a découverts dans les glaces de la Sibérie.

La route que suit l'eau qui va imbiber la graine et préluder à son évolution, n'est pas toujours la même.

Dansles semences qui ont un test coriace, peu hygroscopique, telles que celles du maïs ou du blé, c'est par l'ombilic qu'entre le liquide. Poncelet et Decandolle ont, en effet, démontré qu'on pouvait enduire tout le test de ces graines avec de la cire, et que cela ne les empêchait pas de germer, si on avait eu la précaution de n'en pas recouvrir la surface de l'Ombilic.

Dans les semences dont le test est mou et s'imbibe facilement, telles que celles des haricots, au contraire, c'est le Tégument qui donne principalement accès à l'eau.

L'air joue aussi un grand rôle dans les phénomènes chimiques de la germination.

Le savant Homberg en avait nié l'importance, parce qu'il avait vu des graines se développer sous le récipient de sa machine pneumatique. Mais Boyle, Muschenbroeck et Boerhaave ont démontré que cet agent est absolument indispensable à l'évolution végétale, et que si le grand chimiste a professé le contraire, cela ne peut être attribué qu'à l'imperfection de ses instruments, avec lesquels il n'obtenait qu'un vide fort imparfait.

Cependant tout l'air n'est pas employé dans la première phase de la vie végétale ; de ses deux principaux éléments, l'oxygène seul y sert. C'est à Scheele que revient la gloire de cette découverte.

Quelques graines n'en absorbent que peu : un ou deux millièmes de leur poids leur suffisent ; c'est ce qu'on observe sur le froment. D'autres, telles que les haricots, en dépensent, selon de Saussure et Woodhouse, jusqu'à un centième.

Au moment où les semences germent, elles exhalent de l'acide carbonique et de l'eau, en même temps qu'elles dégagent de la chaleur.

Diverses causes viennent accessoirement hâter l'évolution de la plantule.

L'électricité est dans ce cas. Ce fut l'abbé Nollet qui découvrit son action. Davy et Becquerel ont reconnu, plus récemment, que c'était l'électricité négative qui seule donnait de l'énergie au phénomène, tandis que l'électricité positive, au contraire, l'entravait.

Si, en effet, on fait passer un circuit électrique sous

une plate-forme ensemencée, les graines s'y développent beaucoup plus rapidement que sous un plateau qu'on n'a point électrisé.

On a longtemps professé, avec Ingenhouz et Sennebier, que la lumière était contraire à la germination. C'est une erreur, comme l'a reconnu de Saussure. Cependant, tous les rayons colorés de celle-ci ne lui sont pas favorables; les rayons chimiques et les rayons calorifiques ont séparément, sur le phénomène, une action opposée. Les premiers, qui sont le rayon bleu et le rayon violet, l'activent évidemment; les seconds, ou les rayons rouge et jaune, lui nuisent.

La connaissance des conditions fondamentales qu'exige la germination nous explique certains phénomènes qui parfois ont frappé le vulgaire. Quand ces conditions manquent, les graines se conservent souvent un long laps de temps endormies dans le lieu qui les recèle; et si, à un moment donné, elles se trouvent sous l'influence de circonstances favorables, elles couvrent certains sites d'une végétation qui leur était de mémoire d'homme absolument inconnue.

Ainsi, au rapport de J. Ray, après le grand incendie de Londres, un Sysembrium, le *Sisymbrium irio*, pullula tout à coup sur les décombres de cette ville, où précédemment il était inconnu. Quand on brûle certaines forêts, on voit après abonder sur leur sol des masses de végétaux qu'on n'y trouvait jamais auparavant.

CHAPITRE IV.

LES EXTRÊMES DANS LE RÈGNE VÉGÉTAL.

Le Règne végétal est l'emblème de la diversité dans l'harmonie. Si ses extrêmes limites offrent les plus manifestes oppositions, tout cependant s'y enchaîne et s'y lie par d'imperceptibles anneaux, et met en évidence la sagesse qui a présidé à sa distribution hiérarchique. Dans certaines tribus prédominent la force et la majesté; d'autres attirent les regards par la délicatesse de leurs formes ou le charme de la beauté. Là, ce sont de robustes êtres sculptés par la main des géants; ailleurs, de frêles ébauches tissées par des doigts de fées.

Que d'étonnants contrastes entre ce Palmier, dont la couronne déchire audacieusement les nuages en se balançant au-dessus des forêts tropicales, et ce Lichen noirâtre, mince couche colorante qui salit nos statues et nos murailles. Depuis la splendide fleur de la royale Victoria, jusqu'à l'imperceptible corolle de la Valériane; depuis ces indestructibles végétaux dont les semences ont germé sur le tiède limon du globe naissant, jusqu'à ces organismes éphémères qui meurent en sortant de la terre; depuis ce bois que l'on substitue au fer, jusqu'à la plante gélatiniforme que le moindre contact écrase, quelles infinies variétés, quelles séries de gradations! Et cependant, au milieu de cet inextricable chaos, la science nous révèle l'ordre et l'éternelle sagesse de la nature.

Le sceptre de la végétation appartient au Chêne. Lorsque vous errez au milieu de la nuit dans la sombre et sévère ceinture de l'Etna, l'imposante majesté de ses hôtes séculaires, les grandes ombres de leurs cimes agitées et mugissantes, en vous pénétrant de respect et de terreur, vous révèlent que vous êtes en présence du roi de nos forêts. On craint d'entendre ces plaintifs gémissements qui glacent le Dante de terreur, en s'exhalant des noirs rameaux du bois des suicidés :

Io sentia già d'ogni parte trar guai,
E non vedéa persona che'l facesse :
Perch' io tutto smarrito m'arrestái.

Les Palmiers, décorés de leur ondoyante couronne, sont, pour tous le monde, l'emblème de la végétation des tropiques. Les poëtes en ont souvent chanté la magnificence; et Linnée, subjugué par leur brillante apparence, les appelle les *princes du règne végétal.*

Mais ceux qui voyagent en Orient, ce que n'avait pas fait le grand botaniste suédois, trouvent que les amas de Palmiers sont loin d'avoir l'aspect grandiose et imposant de nos forêts européennes. C'est une suite de colonnes nues et monotones, dont la couronne étalée laisse passer les rayons du soleil; aussi, un dicton populaire des anciens rappelle-t-il que « personne ne voyage impunément sous les Palmiers. » Les explorateurs sérieux de la vallée du Nil ont fait observer, avec raison, que les poëtes n'auraient pas écrit leurs idylles sur ces arbres, s'ils s'étaient trouvés sous les Dattiers de l'Égypte aux heures les plus ardentes de la journée.

Un seul fait exception : c'est le Doum de la Thébaïde. Ses tiges, amplement ramifiées, terminées par de nombreuses touffes de larges feuilles ; et ses monstrueuses grappes de fruits, donnent à ses forêts une diversité, un pittoresque qui manque à ses congénères.

Le Palmier n'étale réellement toute sa splendeur et sa force, que quand il se présente par petits groupes audacieusement campés au milieu des rochers, et dont les cimes, balancées par la tempête, ne semblent s'incliner que pour défier la furie des flots qui déferlent tumultueusement à leurs pieds.

La beauté des Liliacées avait aussi séduit Linnée. Il les représente comme les *nobles de l'empire de Flore*, etalant leur blason sur les panneaux de leur resplendissante corolle.

Enfin, parmi ces nombreuses tribus de plantes qui peuplent le globe, pour le Législateur de la botanique, la grande, mais humble famille des Graminées, représentait le Peuple. « Ce sont, dit-il, les Plébéiens, les pauvres, les paysans du règne végétal. Elles en forment la partie la plus simple, la plus nombreuse et la plus vivace ; aussi, c'est en elles que reposent la puissance et la force ; et plus on les foule aux pieds, plus on les maltraite, et plus elles se multiplient (77). »

Ailleurs, les plantes grasses donnent aux paysages équatoriaux le plus étrange aspect; tels sont ceux du Mexique, cette patrie privilégiée des Cactus. C'est là que végète, presque miraculeusement, le Cierge gigantesque

(*Cereus giganteus. Engelm*). On est tout étonné de le rencontrer sur les plus stériles rochers, là où l'œil découvre à peine un atome de terre. Comment une plante aussi volumineuse, aussi charnue, aussi succulente, peut-elle s'accroître sans rien soustraire au sol, et en pompant seulement tous ses éléments nutritifs, au milieu de l'air brûlant? Quand cette Cactée est totalement développée, elle offre l'aspect d'un immense candélabre, qui atteint jusqu'à soixante pieds de hauteur, et qu'on s'étonne de voir respecté par la tempête.

Lorsque des animaux, nous passons au règne végétal, nous trouvons que là, malgré le calme silencieux qui préside à tous les actes de la vie, celle-ci n'en a pas moins une énergie, une ténacité que nous étions loin de soupçonner. Aux plus extrêmes dimensions s'opposent d'incalculables différences dans la durée. Aucun animal ne s'accroît avec la prodigieuse rapidité que l'on observe chez certaines plantes; aucun non plus n'atteint cette fabuleuse longévité qui est l'apanage de beaucoup d'arbres.

Tel végétal passe comme l'Éphémère : un rayon de soleil le voit naître et périr. Tel autre défie les siècles : issu de la création, il semble ne devoir s'ensevelir que sous les débris du globe.

Quelques-unes de nos plus communes Moisissures parcourent en une seule journée toutes les phases de leur vie : ce laps de temps leur suffit pour apparaître, fructifier et mourir. Mais, par une singulière opposition, certaines plantes du même embranchement ne s'accroissent qu'avec une inexplicable lenteur. L'un de ces Lichens, qui forment des croûtes adhérentes sur les pierres ou les toitures de nos habitations, a été observé pendant quarante ans par Vaucher, sans qu'il l'ait vu grandir d'une manière bien appréciable. Aussi de Candolle a-t-il pu dire que les Lichens qui couvrent nos rochers, remontent peut-être aux cataclysmes qui ont mis ceux-ci à nu!

Mais c'est surtout parmi les végétaux de la classe des Dicotylédons que la longévité est le plus extraordinaire. Il en est même qui s'accroissent avec une telle lenteur que les siècles semblent à peine en modifier les dimensions.

D'autres plantes, au contraire, se développent avec tant de rapidité qu'on peut en surprendre l'évolution; aussi vint-il à Cavanille l'idée de voir l'herbe pousser. A cet effet, il dirigeait de fortes lunettes, munies d'un fil micrométrique horizontal, sur l'extrémité de la tige de certains végétaux; imitant les astronomes lorsqu'ils placent la croisée de leurs télescopes sur un astre dont ils veulent apprécier le mouvement. Le botaniste espagnol fit principalement ses observations sur des Agavés et des Bambous. Pour ces derniers, l'expérience pouvait donner des résultats fort apparents, puisqu'ils s'élèvent avec une telle vigueur, qu'en un mois on les voit parfois atteindre la hauteur d'une maison de trois étages.

Un Bambou qui végétait, il y a quelques années, dans l'une des serres du Jardin des Plantes de Paris, allongeait sa tige de quinze centimètres par jour; aussi aurait-on pu facilement le voir pousser, puisque sa marche d'ascension s'opérait aussi vite que le mouvement de la grande aiguille d'une pendule de salon.

Mais on observe quelque chose de bien plus extraordinaire encore sur certains Champignons; et, sans hyperbole, on pourrait dire d'eux qu'ils croissent à vue d'œil.

Tel est le Lycoperdon des bœufs, qui, né d'une semence tellement petite qu'elle échappe absolument à nos regards, en une seule nuit parvient à la grosseur d'un Potiron. Ce végétal n'étant absolument composé que de cellules microscopiques, il en faut un nombre prodigieux pour le constituer; et il faut, en outre, que celles-ci surgissent avec une rapidité qui tient du prodige. M. Lindley a calculé qu'un semblable Lycoperdon contenait plus de 47 000 000 000 de cellules; et qu'en fixant la durée de son évolution à douze heures, il en produisait donc environ 4 milliards chaque heure et 96 millions chaque minute!...

Mais combien ne doit-il pas encore régner plus d'activité fébrile dans le laboratoire vital de ces Lycoperdons monstrueux, de neuf pieds de circonférence, dont parle Bulliard, dans son Histoire des champignons.

DIAMÈTRE DES TIGES.

L'étude du développement diamétral des végétaux nous fournit aussi de curieuses révélations.

Quelques-uns des plus rudimentaires, tels que les Ascophores, ces moisissures qui envahissent si souvent le pain, ne possèdent qu'une frêle tige, presque invisible. Les végétaux ligneux, au contraire, nous étonnent souvent par l'énorme dimension de cet organe.

Les anciens qui ont décrit la Germanie disent qu'il y existait des arbres dont, avec un seul tronc, on faisait des barques qui portaient jusqu'à trente hommes.

Dès l'antiquité, on a aussi signalé la riche végétation

des Platanes des rivages du Bosphore de la mer Noire. Et les savants de notre époque ont pu constater que ce qu'en avaient dit nos devanciers n'a rien d'exagéré.

Ainsi, on était presque tenté de douter du récit de Pline lorsqu'il raconte qu'il existait de son temps, en Lycie, un robuste et magnifique Platane, dans le tronc duquel se voyait une vaste grotte de quatre-vingt un pieds de circonférence, dont tout le pourtour avait été tapissé par la nature d'une verte et veloutée tenture de mousse. Licinius Mutianus, gouverneur de la province, émerveillé de la délicieuse fraîcheur de cette salle agreste, y donna un souper à dix-huit convives de sa suite. Puis, après l'orgie, ceux-ci transformèrent le lieu de leur festin en une tente et y passèrent commodément la nuit.

Ce fait a été pleinement confirmé par les voyageurs modernes. De Candolle rapporte, d'après l'un d'eux, que dans les environs de Constantinople, il existe encore aujourd'hui un énorme Platane dont le tronc n'est pas moins volumineux que celui dont nous venons de parler. Il a cent cinquante pieds de circonférence et offre une anfractuosité de quatre-vingts pieds de tour.

J'ai vu aussi, sur les bords du Bosphore, des Platanes ayant des troncs creusés par d'énormes cavités. Aux environs de Smyrne, l'un de ces arbres est célèbre par sa taille et sa vétusté. Sa tige, tout à fait percée à jour, est extrêmement évasée à sa naissance, et représente trois colonnes qui convergent l'une vers l'autre en formant une sorte de portique à travers lequel passe facilement un homme à cheval (78).

Cependant, le Baobab des bords du Niger surpasse encore, par sa splendide végétation, les géants du Bosphore. Il se fait surtout remarquer par son accroissement diamétral, qui contraste avec son peu d'élévation. Le tronc, à peine haut de dix à douze pieds, offre plus de cent pieds de circonférence au niveau du sol. Il lui fallait ce court et robuste support pour soutenir son incroyable dôme de feuilles, dont l'ampleur est telle que le Baobab, vu de loin, ressemble plutôt à une petite forêt qu'à un seul arbre. Ses grosses branches horizontales offrent de cinquante à soixante pieds de longueur. Lorsque le temps a creusé ces extraordinaires colonnes végétales, les nègres en utilisent la cavité. Là ils la transforment en un lieu d'agrément, un boudoir, où ils vont fumer le chibouc et prendre des rafraîchissements; ailleurs, au contraire, ils en font une prison. On connaît l'un de ces arbres dont les Sénégambiens ont transformé la grande excavation en une salle de conseil; l'entrée en est revêtue de sculptures.

Mais la merveille végétale, par rapport à ses colossales dimensions, est assurément le châtaignier qui vit sur les premières assises de l'Etna. Dans la contrée on le nomme *Castagno di cento cavalli*, parce que l'on prétend qu'une centaine de cavaliers, qui accompagnaient une reine d'Aragon, ont pu trouver un refuge sous son feuillage touffu, pendant toute la durée d'un violent orage. Le comte de Borch, qui en a mesuré exactement le tronc, lui a donné cent soixante-dix-huit pieds de circonférence. Dans l'immense excavation de celui-ci, on a bâti une maison qui abrite un pâtre et son troupeau. Durant l'hiver, le bois de l'arbre suffit pour chauffer l'habitant de cette solitaire retraite, et ses fruits abondants le nourrissent l'été (79).

HAUTEUR DES VÉGÉTAUX.

Le roi de nos forêts, le Chêne, que la fiction poétique considère comme l'emblême de la force passive, étale parfois son dôme de verdure à cent vingt pieds du sol.

Dans l'Orient, les imposants débris de l'antique forêt employée à la construction du temple de Jérusalem, les Cèdres du Liban, que le pèlerin n'aborde qu'en entonnant des chants sacrés, élèvent leurs rameaux jusqu'à cent cinquante pieds.

Sur les Andes, le Palmier à cire balance sa couronne de verdure dans le sein des nuages, à deux cents pieds au-dessus des cimes qu'il habite.

Mais, aucun arbre ne darde sa tête vers le ciel aussi audacieusement que le Cèdre gigantesque de la Californie, le *Wellingtonia gigantea.* Un de ces colosses, aujourd'hui foudroyé et étendu sur le roc, présentait, quand il était debout et menaçant, plus de cent cinquante mètres de hauteur, ce qui fait à peu près huit fois l'élévation d'une maison à cinq étages. Il avait quarante mètres de tour.

Le tronc de l'un de ces géants des forêts américaines, a été en partie transporté au palais de Sydenham, dont il forme l'une des merveilles les plus splendides. C'est une monstrueuse colonne d'une quarantaine de mètres de hauteur, et qui, au niveau du sol, a près de dix mètres de diamètre. Je me suis trouvé à l'intérieur de cet arbre en compagnie d'une quinzaine de personnes. A San-

Francisco, on a même installé un piano et donné un bal à plus de vingt personnes dans le tronc d'un Wellingtonia qui y avait été apporté. L'âge du colosse correspond à ses dimensions. D'après ses anneaux d'accroissement, on peut croire que ce végétal est presque un vieux contemporain de la création. Il aurait trois à quatre mille ans.

Près de ces colosses renversés sur le sol, l'homme n'a l'air que d'un pygmée et sent sa petitesse. Il les appelle *Mammouths*. L'un d'eux, creusé d'une profonde caverne, doit le nom d'*École d'équitation* à ce qu'un homme à cheval, peut se plonger dans sa ténébreuse excavation jusqu'à soixante-quinze pieds.

Si de ces robustes végétaux, se dressant si fièrement dans les nuages, nous passons à ceux dont l'humble et débile tige rampe sur le sol, nous voyons parfois ces derniers acquérir une longueur qui tient du prodige. Frappé de l'aspect des Vignes de l'Italie, dont les multiples guirlandes s'enlacent de branche en branche et disparaissent au milieu du feuillage des arbres, sans qu'on en voie ni le commencement ni la fin, Pline prétendait que celles-ci croissent indéfiniment : *Vites sine fine crescunt*, disait le naturaliste romain.

Mais nous avons sur la taille de divers autres végétaux des données précises. Ainsi, dans les forêts vierges de l'Inde, les Rotangs, qui grimpent sur les troncs séculaires, acquièrent, selon le voyageur Loureiro, de quatre à cinq cents pieds de longueur.

Le Fucus gigantesque parvient encore à de plus prodigieuses dimensions ; les vagues de l'Océan nous en fournissent des lanières qui ont jusqu'à quinze ou seize cents pieds.

Dans un remarquable article de la *Revue germanique*, M. A. Boscowitz, dit même qu'il a existé, au jardin botanique de Caracas, un Convolvulus, qui, dans l'espace de six mois, atteignit l'incroyable longueur de six mille pieds. Il s'accroissait donc de plus d'un pied par heure ; on eût pu le voir pousser à vue d'œil !

LONGÉVITÉ VÉGÉTALE.

L'extrême longévité des végétaux nous étonne bien plus encore que leurs dimensions.

La vie de l'animal est tout à fait éphémère, comparée à celle de nos arbres.

De minutieuses investigations nous ont éclairé sur la chronologie de beaucoup de ceux-ci. Les uns vivent normalement deux à trois cents ans.

Les Pins et les Marronniers peuvent assurément prolonger leur existence jusqu'à quatre ou cinq cents ans. On retrouve dans l'île de Ténériffe beaucoup de vénérables Pins et d'énormes Marronniers, qui, selon toute probabilité, y ont été plantés par les *Conquistadores*, au commencement du quinzième siècle, époque à laquelle remonte l'invasion de cette île. Les premiers, *Pinus Canariensis,* se reconnaissent parmi les autres, à ce que la piété des conquérants les a décorés presque tous d'une petite madone.

Les Sapins parviennent encore à un âge plus avancé. Dans l'une des plus anciennes forêts séculaires de l'Allemagne, située sur le sommet du Wurzelberg, dans la Thuringe, il en existe sur les troncs abattus desquels on a compté jusqu'à sept cents couches annuelles.

L'Olivier tant révéré par l'ancienne Grèce, et qui inspira de si beaux vers à Sophocle dans sa tragédie d'*Œdipe*, d'après le mythe antique, accumulait encore plus de siècles. Pline assurait même que l'on voyait de son temps, dans la citadelle d'Athènes, l'Olivier célèbre que la lance de Minerve fit jaillir du sol, lors de la fondation de la ville de Cécrops (80).

Les anciens peuples, frappés du noble aspect de nos Chênes, les ont de tout temps enveloppés des nébulosités de leurs légendes, en les faisant remonter à la plus haute antiquité. Telle était cette Yeuse robuste qui, du temps de Pline, végétait dans l'enceinte de Rome, et sur le tronc de laquelle une inscription étrusque, en caractères d'airain, indiquait qu'avant l'existence de la ville éternelle, déjà elle était l'objet de la vénération populaire. Le naturaliste romain assure aussi que dans le royaume de Pont, aux environs d'Héraclée, il était de tradition que deux Chênes qui ombrageaient les autels de Jupiter Stragius, avaient été plantés par Hercule (81).

On perdait encore dans un plus extrême lointain, l'origine de certains arbres.

L'imposante terreur de la forêt Hercynienne a impressionné tous les descripteurs de la Germanie, Pline et Tacite au premier rang. Les Chênes séculaires de ses sombres vallées, où erraient l'Élan et l'Auroch, avaient surtout émerveillé le naturaliste romain ; il ne peut s'empêcher d'en parler dans les termes les plus pompeux. « La majestueuse grandeur du Chêne, dans cette forêt, dit-il, surpasse toutes les croyances imaginables ;

cet arbre n'y a jamais été frappé par la cognée, il est contemporain de la création du monde, et il semble être le symbole de l'immortalité ! »

Ne s'en tenant pas à cette splendide image, Pline y ajoute encore quelques détails : « Je veux passer sous silence, s'écrie-t-il, des choses extraordinaires qui seraient considérées comme fabuleuses, mais ce qui est incontestable, c'est que là où les racines se rencontrent, elles élèvent la terre en un monticule ; et si le sol ne cède pas, les racines se pressent l'une contre l'autre et forment de hautes montagnes qui s'élèvent jusqu'aux branches ; elles s'entrelacent les unes dans les autres, de manière à former de véritables arcades, sous lesquelles peuvent chevaucher des escadrons entiers. »

Cette idée d'immortalité chez les arbres se retrouve souvent dans les œuvres des anciens. L'historien Josèphe rapporte, dans sa *Guerre des Juifs*, qu'il existait de son temps, aux environs de la ville d'Ébron, un Térébinthe qui remontait à l'époque d'Adam (liv. V, chap. 31).

C'était aux naturalistes modernes qu'il appartenait de démontrer que ces assertions étaient rigoureusement vraies, et que quelques-uns de nos indestructibles arbres, ont pu, en effet, assister aux scènes finales de la création.

Il y a une centaine d'années que, par d'ingénieuses supputations, Adanson prouvait aux savants que de telles idées, quoique tenant du merveilleux, n'en sont pas moins des faits scrupuleusement exacts. Ce naturaliste, par un hasard heureux, trouva à l'intérieur du tronc d'un Baobab des îles du Cap-Vert, une inscription qui y avait été tracée par des Anglais, trois cents ans auparavant. Celle-ci était alors recouverte de trois cents couches ligneuses, indiquant la végétation d'un pareil nombre d'années. En partant de cette donnée, et en comparant les diamètres des tiges de plusieurs de ces volumineux végétaux, le savant français en était arrivé à établir que les plus vigoureux de ces ancêtres des forêts africaines, pouvaient être âgés d'au moins cinq mille ans.

Un Cyprès chauve, vénérable doyen de la végétation, a peut-être traversé encore une plus longue suite de siècles! Il se voit aujourd'hui sur la route de la Vera-Crux à Mexico, et est célèbre pour avoir abrité sous son vaste ombrage toute l'armée de Fernand Cortez. Sa naissance, selon certains botanistes, semble remonter à une époque qu'il ne nous est pas permis de sonder. Comme son tronc, qui a cent dix-sept pieds de circonférence, dépasse celui des Baobabs, et que son accroissement est plus lent que le leur, de Candolle suppose que cet arbre n'a pas moins de six mille ans d'ancienneté, ce qui en perd l'origine dans des temps antérieurs à la création (82).

Maintenant, nous ne devons plus nous étonner de voir certains botanistes considérer les arbres comme autant d'êtres dont la vie n'a point de bornes; et dont beaucoup, nés sur les débris des derniers cataclysmes, végètent encore aujourd'hui pleins de séve et de vigueur.

De Candolle, qui émet cette opinion, en acceptant l'hypothèse de Gaudichaud, considère les géants de nos forêts comme autant d'agrégats d'individus ou de bourgeons, se succédant annuellement sur leur tige, qui représente un véritable sol vivant. Et cette tige animée s'accroît séculairement, et ne succombe jamais que par accident, quand la foudre la frappe ou lorsque le sol nourricier manque à ses nerveux suçoirs.

Ainsi donc la science actuelle démontre ce que l'antiquité n'avait fait qu'entrevoir.

Un arbre, pour nous, n'est plus un simple individu; c'est une agglomération, une république d'êtres isolés, qui façonnent ses branches comme le polype du corail construit ses rameaux; c'est un Polypier végétal.

La lenteur du développement de certains troncs d'arbres fait immédiatement surgir la pensée de l'immobilité, de l'éternité : Le Dragonnier d'Oratara l'autorise.

Trois fois célèbre par son aspect étrange, par son volume et son ancienneté, ce Dragonnier (*Dracœna Draco L.*), ne l'est pas moins par l'immobilité de son accroissement. Dans les récits légendaires de Ténériffe, il est dit que cet arbre singulier était adoré par les Guanches, ses primitifs habitants. On rapporte qu'au quinzième siècle, on célébra la messe dans l'intérieur de son tronc; fait qu'attestait, naguère encore, un petit autel dont on y voyait les vestiges. Ce végétal s'accroît si lentement qu'à un assez grand nombre d'années de distance on n'a pu constater aucun changement dans sa circonférence. Mesuré exactement en 1402 par les compagnons de Béthencourt, lorsqu'ils découvraient l'île, depuis cette époque, c'est-à-dire, depuis plus de quatre cent soixante ans, il n'a nullement augmenté de diamètre. Le temps a été sans action sur sa masse! De Humboldt qui, en 1799, en faisant son ascension du pic de Ténériffe le mesura un peu au-dessus du sol, lui trouva quarante-cinq pieds de circonférence.

DENSITÉ DES PLANTES.

Lorsque la durée de la vie des végétaux offre de si extrêmes limites, on doit s'attendre à rencontrer également d'énormes différences dans leur densité. C'est ce qui a eu lieu.

Les Trémelles qui, après une nuit humide ou simplement un orage, jonchent subitement la terre et ressemblent à une gelée tremblante ; ces singuliers végétaux, qu'à cause de leur apparition inattendue, les alchimistes regardaient comme une production merveilleuse, une émanation des astres, sont tellement mous que la moindre pression les écrase et les réduit en eau (83).

Le tronc de quelques arbres de grande taille n'a pas beaucoup plus de consistance. Tel est celui du Bombax ceiba ou Fromager, qui est aussi mou que l'aliment dont il rappelle le nom.

Mais, au contraire, le Bois de fer, qu'on peut polir comme le métal, a une telle densité que les sauvages l'emploient souvent à la confection de leurs casse-têtes et de diverses autres armes redoutables.

Le Ravinal, ou l'Arbre du voyageur, de Madagascar, possède tant de sucs aqueux dans ses tiges, que ceux-ci s'en écoulent à la moindre égratignure ; aussi, le sauvage que la soif dévore pendant ses pérégrinations, les emploie-t-il souvent pour se désaltérer.

L'ongle suffit pour entamer la tige charnue de certaines Euphorbes et en faire jaillir un suc laiteux abondant. Au contraire, le chaume de quelques Bambous de l'Inde est presque refractaire à la lime; et est tellement cuirassé de silice, que selon H. Davy, on en tire des étincelles avec le briquet.

CHAPITRE V.

MIGRATIONS DES PLANTES.

Rien ne nous révèle, avec plus de splendeur, les ressources de la nature, que la facilité avec laquelle celle-ci couvre de végétation et de vie toute la surface du globe. Là, elle semble ne se confier qu'à l'immense fécondité qu'elle accorde à l'espèce; ailleurs, elle emploie les procédés les plus ingénieux et les plus variés, pour transporter d'un pôle à l'autre, ses fruits et ses semences.

Le nombre considérable de semences que portent certains végétaux en assure l'incessante reproduction, et sous ce rapport le calcul donne souvent des résultats inattendus. Ray a compté 32 000 graines sur un pied de Pavot, et 36 000 sur une seule tige de Tabac. Dodard porte encore beaucoup au-dessus de ces chiffres, le nombre de fruits qu'on peut récolter sur un Orme; selon lui, cet arbre en fournit annuellement plus de 529 000.

Il est évident que si toutes ces semences se développaient, il ne faudrait que bien peu de générations pour que ces végétaux couvrissent toute la surface du globe. Mais une foule de causes arrêtent cette menaçante invasion.

La fécondité de quelques Champignons est encore plus extraordinaire. Fries a compté plus de dix millions de corps reproducteurs sur un seul individu du *Reticularia maxima*. D'autres plantes de la même famille, nourrissent une progéniture bien autrement considérable, et son abondance tient tellement du prodige, que toutes les ressources de l'intelligence humaine ne pourraient parvenir à en supputer le dénombrement.

L'incommensurable fécondité du Lycoperde gigantesque, est telle que c'est par millions de milliards qu'il faut compter ses graines microscopiques. Or, quoique celles-ci soient invisibles à l'œil, chacune d'elles peut cependant donner naissance à un volumineux Champignon, qui, en une nuit, acquiert souvent le volume d'une Citrouille. Et, l'on peut dire, sans hyperbole, que si les séminules de ce végétal se trouvaient miraculeusement dispersés sur tout le globe, et s'y développaient simultanément, le lendemain sa surface en serait absolument couverte.

C'est assurément l'air qui remplit le rôle le plus important dans la dissémination végétale. Une foule de semences légères ne semblent avoir été décorées d'aigrettes ou d'ailes membraneuses, que pour être plus facilement emportées dans ses tourbillons.

A cet effet, le fruit léger de beaucoup de Synanthérées est surmonté d'une aigrette de fibrilles étalées, véritable parachute qui l'enlève au moindre souffle du zéphir. Ravie à la plante mère, à l'aide de sa nacelle aérienne, la semence accomplit les plus longs voyages. La plus faible brise, du fond des vallées, va l'implanter sur les aiguilles des montagnes. Si la tempête s'élève, le frêle parachute, emporté par ses tourbillons, se mêle aux nuages orageux, traverse les mers et opère sa descente sur un rivage inconnu. On dit qu'il n'est pas rare de voir, après certains ouragans, le sol de l'Espagne jonché de diverses semences aériennes provenant de l'Amérique. C'est à l'action des vents, que l'on prête l'importation, en Europe, de l'Érigéron, du Canada, qui infeste aujourd'hui le nord de la France.

Trop pesants pour être enlevés par l'effort des vents, d'autres fruits accomplissent de longs voyages nautiques, et traversent les mers, emportés par les courants et les vagues. Ainsi, protégés par leur boîte ligneuse, les Cocos des Seychelles, entraînés par les courants réguliers, viennent joncher les rivages du Malabar, après avoir accompli, par mer, un trajet de plus de quatre cents lieues. Étonnés de cette fécondité inattendue, qui se répète chaque année, les Indous ne l'expliquent qu'en supposant que les profondeurs de l'Océan nourrissent les arbres qui produisent ces énormes fruits.

Les drupes du Cocotier commun, les immenses gousses du Mimosa grimpant, qui ont souvent près d'un mètre de longueur, et beaucoup d'autres fruits de l'Amérique équatoriale, ravis par les flots et bercés par les orages, viennent fréquemment échouer sur les grèves de la Scandinavie, où le manque de chaleur et de lumière met seul obstacle à leur développement.

Les courants réguliers de la mer répandent aussi au loin certaines plantes cosmopolites qui, pour la plupart, sont pourvues de semences dont l'imperméable enveoppe résiste longtemps à l'eau. Ainsi, le grand courant qui naît sur la côte orientale de l'Amérique du Sud, a charrié une flotille de treize espèces de plantes du Brésil et de la Guyane, jusque sur les plages africaines du Congo. Un autre grand mouvement de l'Océan, en traversant un immense espace de la zone torride, emporte les fruits des rivages de l'Inde, et va les implanter sur les rochers du Brésil.

C'est aux cours d'eaux douces, aux fleuves et aux ruisseaux, que sont dues les plus importantes migrations végétales. Si Pascal a dit que les rivières sont des chemins qui marchent : avant lui, les plantes semblent l'avoir deviné. Enlevées par leurs ondes fugitives, les semences franchissent parfois de grandes distances pour rencontrer une nouvelle patrie. C'est ainsi que les fleuves qui naissent des glaciers des hautes Alpes, déposent dans les plaines de Munich, quelques-unes des espèces qu'on voit pulluler sur leurs pics élevés. D'autres descendent des plus gigantesques contreforts des Andes, pour venir humblement s'abriter sur les îles de l'embouchure de l'Orénoque. On connaît des plantes qui, de cascade en cascade, tombent des cimes audacieuses et glacées de l'Hymalaya, pour s'épanouir sur les bords enchanteurs du delta du Gange (84).

Redoutant le fracas des torrents, d'autres fruits nautiques ne se confient qu'à de tranquilles eaux. Ainsi, sur les ondes du roi des fleuves, voguent paisiblement les berceaux flottants de la plante chère à Isis. Puis, quand les épreuves du voyage ont enfin déchiré l'esquif, les semences du Nélumbo sacré, restées intactes parmi les épaves, s'enfoncent et fécondent les rivages.

Les amas de glaces eux-mêmes, mais surtout aux

époques anté-historiques du globe, ont joué un certain rôle dans la dispersion des plantes. Le docteur Karl Müller pense que les blocs erratiques, que les glaciers poussent devant eux dans leurs efforts, disséminent de place en place quelques semences. Ce phénomène suprême, qui a promené d'immenses mers de glace sur des contrées où règne actuellement une douce température, où s'élève une végétation luxuriante, a pu, en effet, précipiter quelques végétaux des sommets des montagnes jusque dans les anfractuosités des vallées.

Ainsi, on voit croître aujourd'hui, dans le nord de l'Allemagne, des Lichens, des Mousses, et en particulier le Cornouiller suédois, qui sont évidemment descendus des montagnes de la Scandinavie; et ont dû être entraînés par les glaces qui amenèrent avec eux, sur les plaines de la vieille Germanie, les galets granitiques dont elles sont jonchées.

D'autres fois aussi, c'est à l'aide d'un autre procédé que les glaces transportent les végétaux d'un hémisphère à l'autre. Leurs îles flottantes, en se détachant des rivages, entraînent avec elles des fragments de rochers encore couverts d'animaux et de plantes. Après avoir été longtemps minées par les flots et les courants, ces îles abordent enfin sur une plage étrangère, et, en fondant, y déposent leurs vivantes populations. Ainsi, avec les Ours polaires, qui voyagent si fréquemment sur des glaçons, descendent souvent, vers de plus heureux climats, quelques semences ravies aux régions boréales.

Les animaux concourent amplement aussi à la dissémination végétale. Les Marmottes, les Loirs et les Hamsters approvisionnent de fruits leurs demeures souterraines, et une partie du butin de leur active prévoyance, souvent oubliée sous le sol, y germe et s'y développe au retour du printemps. Les Écureuils dépècent les cônes des Pins pour en dévorer les semences, dont ils sont très-avides. Mais, dans ce travail, quelques-unes de celles-ci leur échappent, tombent, et viennent s'implanter dans la terre.

D'autres Mammifères travaillent à la dissémination par des procédés encore plus simples ; les semences s'accrochent à leurs toisons et sont transportées çà et là par eux, dans leurs pérégrinations. Les fruits de la Bardane, terminés par un crochet, semblent parfaitement disposés à cet effet. Ceux du Grateron, hérissés de fines pointes analogues à autant d'hameçons, s'accrochent aux poils des animaux ou aux vêtements de tous les hommes qui viennent à les frôler : particularité qui, de la part de l'ingénieuse Grèce, valut à cette herbe le surnom de *philanthropos*.

Si les animaux consomment, pour leur nourriture, une fort notable quantité de graines, par une heureuse compensation, la Providence trouve dans leurs déprédations une inépuisable source régénératrice.

C'est ainsi que les grandes bandes de Rennes, qui se trouvent disséminées dans les plaines de la Sibérie, en émigrant en masses de divers côtés, ensemencent sur leurs traces une foule de végétaux dont les graines avalées avec leur nourriture, sont restées réfractaires à l'action digestive.

C'est aux Grives, qui mangent avec avidité les fruits du Gui, que l'on doit la multiplication de la plante si célèbre dans l'ancienne Gaule.

Ainsi que Théophraste l'avait déjà observé, ces oiseaux en avalent les Baies. Mais, comme leur pulpe seule est absorbée, et que les semences sont rebelles à l'action digestive ; semblables au ver de Hamlet, qui n'opère sa migration qu'en passant à travers le ventre d'un mendiant, celles-ci tombent avec les excréments sur les branches des arbres et y prennent racine. Là elles forment bientôt ces touffes parasites qui envahissent la cîme des géants de nos forêts; belles touffes globuleuses, décorées d'une perpétuelle verdure, quand l'hiver en a dépouillé leur robuste appui (85).

D'autres Oiseaux, par des moyens analogues, propagent aussi un grand nombre de plantes. Les voyageurs rapportent que les Hollandais ayant détruit les muscadiers dans plusieurs îles de l'Inde, afin d'en concentrer la culture à Ceylan, les Colombes muscadivores, qui sont très-friandes de leurs fruits, repeuplèrent la plante presque partout où le vandalisme néerlandais l'avait extirpée.

Là ne se borne pas le rôle des Oiseaux dans l'harmonie générale du globe. Suivant certains botanistes, ce sont eux qui dévastent les grappes de corail du Sorbier, et vont ensemencer l'arbre sur les croûlants portiques de nos châteaux ou de nos vieilles églises en ruine. Le Raisin d'Amérique, récemment importé près de Bordeaux, a été disséminé dans toute la France méridionale et jusque dans les gorges désertes des Pyrénées, par les chantres ailés de nos forêts. C'est à la Pie de Ceylan que se trouve souvent confiée, dans cette île, la propagation des Cannelliers; et c'est un fait si vulgairement connu que les habitants reconnaissants lui accordent une ample protection.

Certaines îles, que tout atteste avoir été formées postérieurement aux grands continents qui les avoisinent, ne doivent qu'aux Oiseaux les principaux éléments de leur colonisation. Telle est en particulier l'Islande, qu'on reconnaît n'être peuplée que de végétaux enlevés au Groënland et à l'Europe boréale, et qui lui ont été apportés par les innombrables oiseaux dont les migrations s'opèrent annuellement dans ces parages.

C'est aussi à des Oiseaux que l'on doit la flore variée qu'on observe dans l'intérieur du Colysée de Rome. En effet, toute cette végétation qui couvre les ruines célèbres, depuis les Figuiers dont les nerveuses racines fendent les voûtes, jusqu'à l'humble graminée qui s'étale sur les pierres abattues, n'a pu s'introduire dans leur vaste entonnoir qu'à l'aide des animaux (86).

Par des procédés analogues, quelques Mammifères, même des plus carnassiers, mangent divers fruits dont leurs organes, malgré leur force digestive, n'attaquent cependant que la pulpe, et ils vont çà et là en déposer les semences intactes avec leurs excréments. C'est ainsi qu'une espèce de Civette, à Java et à Manille, opère activement la dissémination du Caféier. Elle est avide de ses fruits, dont la chair, analogue à celle des cerises, est facilement digérée par l'intestin, qui ensuite expulse les semences encore aptes à germer (87).

L'homme doit être, lui-même, considéré comme un des plus grands agents de la dissémination végétale. Là ses vaisseaux et ses caravanes, en franchissant l'Océan et le désert, transportent à son insu des semences et des plantes, qui viennent envahir des contrées nouvelles.

C'est ainsi que, par le trafic des toisons des moutons d'Amérique avec la France, certaines graines, attachées à celles-ci, viennent s'implanter chez nous. Dans toute une localité des environs de Montpellier, où l'on reçoit une grande quantité de laines de Buenos-Ayres et du Mexique, on voit croître aujourd'hui beaucoup d'espèces enlevées à la flore de ces deux pays. Tous les botanistes de la célèbre école de Montpellier, les de Candolle, les Delille et les Dunald venaient les y enlever.

Ailleurs, pour les besoins de son commerce ou pour ses simples jouissances, l'homme extirpe certaines espèces de leur patrie adoptive pour en enrichir des pays éloignés. Enfin, parfois aussi, c'est aux armées des conquérants que nous devons certaines plantes exotiques.

Cependant, quelques contrées se trouvent parfois envahies par une végétation dont on n'explique ni l'arrivée, ni la puissance. Elle pullule dans sa nouvelle patrie avec une telle énergie qu'elle y étouffe tout ce qui y croissait précédemment. Ainsi une grande Immortelle, l'*Helichrysum fœtidum*, transportée d'Amérique en France, s'est appropriée en despote divers parages du midi de notre pays.

Par opposition, l'Artichaut commun s'est exilé de notre patrie pour aller s'établir victorieusement sur quelques plages de la Patagonie et en chasser les possesseurs naturels. En tirant de l'Asie notre plus utile céréale, nous avons importé avec elle la Nielle des blés, le Coquelicot et le Bluet, qui émaillent de si vives couleurs nos splendides moissons.

Nos besoins nous ont fait prendre à l'Asie la plupart de nos plantes alimentaires. Le Blé provient évidemment de la Perse ; c'est là que Michaux et Olivier l'ont rencontré à l'état sauvage (88). La Vigne, l'Olivier et le Noyer nous ont été apportés des montagnes de l'Asie. Le Citronnier est originaire de la Médie et l'Oranger de la Chine. La Luzerne, qui est indigène des plaines de l'Asie centrale, fut apportée en Europe par l'armée de Xerxès. C'est aux conquêtes de Lucullus qu'on doit le Cerisier, qui croît naturellement vers les rivages du Pont-Euxin (89).

C'est à l'aide de cette variété de moyens de transport que la végétation s'établit, avec une si grande rapidité, sur tous les points du globe qui viennent d'être mis à nu. Ses plus élémentaires représentants surgissent d'abord sur la roche dénudée; l'air semble presque suffire à leur nourriture : tels sont les Lichens et les Champignons microscopiques. Puis apparaissent ensuite des Mousses qui, en abandonnant de l'humus par leur décomposition, forment désormais un sol assez épais pour nourrir des Graminées. Enfin viennent les arbrisseaux et les arbustes, et bientôt, dans un lieu naguère frappé de stérilité, on voit s'élever une verdoyante forêt (90).

La résistance vitale des semences, qui souvent présente les plus extrêmes limites, vient elle-même favoriser la dissémination. En effet, s'il existe des graines dont le mouvement organique semble ne pouvoir s'arrêter, et qui sont tellement pressés de vivre qu'elles germent sur le végétal même qui les produit, d'autres, au contraire, nous offrent des embryons au sein desquels la vie peut sommeiller pendant une succession de siècles.

Ainsi, les graines du Manglier, véritable végétal vivipare, germent à l'intérieur du fruit encore suspendu à l'arbre. Et ce n'est qu'après s'être projeté à l'extérieur, que leur embryon, devenu fort long et terminé en bas par une masse lourde et pointue, se détache de la plante-mère, et, par son propre poids, s'enfonce dans la vase où il doit continuer son développement.

La graine du Caféier, malgré l'enveloppe épaisse et

coriace de son embryon, perd après un temps fort court la faculté de germer. Si le planteur diffère seulement de quelques jours d'ensemencer sa récolte, celle-ci devient impropre à la reproduction.

Mais, au contraire, quelques semences, en apparence moins robustes, conservent un temps fort long leur faculté germinative. On a obtenu divers Mimosas avec des graines extraites naguère de l'herbier de Tournefort, et qui ne devaient pas avoir moins de cent ans d'ancienneté.

De plus frêles graines résistent encore beaucoup plus longtemps aux causes destructives. Il y a peu d'années que l'on a fait germer des semences d'Héliotrope, de Médicago et de Trèfle, qu'on avait trouvées dans un tombeau gallo-romain, qui remontait à plus de quinze cents ans.

Lindley rapporte même que des graines de Framboisiers, extraites d'une sépulture celtique, qui datait d'environ dix-sept cents ans, ayant été semées dans le jardin de la Société d'horticulture de Londres, y ont produit des Framboisiers qu'on y observe encore aujourd'hui.

Mais la vie semble encore pouvoir faire un bien plus long stage dans l'embryon de quelques autres végétaux. Plusieurs savants prétendent que des grains de blé d'une ancienneté qui remontait à l'époque des Pharaons, ont germé et donné une récolte après avoir été confiés à la terre. On les avait trouvés dans des sépultures égyptiennes, à côté des momies. Aussi, selon toute probabilité, avaient-ils été glanés sur les bords du Nil depuis trois à quatre mille ans (91).

L'Ognon de la Scille maritime, selon quelques botanistes anglais, offre une longévité non moins extraordinaire.

Objet d'un culte dans l'ancienne Égypte, où on lui éleva des temples, ce végétal sacré était quelquefois emmaillotté sous des bandelettes et déposé religieusement dans les sarcophages. Le génie audacieux des naturalistes a voulu fouiller dans ces véritables momies végétales, pour voir s'il n'y résidait pas encore quelque étincelle de vie, malgré tant et tant de siècles de sommeil. Et l'on assure que ces cadavres de racines, soustraits à leur double emprisonnement, et placés dans un sol propice, se sont rapidement ranimés en se parant de fleurs et de fruits....

Enfin, on cite d'autres faits de suspension vitale bien autrement extraordinaires, et qui tiennent réellement du prodige. Ce sont des graines de *galium antediluvianum*, comprises dans des terrains profonds, et qui, mises de nos jours dans des circonstances favorables, ont germé et produit un végétal de leur espèce !...

Enfermées dans leur roche depuis un incalculable nombre de siècles, absolument isolées du monde extérieur, comment ont-elles pu y conserver l'intégrité de leur organisation, et de l'humidité qui leur est indispensable pour retenir la vie ?

III

LA GÉOLOGIE

LA GÉOLOGIE.

CHAPITRE I.

LES CATACLYSMES ET LE REPOS.

Lorsque les savants commencèrent à s'occuper de la théorie de la terre, ils se partagèrent en deux camps nettement tranchés :

Les Plutoniens, qui attribuaient exclusivement tout au feu ;

Les Neptuniens, qui faisaient tout dériver de l'eau.

La vérité est que le feu et l'eau ont tour à tour eu leur rôle. Une partie de la croûte terrestre est le résultat de l'ignition, et l'autre celui du dépôt des eaux (92).

Il est évident que le globe ne fut originairement qu'une masse absolument incandescente. Descartes avait deviné ce grand fait, en proclamant que la terre n'était qu'un soleil encroûté, partiellement éteint, et dont l'écorce refroidie nous dérobait les fournaises centrales.

Leibniz développa cette hypothèse dans sa *Protogée*. Puis elle fut successivement confirmée, soit par les observations de Buffon et de Cuvier; soit par les calculs de Cordier, de de la Place et de Fourier.

Le globe embrasé et lancé dans l'espace, dut obéir aux lois du rayonnement de la chaleur; et lorsqu'après une longue succession de siècles, il se fut assez refroidi, sa superficie se solidifia et en constitua la primitive écorce.

Quand ce refroidissement eut assez fait de progrès, les vapeurs d'eau, dont l'immense atmosphère enveloppait le globe, se condensèrent en se précipitant à sa surface en pluie torrentielle. Les éclats de la foudre et d'incessants roulements du tonnerre, accompagnaient ces imposantes scènes de l'enfantement de la terre, dont notre imagination ne pourra jamais nous donner qu'une imparfaite image. Telle fut l'origine des premières mers.

En même temps qu'avec la succession des siècles, l'écorce terrestre augmentait d'épaisseur, le refroidissement, en contractant le globe, forçait son enveloppe à se plisser et à se fracturer. Et ces efforts produisaient les montagnes qui hérissent sa surface (93).

Lorsque la croûte terrestre était encore mince, un faible effort de ses fournaises centrales suffisait pour l'éclater; mais celui-ci ne donnait lieu qu'à d'insignifiantes montagnes. Lorsque cette croûte eut acquis beaucoup plus de consistance et d'épaisseur, sa rupture exigeait des forces bien autrement considérables, et ne se produisait qu'à l'aide des plus violents efforts plutoniens ; c'était alors qu'elle soulevait les Cordillères dans les nuages.

Le soulèvement de chaque chaîne de montagnes s'accompagnait nécessairement d'énormes perturbations dans le nivellement des mers ; de là ces grandes scènes de déluges, mentionnées dans les cosmogonies de toutes les nations. Ces remaniements, dont on compte au moins quinze à seize, se terminèrent par l'émersion du système des Andes, résultat d'une immense faille s'étendant presque d'un pôle à l'autre. Celle-ci, en exhaussant les deux Amériques au-dessus de l'Océan, suscita ce prodigieux flot qui vint submerger l'ancien continent et produisit le Déluge mosaïque. Ainsi le feu et l'eau, successivement, retravaillaient la surface du globe.

Il est à remarquer qu'en se fracturant, l'écorce terrestre a suivi des directions constantes. De Buch, de Humboldt et M. Élie de Beaumont, ont fait observer à ce sujet que toutes les grandes chaînes de montagnes se développent du nord au sud, ainsi que cela a lieu pour les Andes et l'Oural ; ou de l'ouest à l'est, comme on l'observe à l'égard de l'Atlas.

Il est évident que chaque phase tellurique a eu ses formes organiques particulières, et que les espèces d'animaux d'une époque géologique n'ont vécu ni avant, ni après cette époque. Le plus illustre savant des temps modernes, de Humboldt, lui-même, embrasse cette opinion, sans la moindre restriction : « Chaque soulèvement de ces chaînes de montagne dont nous pouvons, dit-il, déterminer l'ancienneté relative, a été signalé par la destruction des espèces anciennes, et par l'apparition de nouvelles organisations. »

Il n'est pas possible d'être plus explicite.

Le révérend Buckland professe la même opinion, et dit que de nombreux groupes d'animaux et de plantes ont déjà eu leur commencement et leur fin; et qu'à l'apparition de chacun d'eux, l'intervention créatrice a dû se manifester.

Les phénomènes telluriques n'ont point été abandonnés aux fluctuations du hasard. Régis par d'harmonieuses lois, chacun d'eux se lie avec le passé et se perd dans l'avenir; aussi toute génération qui apparaît n'est que le corollaire de celle qui expire et d'une autre qui va naître. Les étapes de la création, sauf quelques rares oscillations, suivent une marche ascendante; la nature semble procéder par une succession d'essais, avant de façonner ses plus splendides chefs-d'œuvre : quelques frêles Crustacés, quelques Mollusques, précèdent les Reptiles; et ceux-ci préludent à la création des oiseaux et des mammifères!

La terre n'est qu'une immense nécropole, où chaque génération s'anime aux dépens des débris de celle qui vient d'expirer: les particules de nos cadavres reconstituent de nouveaux matériaux pour les êtres qui nous suivront. Mais nous sommes arrivés à une époque de transition; les forces génésiques épuisées éprouvent presque un temps d'arrêt; elles attendent que de nouvelles perturbations telluriques les réveillent de leur torpeur!

La première croûte compacte qui enveloppa le globe, ne fut formée que par le refroidissement et la solidification de ses couches superficielles, naguère incandescentes. Aussi les terrains qui la composent, sont-ils appelés Terrains primitifs ou Plutoniens, pour indiquer, soit leur ancienneté, soit leur origine ignée. Tels sont les Granits et les Trachytes, qui partout décèlent l'empreinte du feu, et par conséquent, ne peuvent contenir aucun être organisé.

Les couches qui se trouvent superposées aux terrains primitifs, doivent au contraire leur formation au dépôt des eaux; c'est pourquoi on les nomme Terrains d'alluvion ou Neptuniens. Ceux-ci sont divisés en quatre principaux étages : les Terrains de transition, les Terrains secondaires, les Terrains tertiaires et le Diluvium.

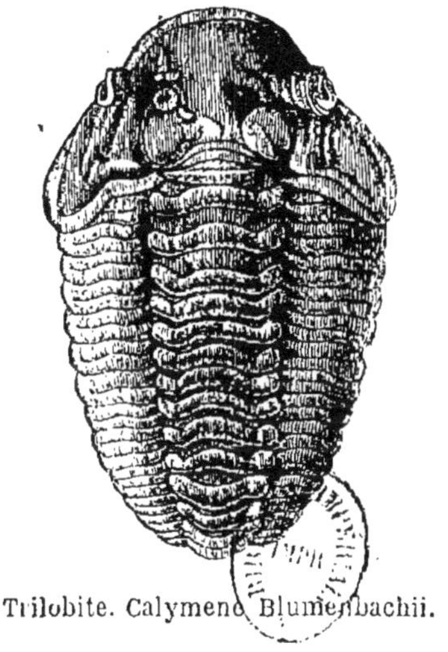

Trilobite. Calymene Blumenbachii.

C'est à l'Époque de transition que commence à apparaître la vie. Dans ses plus profondes couches, les Terrains siluriens, on ne rencontre que des animaux aquatiques, les seuls qui pussent braver la haute température des mers primitives et l'atmosphère alors surchargée de tant d'acide carbonique. Et encore ne s'y trouvent-ils qu'en fort petit nombre.

Ce fut alors qu'apparurent les Trilobites, ces Crustacées totalement rayés aujourd'hui des catalogues des êtres vivants, et qui paraissent avoir été les plus antiques habitants des mers du globe (94).

Plus tard, les premières terres exondées se couvrirent d'une végétation luxuriante, dont les débris fossilisés constituent aujourd'hui nos bancs de houille; ces véritables forêts antédiluviennes, que l'industrie exhume du sein de la terre pour alimenter nos foyers (95).

Il ne peut plus y avoir de doutes à ce sujet; la science, en portant son flambeau jusque dans les ténébreuses régions d'où proviennent ces débris, en a reconstitué tous les éléments.

Les Terrains carbonifères possédaient une végétation toute spéciale; et des familles qui ne sont plus représentées actuellement que par de débiles herbes, offraient alors de vigoureux arbres. Tel était même l'état luxuriant de la végétation, que certains savants ne l'expliquent qu'en supposant que l'atmosphère de cette époque reculée offrait une bien plus grande proportion de carbone que de nos jours (96).

Quelles étaient imposantes, ces forêts primitives! Partout s'élevaient des Équisétacées et des Fougères gigantesques, puisant une exubérance de vie dans un sol vierge et fécond. Ces dernières, par leur tige et leur élévation, simulaient de véritables Palmiers, dont la couronne de feuilles finement découpées, semblable à de flexibles faisceaux de plumes, ondulait mollement au moindre souffle. Un ciel toujours sombre et voilé, labourait de ses lourds nuages le dôme de ces tristes forêts, que n'animait aucune créature vivante; une lumière blafarde et douteuse, éclairait à peine les troncs noirs et dénudés de leurs arbres, en répandant partout une ténébreuse et indescriptible horreur.

Les terrains secondaires se peuplèrent d'une Faune toute nouvelle, de plus en plus exubérante. Les Reptiles nous y étonnent, à la fois, par leur nombre, par leur taille gigantesque, et par leurs formes insolites ; antiques et incompréhensibles habitants du globe, que le génie

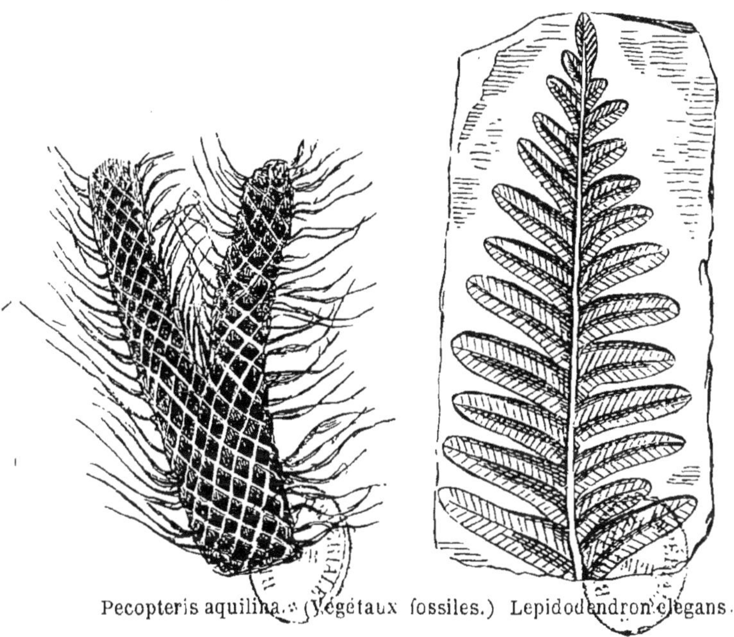

Pecopteris aquilina. (Végétaux fossiles.) Lepidodendron elegans.

des Cuvier et des R. Owen restitua de toutes pièces à nos yeux émerveillés ! C'était à cette Époque, qu'on pourrait appeler l'Époque des reptiles, tant ceux-ci semblent alors dominer toute la création, que vivaient les Labyrinthodons, ces Crapauds de la taille d'un bœuf ; les Ichtyosaures et les Plésiosaures, immenses lézards marins, les uns à la forme de poissons, les autres à l'encolure serpentiforme, tous munis de nageoires. A ce moment aussi, les Mosasaures, ces Lézards effrayants d'une soixantaine de pieds de longueur, près desquels les nôtres ne sont que d'infimes pygmées, jetaient l'épouvante dans les mers antédiluviennes !

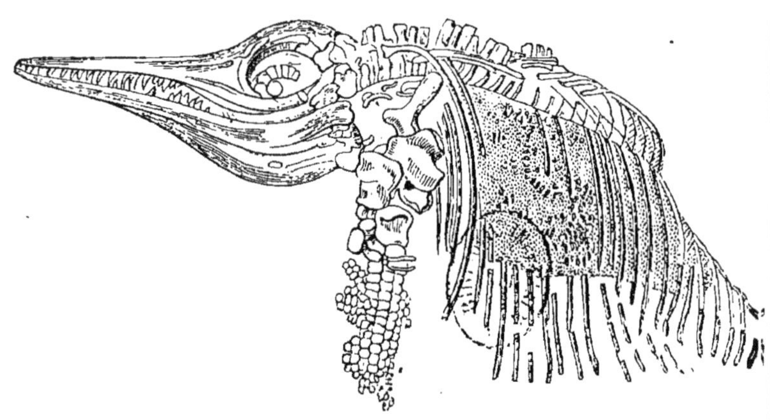

Squelette d'Ichthyosaure.

A cette période, nous voyons aussi apparaître d'innombrables espèces de Mollusques, dont les roches nous ont fidèlement conservé les coquilles. Les uns appartiennent à des genres qui ne se rencontrent plus dans nos mers actuelles ; tous à des espèces absolument inconnues aujourd'hui.

Les Terrains tertiaires se déposèrent au moment où l'atmosphère, amplement épurée, pouvait nourrir des animaux d'un ordre plus élevé. C'est seulement, en effet, au milieu de leurs assises, que nous voyons les mammifères apparaître en abondance. Mais tous s'éloignent encore de ceux qui vivent aujourd'hui autour de nous et appartiennent même, pour la plupart, à des genres qui en sont absolument différents.

Ce fut durant cette époque que l'on vit surgir les

Paléothères, analogues à nos Tapirs ; les Anaplothères, dont les formes étaient plus légères. Les uns et les autres pullulaient tellement sur le sol parisien, que dans les plâtrières, la pioche du mineur en brise à chaque instant l'ossature antédiluvienne.

Ce fut aussi pendant cette période que vécurent les Mégathères, ces Tatous gigantesques, aussi gros que des éléphants, tandis que les nôtres ont à peine la taille d'un chien.

Enfin, à la surface des couches nombreuses de l'écorce terrestre s'étend, de place en place, le Diluvium ou le Terrain quaternaire. Beaucoup moins abondant en espèces que ceux qui l'ont précédé, celui-ci se fait seulement remarquer par la grande taille des animaux dont il contient des vestiges, sur presque tous les points de la terre.

Nous avons vu d'invisibles Infusoires antédiluviens, amoncelés en montagnes par les eaux du globe, franchir une série de siècles, et se présenter à nos yeux étonnés avec tous les détails de leur organisation. Dans le Diluvium, nous retrouvons, au contraire, une population de colosses des anciens temps. Ce sont des Éléphants, des Mastodontes, des Rhinocéros, des Hippopotames, répandus sur des régions loin desquelles ils vivent aujourd'hui. La France elle-même en nourrissait de nombreuses cohortes. Il s'en trouvait jusqu'au milieu des glaces de la Sibérie.

Durant les temps antédiluviens, cette contrée était même peuplée de tant d'Éléphants et de Rhinocéros, que les voyageurs rapportent que le sol de certaines îles de la mer Glaciale, est aujourd'hui littéralement bourré de leurs ossements.

L'art qui, depuis l'époque la plus reculée, emploie tant d'Ivoire pour l'ornementation et la statuaire, sans qu'on y ait fait attention, trouvait une mine féconde de cette précieuse substance, dans les défenses d'Éléphants fossiles qui abondent dans ces antiques ossuaires. Aujourd'hui, le nord de l'Asie en fournit encore une énorme quantité à notre commerce (97).

La richesse de ces ossuaires des régions boréales, et la stature colossale des débris qu'ils renferment, surpasse tout ce que l'on aurait imaginé. Les Sibériens et les Tartares en ont eux-mêmes été frappés.

L'un de leurs mythes les rapporte à des animaux souterrains qui abhorraient la lumière.

A ce sujet, il est même curieux de noter que dans plusieurs livres chinois fort anciens, il est aussi question de ces Éléphants fossiles, car c'est de ces animaux qu'il s'agit.

Dans le *Ly-Ki*, traité du cérémonial, écrit cinq cents ans avant l'ère chrétienne, on dit qu'il existe un animal nommé *Tin-Schu*, ou Souris qui se cache, qui vit dans les cavernes obscures et est de la taille du Buffle; le moindre rayon de soleil ou de la lune le tue instantanément.

Klaproth rapporte qu'on rencontre une fable à peu près analogue dans les manuscrits mantchoux. On y mentionne même que cette Souris colossale atteint la taille d'un Éléphant!

Parmi les plus remarquables découvertes de notre époque, doit figurer celle de l'un de ces Éléphants de l'extrême nord, qui fut rencontré par des pêcheurs dans les glaces de l'embouchure de la Léna, en 1799. Les chairs enveloppées par un bloc glacé, s'étaient conservées depuis tant de milliers d'années, des millions peut-être! et les chiens et les ours venaient prendre à même un repas antédiluvien. Le squelette presque entier de cet animal put être recueilli, et aujourd'hui on le voit au Muséum de Saint-Pétersbourg.

En Amérique, on a parfois exhumé des Mastodontes entiers et restés debout, dans des dépôts qui semblaient les avoir surpris tout vivants. Si ces volumineux mammifères n'avaient plus leurs chairs, comme les éléphants dont nous venons de parler, quelques-uns semblaient avoir été enveloppés si subitement par les Alluvions, qu'on retrouva encore dans leur ventre, les aliments qu'ils venaient d'engouffrer pour leur pâture.

En présence de toutes ces races gigantesques englouties par les derniers bouleversements telluriques, l'esprit se reporte en arrière et fouille au milieu de leurs ruines, en s'efforçant de pénétrer les causes de ces grands désastres.

A une des Époques les plus rapprochées de nous; lorsque toute la superficie du sol que nous habitons, éclairée par un soleil radieux, n'était peuplée que de splendides forêts et de magnifiques prairies, au milieu desquelles erraient des troupeaux d'Éléphants, de Mastodontes et de Rhinocéros, tout à coup cette exubérance de vie disparut dans un même naufrage. Un horrible manteau de neige et de glace couvrit tout le nord de l'Europe, en étendant ses replis jusque dans les plaines de la Germanie. Saisies par le froid, toutes ces grandes races d'animaux succombèrent et s'ensevelirent sous cet âpre linceul; un astre pâle et voilé éclaira seul ces solitudes inanimées, un silence de mort régna partout.

Quelle fut la cause initiale de ces phénomènes inattendus, de cette véritable Période glaciaire que traversa le globe, précédemment si brûlant? Celle-ci restera longtemps ignorée peut-être, mais ses ravages ont laissé partout d'indélébiles empreintes. Les vagues de cette immense mer de glace, en descendant des montagnes en brisaient des quartiers, les emportaient dans leur mouvement, et les disséminaient partout sur leur passage. Ainsi furent transportés dans les plaines de la Germanie et du Novogorod, de nombreux fragments des pics élevés de la Scandinavie. D'autres violemment arrachés au sommet des Alpes, se trouvèrent jetés sur les pentes du Jura.

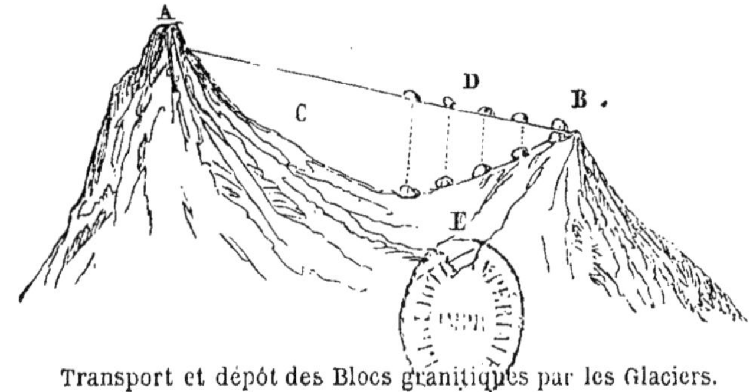

Transport et dépôt des Blocs granitiques par les Glaciers.

Jusqu'à ce moment, les géologues avaient supposé que ces fragments de rochers, ces *Blocs erratiques*, comme on les nomme, que l'on rencontre loin des montagnes dont leur structure atteste qu'ils proviennent, n'avaient dû leur transport qu'au mouvement de l'eau; qu'ils avaient été entraînés par les flots des Déluges. Agassis, dans son ouvrage sur *les Glaciers*, a démontré que cette hypothèse était inadmissible, et qu'il fallait attribuer aux grands mouvements des mers de glace, le transport des pierres que l'on trouve souvent fort loin de leur centre de formation.

C'est à ce refroidissement, qui sévit sur une partie de l'Europe, qu'il faut attribuer l'immense hécatombe de ces myriades d'Éléphants, de Mastodontes et de Rhinocéros, qui animaient autrefois toutes les contrées de la France, de l'Allemagne et de l'Italie; et dont leur sol nous offre à chaque instant d'abondants vestiges.

Cette cause fut évidemment subite, car si tous ces animaux n'eussent été aussitôt gelés que tués, divers agents en auraient disséminé les restes; tandis que souvent l'on en retrouve des squelettes entiers, sur le lieu même où ils expirèrent. On a même découvert, comme nous venons de le dire, des Éléphants compris dans les glaces et encore enveloppés de leurs chairs.

La formation de chaque chaîne de montagnes a suscité d'énormes perturbations dans le nivellement des mers. Ce sont elles qui ont donné lieu à ces désastreuses inondations, dont il est question dans toutes les cosmogonies des peuples dont on possède les annales écrites. Selon MM. d'Omalius d'Halloy, Beudant et Élie de Beaumont, la plus affreuse catastrophe des temps historiques, notre Déluge mosaïque, ne serait probablement que le résultat du plus vaste soulèvement du globe, de celui des Andes; et l'exhaussement de l'Amérique au-dessus de l'Océan, aurait donné lieu à l'incommensurable flot qui s'est tumultueusement brisé sur l'ancien continent.

Dans son ouvrage sur les cataclysmes, M. Frédéric Klée émet à ce sujet quelques opinions fort remarquables. D'après ce géologue, à diverses époques l'axe du globe aurait subi des déplacements, et ce serait le dernier d'entre eux qui aurait occasionné le terrible événement du déluge.

Rien n'arrête M. Klée dans ses téméraires conceptions. Il pense même que quelques-uns des contemporains de cette grande révolution tellurique ont pu la traverser, et que c'est à ceux qui y ont survécu que nous devons les récits que l'érudition en retrouve, de place en place, dans quelques anciens écrits. Selon ce géologue, c'est même aux témoins de cet événement inéluctable, qu'il faut rapporter les traditions mythiques dans lesquelles il est dit que, durant la catastrophe du déluge, le soleil, la lune et les étoiles ont changé de place dans le ciel.

Si, en effet, l'axe du globe a été interverti, l'homme, considérant alors la terre comme immobile au centre de l'univers, a dû naturellement croire que c'étaient les astres qui changeaient leur marche au milieu des cieux (98).

On découvre dans la mythologie scandinave quelques tableaux des grands événements qui se sont accomplis alors sur la terre et dans le ciel. L'*Edda* nous peint les ravages des éruptions volcaniques et des flots d'une mer indomptée. Ce recueil contient même quelques descriptions rapsodiques des bouleversements du globe. Telles sont les prophéties de la *Vala*, où celle-ci emprunte ses principales images à la sombre catastrophe du déluge. A ce moment, la Sybille inspirée raconte que le soleil se levait au Sud et que l'Orient se trouvait envahi par les glaces du Pôle. M. Klée considère ces assertions comme venant à l'appui du changement d'axe du globe (99).

Mais si les naturalistes sont à peu près d'accord sur la cause du grand déluge, leurs opinions varient énormément relativement à l'époque à laquelle il faut reporter, et l'apparition de l'Amérique, et l'ancienneté de l'espèce humaine à la surface de la terre. Ici la science moderne retombe dans ses témérités.

Malgré l'apparente jeunesse du nouveau continent, quelques géologues font cependant remonter à une époque fort reculée la production de la grande faille qui lui a donné naissance, en brisant le globe presque d'un pôle à l'autre. L'un des hommes les plus savants dont s'honore l'Angleterre, sir Ch. Lyell, en s'appuyant sur de sérieuses autorités, professe que le Mississipi coule dans son lit actuel depuis plus de cent mille ans. Et le docteur B. Dowler, qui partage cette manière de voir, assure, d'après des considérations de physiologie végétale et l'examen de quelques poteries et de quelques sépultures indiennes, que depuis plus de cinquante mille ans, le Delta du grand fleuve est habité par l'homme !...

Mais, au contraire, G. Cuvier rajeunit considérablement la création, et ne recule point l'apparition de l'homme au delà de la tradition. Selon cet illustre zoologiste, l'histoire de l'humanité atteste que l'homme ne domine à la superficie du globe que depuis un nombre d'années assez restreint. La nation hébraïque est la seule qui nous offre des annales écrites avant le règne de Cyrus. Homère, le premier des poëtes, et Hésiode, son contemporain, vivaient il y a environ deux mille huit cents ans. Hérodote, qui fut le premier historien profane, écrivait il y a à peu près deux mille trois cents ans.

Par orgueil national, les Indiens et les Égyptiens se plurent à perdre leur origine dans les ténèbres des siècles, et pour accréditer leurs récits, ils les entremêlèrent souvent de fables inventées par les mages ou les brames, que beaucoup de raisons ont engagés à altérer l'histoire.

Chez les Indiens, les *Vedas*, ou livres sacrés, qu'ils prétendaient avoir été révélés par Brama dès l'origine du monde, ne remontent guère au delà de trois mille deux cents ans. Les Livres d'astronomie de cette nation, ou les Tables de l'état du ciel, que l'on avait crus d'abord d'une si prodigieuse ancienneté, ont été reconnus pour être, au contraire, assez modernes. On a découvert que les Livres et les Tables étaient antidatés. Les brames annonçaient audacieusement que les plus anciennes de ces tables astronomiques avaient été relevées depuis plus de vingt millions d'années. L'opinion fut trompée un moment par leur assurance et par l'autorité de Bailly. Mais Laplace prouva que leurs calculs avaient été faits après coup, et d'ailleurs qu'elles étaient fausses. Benthley prétendit même qu'elles n'avaient été composées que depuis quelque 700 ans.

Les Égyptiens, quoique moins prétentieux, se donnaient cependant aussi une origine reculée de beaucoup au delà du vrai. Quand Hérodote visita l'Égypte, les prêtres lui racontèrent qu'ils avaient une histoire qui datait de 11 340 ans. Et, pour donner l'apparence de la véracité à leurs récits, ils ajoutaient que, pendant ce laps de temps, le soleil s'était levé deux fois vers l'horizon de son coucher.

Les Monuments cyclopéens, dont le grandiose nous étonne, paraissent le résultat de travaux de l'enfance des sociétés. Les pierres presque brutes qui les forment, et les énormes proportions de leur architecture, ne se rapprochant en rien des constructions des Grecs, ont fait prêter l'exécution de ces monuments aux premiers hommes de la terre. En en exagérant l'ancienneté, quelques savants les ont regardés comme antérieurs au déluge. Mais ces constructions robustes, plus extraordinaires par leur masse que par le goût qui a présidé à leur érection, semblent avoir été élevées par un peuple navigateur, pour résister aux invasions de la mer. Quoiqu'il y ait dissidence entre les savants relativement à l'époque à laquelle elles remontent, tout semble confirmer qu'elles ont été érigées par les Phéniciens.

Les Monuments astronomiques vieillissent encore moins l'ère humaine. Le fameux Zodiaque de Denderah, auquel Dupuis accorde 15 000 ans d'ancienneté, est regardé par l'astronome Delambre comme étant postérieur à l'époque d'Alexandre. Et, selon Biot, il représente un état du ciel qui s'est offert 700 ans avant Jésus-Christ. D'ailleurs, le temple égyptien dans lequel on a découvert ce singulier zodiaque, a été construit pendant la domination romaine, ainsi que le prouve l'inspection des hiéroglyphes, et même une inscription qui consacre ce sanctuaire au salut de l'empereur Tibère.

Nonobstant toutes ces raisons, qui ne s'appliquent qu'à la civilisation, l'opinion de G. Cuvier a été attaquée par les récentes conquêtes de la science.

Durant les derniers siècles, certains naturalistes théologiens firent tous leurs efforts pour trouver des vestiges d'hommes fossiles, des contemporains du déluge. L'un d'eux crut y être parvenu ; et donna pompeusement le nom d'*homo diluvii testis* aux fragments d'un squelette qu'on avait découvert en Suisse dans les carrières d'Œningen. Mais Cuvier dissipa le prestige en démontrant que ce précieux *homme témoin du déluge*, estimé au poids de l'or, et que l'on révérait comme une sainte relique, n'était autre chose que l'ossature d'une Salamandre gigantesque. Le doute n'était plus possible. La tête du reptile avait été prise pour les os des hanches; on en voyait les dents. Et le savant français n'eut qu'à gratter un peu la pierre, pour mettre les pattes à nu (100).

Aujourd'hui cette ardeur biblique semble remplacée par une direction toute opposée. Des faits scientifiques, dont la valeur ne peut être contestée, établissent évidemment l'ancienneté de la race humaine; et, nonobstant, par d'inexplicables raisons, les géologues français font tous leurs efforts pour nier cette grande découverte.

On avait parfois trouvé quelques vestiges de notre espèce, parmi les débris d'animaux qui se sont éteints durant les dernières révolutions du globe.

D'un autre côté, un savant archéologue, M. Boucher de Perthes, à l'aide de la plus louable persévérance, est parvenu à rassembler un assez grand nombre d'instruments en silex, ayant évidemment appartenu à des races humaines antérieures aux temps historiques, et qui s'éteignirent au milieu de la grande catastrophe diluvienne.

Pour l'illustre Ch. Lyell, il ne peut y avoir de doute. Ces instruments en silex taillés, haches, pointes de flèches et couteaux, qu'on trouve dans le Diluvium, ont été façonnés par une race d'hommes qui a précédé la nôtre. Race qui fut contemporaine des Ours et des Hiènes des cavernes; et même des Rhinocéros et des Éléphants qui habitèrent anciennement notre sol, et dont nous ne retrouvons plus que les débris fossilisés (101).

Les découvertes des géologues et des archéologues nous révèlent donc enfin qu'il existe dans le sol des vestiges d'hommes antédiluviens. Lyell, Lartet et M. Boucher de Perthes sont unanimes sur ce point.

Et n'est-il pas singulier d'apprendre qu'en même temps que la science moderne faisait tous ses efforts pour nier la contemporanéité de l'homme et des grandes races de mammifères du Diluvium, celle-ci était en quelque sorte consacrée dans toutes les traditions rapsodiques des sauvages du nord de l'Amérique ! Jefferson rapporte que les Virginiens sont persuadés que les Mastodontes, dont on rencontre si souvent des ossements dans leur pays, y vivaient en même temps que leurs pères ; mais que, comme ils détruisaient les animaux qui leur étaient utiles, le Grand-Esprit les foudroya tous à l'exception des plus vigoureux de leurs mâles, dont le front cuirassé secouait les éclats du tonnerre à mesure qu'ils le frappaient (102).

Les habitations lacustres, dont on a récemment découvert tant de vestiges dans les lacs de la Suisse, de l'Écosse, de l'Italie et du Danemark, attestent aussi l'ancienneté de l'homme à la surface du globe. Il n'est plus possible aujourd'hui de contester que ces singulières constructions, élevées sur pilotis, n'aient servi dans les temps anté-historique à abriter les premières races humaines. Le doute n'est plus permis à ce sujet depuis qu'on a rencontré parmi ces primitifs vestiges de l'art, divers instruments servant à leurs habitants ; des meules de moulins, des couteaux et des armes en pierre ; puis des colliers, des bracelets en bronze ou en ambre de la Baltique, et même des squelettes d'hommes (102 *bis*).

Telles sont les grandes scènes des créations temporaires qui animèrent successivement la surface de la terre, et durant chacune desquelles la sublime essence de la vie semble constamment progresser sur la matière, pour arriver enfin à l'homme, dont le génie apparaît comme le suprême reflet de la divinité.

Mais c'est dans cette suprématie intellectuelle, que l'homme trouve fatalement la source de ses doutes accablants. Sa vie s'épuise vainement à effacer le passé et sonder l'avenir. Sa pensée, incertaine et curieuse, l'entraîne comme un fleuve impétueux qui se perd dans un océan sans rivages : semblable aux héros favoris de Goëthe et de Byron, tous ses efforts tendent à débrouiller les ténèbres impénétrables de sa destinée. C'est ainsi que des philosophes et des savants de l'ordre le plus élevé, en présence de cette incessante mutation des êtres, se sont demandé si l'espèce humaine était le chef-d'œuvre et le dernier effort de la puissance créatrice; ou si, disparaissant à son tour au milieu d'un nouveau naufrage, des êtres d'une essence plus épurée devront encore lui succéder (103).

En présence du progrès qu'atteste chaque création, divers savants allemands admettent sans hésitation la dernière hypothèse, et il en est même, parmi eux, qui appellent le secours des chiffres pour en démontrer l'évidence (104).

Dans son remarquable ouvrage de géologie, M. Louis Figuier, lui-même, a écrit sur ce sujet une belle page que nous sommes heureux de pouvoir reproduire. « Il n'est pas impossible, dit-il, que l'homme ne soit qu'un degré dans l'échelle ascendante et progressive des êtres animés. La puissance divine qui a jeté sur la terre la vie, le sentiment et la pensée; qui a donné à la plante l'organisation ; à l'animal le mouvement, le sentiment et l'intelligence ; à l'homme, en outre de ces dons multiples, la faculté de la raison, doublée elle-même de l'idéal, se réserve peut-être de créer un jour, à côté de l'homme, ou après lui, un être supérieur encore. Cet être nouveau, que semblent avoir pressenti la religion et la poésie modernes, dans le type éthéré et radieux de l'ange chrétien, serait pourvu de facultés morales dont la nature et l'essence échappent à notre esprit.... »

« On doit se contenter de poser, sans espoir de le résoudre, ce problème redoutable. Ce grand mystère, selon la belle expression de Pline, « est caché dans la majesté de la nature, *latet in majestate naturæ*, ou, pour mieux dire, dans la pensée et la toute-puissance du Créateur des mondes. »

Si, en terminant ce chapitre, nous examinons de quels matériaux se sont inspirés les géologues pour débrouiller les ténébreuses phases de la terre, nous voyons qu'ils on pu puiser de précieux documents dans les nombreux vestiges des êtres qui l'animèrent successivement, et qu'on retrouve éparpillés à sa surface ou dans ses couches profondes.

En effet, les Roches fossilifères ne représentent que les catacombes des anciennes créations, miraculeusement conservées par les siècles ; et les ineffaçables empreintes laissées par elles sur chaque strate du globe, semblent comme autant de médailles destinées à en retracer l'histoire.

Les diverses assises du globe nous ont fidèlement légué les vestiges de tout ce qui anima leur surface ; rien n'en a été perdu dans ce grand médailler de la nature. La Libellule, avec ses ailes de gaze, s'y trouve tout aussi bien conservée que la lourde ossature du Mastodonte. La carapace d'un Infusoire microscopique gît à côté de la boîte osseuse d'une Tortue gigantesque. On a retrouvé, sinon dans toute leur fraîcheur, mais au moins avec toute la délicatesse de leurs formes, quelques-unes des fleurs qui parfumèrent les premiers gazons du globe. Certaines sécrétions végétales ont elles-mêmes

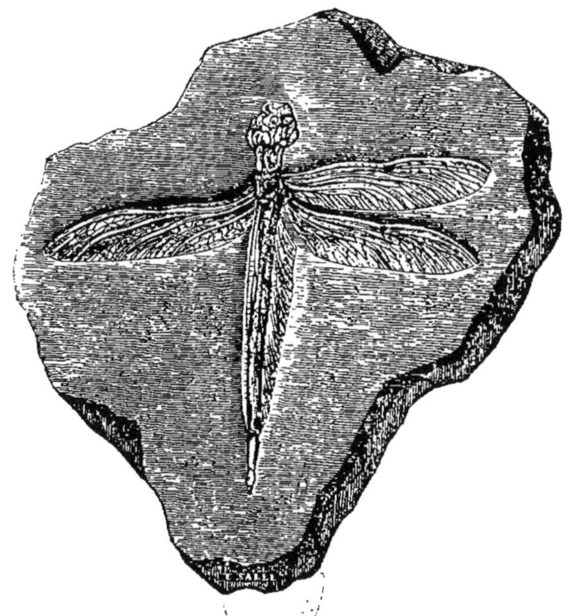

Libellule fossile.

échappé à la fureur des cataclysmes. Ainsi, nous découvrons la résine de quelques Conifères antédiluviennes, et au milieu de ses amas transparents, gisent encore les insectes aîlés qu'elle emprisonna en s'écoulant; tel est notre Ambre jaune (105).

Pour ceux qui savent sonder les plus mystérieuses révélations de la nature, celle-ci dévoile encore d'autres faits absolument inattendus; des vestiges de certains actes ou de certains phénomènes qui n'ont eu que la durée d'un instant!

L'antiquaire ne retrouve déjà plus, sur l'arène, aucune trace du pied sanglant de ces conquérants superbes qui promenèrent leurs hordes sauvages d'un bout du globe à l'autre; tandis que quelques humbles Tortues, quelques Lézards isolés, dont vingt cataclysmes nous séparent, offrent encore au naturaliste étonné, la fugitive empreinte de leurs pas sur le sol à peine ébauché des plus anciens temps du globe.

Ailleurs, qui pourrait s'en douter? on retrouve même des indices des orages des primitives époques de la terre. Des gouttes d'eau, en tombant sur le sable, y ont formé des empreintes que celui-ci nous a conservées en se transformant en grès solide. C'est presque de la pluie fossile (106)!...

Et cependant, malgré cette merveilleuse conservation des anciens êtres, on ne voulut longtemps voir dans les fossiles que des *jeux de la nature*, des *lusus naturæ*, comme on les appelait!

En vain, la terre s'efforçait-elle de nous rendre ses plus délicats squelettes avec toutes leurs fines arêtes; en vain, nous offrait-elle ses coquilles avec leurs plus charmantes guillochures, parfois même avec leur antique coloration; en vain aussi, retrouvions-nous au milieu des roches, des Oiseaux encore enveloppés de leurs plumes, des Insectes avec leurs ailes transparentes; jusqu'au seizième siècle, toutes ces choses ne passaient que pour des productions fortuites, engendrées par le hasard, et n'ayant que la trompeuse apparence d'êtres que la vie avait animés.

Il fallut se fâcher pour marteler la vérité dans le cerveau réfractaire de quelques savants. Celui qui le premier eut ce courage fut un potier de terre, pauvre de fortune, mais grand par le génie. C'était Bernard Palissy, qui fit des discours aux docteurs de Paris, — lui qui n'était rien, — pour leur démontrer que les coquilles

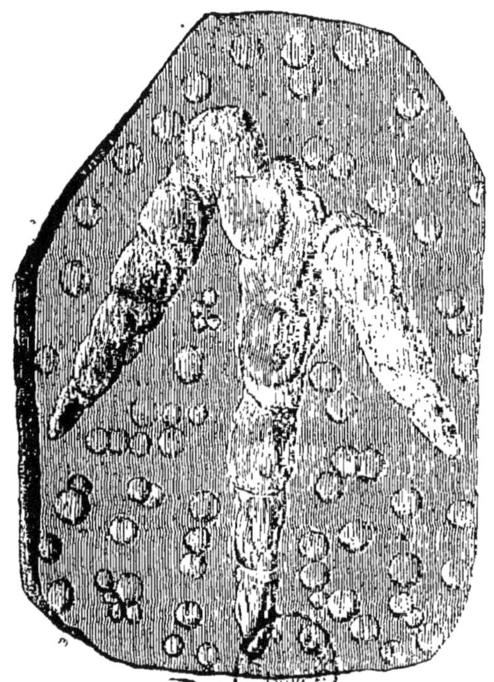

Empreintes de pas d'animal et de gouttes de pluie.

qu'on rencontre dans le sol y ont été apportées par la mer; et qu'anciennement celle-ci a occupé les lieux où on les découvre. C'était cet homme humble et fervent, qui devenait ainsi le fondateur de la géologie positive (107).

Mais, pendant que se déposaient tous les terrains fossilifères, pendant que la terre renouvelait ses vivantes populations, les forces plutoniques, sans cesse en fermentation, de temps à autre, ébranlaient l'écorce du globe ou la fracturaient de place en place. Ses fragments formaient nos montagnes, et celles-ci sortant du fond des mers, portaient jusque dans la région des nuages les ossuaires des animaux qui avaient autrefois peuplé leurs profondeurs.

Lorsque Buffon vint, à son tour, soutenir que les Coquilles éparpillées sur les sommets des Alpes et des Apennins n'attestaient que les convulsions du globe, il trouva un contradicteur auquel personne ne se fût attendu. C'était Voltaire, qu'on vit, dans sa *Physique*, attaquer par de mordantes plaisanteries, ceux qui adoptaient cette opinion. Il prétendit que toutes les coquilles rencontrées dans nos montagnes, y avaient été disséminées par des pèlerins, à leur retour de Rome. On n'avait qu'un mot à répondre à l'immortel écrivain, mais Buffon ne le fit pas; c'est qu'on rencontre partout de ces vestiges fossiles, même dans les deux Amériques, où sans doute ces pieux voyageurs ne les portèrent pas; et que, d'un autre côté, il y a même d'imposantes montagnes qui en sont absolument formées (108).

Nonobstant la parfaite conservation de beaucoup de fossiles, l'amour du merveilleux, qui dominait nos ancêtres, en faisait méconnaître la nature; et ceux-ci étaient presque constamment rapportés à quelque être extraordinaire. Les os d'Ours, que l'on extrayait des cavernes de la Franconie, passaient en Allemagne pour un antidote souverain, et se vendaient dans toutes les pharmacies comme des restes des fabuleuses licornes.

Pour les Éléphants et les Mastodontes, c'était généralement une autre histoire. Comme plusieurs des os de ces animaux ont, par leurs formes, d'intimes rapports avec ceux de l'homme; à une époque où, frappée par les récits des anciens temps, l'imagination de nos pères élevait la taille des héros à la hauteur de leur épopée, on rapportait constamment à quelque personnage célèbre les ossements des grands mammifères que l'on rencontrait dans la terre.

C'est ainsi qu'au rapport de Pausanias, une rotule d'éléphant, de la taille d'un disque du cirque, trouvée près de Salamine, fut considérée comme provenant d'Ajax. Les Spartiates se prosternèrent respectueusement devant le squelette d'un de ces animaux, dans lequel ils croyaient reconnaître la dépouille d'Oreste. Quelques restes de Mammouth rencontrés en Sicile, furent considérés comme ayant appartenu à Polyphême!...

Les savants ne furent pas plus exempts que le vulgaire, de ces sortes d'erreurs. Le père Kircher, dans son remarquable ouvrage du *Monde souterrain*, figure des géants à côté d'hommes de taille vulgaire.

L'ossature d'un Éléphant découverte en Suisse, au pied d'un arbre arraché par le vent, fut considérée par l'anatomiste F. Plater comme le squelette d'un géant de dix-neuf pieds de hauteur. Il le restitua même à l'aide d'un dessin devenu célèbre, et qu'on voit encore aujourd'hui à Lucerne dans un ancien collége de jésuites (109).

Sous Louis XIII on trouva, sur les bords du Rhône, un squelette qui acquit une extrême célébrité. On le montrait comme celui de *Teutobocchus* défait par Marius, au milieu des plus sanglantes luttes. On prétendait l'avoir exhumé d'un tombeau portant pour inscription : *Teutobocchus rex*, où il était accompagné de quelques médailles au même titre. Mais, malgré tous ces témoignages, la dépouille de ce trop fameux roi des Cimbres, qui occasionna tant d'acerbes disputes parmi la Faculté et les médecins de Paris, fut reconnue par de Blainville pour n'être que celle d'un Mastodonte à dents étroites (110).

La dénomination de Camp des Géants, est même souvent imposée aux localités dans lesquelles abondent les os d'Éléphants ou de Mastodontes (111).

CHAPITRE II.

LES MONTAGNES ET LES SOULÈVEMENTS.

C'est au milieu des hautes montagnes que la nature développe ses plus magnifiques scènes. Leur éternel linceul de neige, leur diadème de glace et leurs volcans enflammés, frappent et émerveillent tour à tour le voyageur.

Là, percent de toutes parts la majesté divine et la faiblesse humaine. En présence de leurs masses colossales, de leurs effrayantes et sombres anfractuosités, on redit avec le vieux mineur allemand : « L'homme n'est qu'un point sur les montagnes ; il est grand dans les mines. »

L'aspect de la mer est monotone, comparé à celui des crêtes sourcilleuses du globe ; si elle a ses tempêtes, celles-ci ont leurs ouragans et leurs avalanches.

L'effroi qu'inspirent les sites mystérieux et sauvages des montagnes, et les ténèbres des mines que recèlent leurs flancs, ont souvent donné lieu, parmi leurs habitants, à des légendes empreintes d'une superstitieuse terreur.

Il y a à considérer dans les montagnes, leur origine, leurs neiges perpétuelles, leurs glaciers, leurs volcans et leurs anfractuosités.

Les montagnes ne sont que le résultat des soulèvements de l'écorce terrestre, déterminés par l'effort de la masse incandescente qu'elle enveloppe. Le globe, en se refroidissant, est nécessairement forcé de se contracter; lorsque l'élasticité de sa croûte a atteint son extrême limite, cette croûte se fend, et ses fragments produisent des saillies dont l'élévation est en raison directe de l'épaisseur de l'enveloppe et de l'intensité de l'effort vulcanien.

Durant les premiers temps, la superficie de la terre n'offrait guère d'aspérités, et celles qu'on y vit d'abord apparaître n'eurent que peu de hauteur. La croûte solidifiée étant alors très-mince, n'exigeait que peu d'efforts pour être soulevée. Mais à mesure qu'elle devint plus épaisse, les montagnes acquirent une élévation proportionnelle, et il fallut, pour la fendre, un effort de plus en plus prodigieux.

Ces grands bouleversements, ont parfois déchiré le globe presque d'un bout à l'autre. Tel est, en particulier, comme nous l'avons déjà dit dans un autre chapitre, le soulèvement qui forma le Nouveau-Monde, et durant lequel on vit apparaître les Cordillères, se déroulant de la mer Glaciale à la Terre de Feu, en produisant la grande faille qui parcourt les deux Amériques.

Lorsqu'on songe aux ravages des tremblements de terre, on suppose immédiatement que les cataclysmes durent être accompagnés d'un fracas et d'une confusion dont notre esprit ne se forme qu'une bien incomplète image.

Ces cataclysmes indiquant les diverses étapes d'une force incessante, il est évident que d'autres nous menacent encore. Tout semble présager, en effet, que les siècles à venir verront d'autres phénomènes plutoniens se manifester, et que de nouveaux systèmes de montagnes surgiront. Puis, comme les soulèvements vont en suivant une progression ascendante, tout fait présumer aussi de nouvelles failles et de plus terribles convulsions.

L'homme a pu vérifier toutes ces assertions. Il a pu voir, lui-même, des montagnes sortir du sein de la terre. En 1538, il s'en forma une aux environs de Naples. En 1759, à deux ou trois journées de Mexico, le Jurullo, devenu si célèbre, éleva son plateau volcanique. Au-dessus d'une plaine naguère livrée à la culture, une superficie de dix lieues carrées se trouva ainsi soulevée dans l'air et transformée en cratères nombreux et continuellement actifs.

C'est ici l'instant de dire que plusieurs géologues contemporains professent que les mutations telluriques n'ont pas été l'effet d'une brusque transition, mais d'une progression lente et insensible. A l'école de Cuvier, qui proclamait l'infaillibilité du grand homme, en a succédé une autre, plus sceptique, admettant qu'au lieu de ces cataclysmes violents, revenant à chaque période bouleverser le globe, celui-ci n'a été régi que par d'harmonieuses lois, qui, sans secousses, sans violences, transformaient sa surface, et y perfectionnaient lentement et progressivement l'œuvre de la création. Cette audacieuse école, qui s'assied ainsi sur les débris de celle de Cuvier, voudrait même que l'on rayât de la science le nom de cataclysme. Ses principaux chefs sont les Lartet et les Darwin.

Les géologues modernes citent, à l'appui de cette théorie, certaines régions du globe qui, de nos jours, s'élèvent d'une façon incessante. Les anciennes Sagas nous racontent que plusieurs plages de la Baltique, autrefois presque au niveau de cette mer, et sur lesquelles montaient les phoques, étaient le théâtre de grandes chasses de la part des Fennes, qui les y tuaient à coup de flèches. Et de Buch et Lyell ont constaté que ces mêmes endroits se trouvent aujourd'hui placés à une grande hauteur au-dessus des flots, et qu'ils seraient tout à fait inaccessibles à ces animaux. « Depuis 800 ans, dit de Humboldt, le rivage oriental de la péninsule scandinave, s'est peut-être élevé de plus de 100 mètres; et si ce mouvement est uniforme, dans 1200 ans des parties du fond de la mer, couvertes de 50 brasses d'eau, commenceront à émerger et deviendront terre ferme. »

Darwin et plusieurs autres savants, ont aussi reconnu que certaines régions très-étendues de l'Amérique méridionale, furent autrefois le théâtre de soulèvements lents et progressifs, qui ont donné naissance aux plaines de la Patagonie, toutes jonchées de coquilles marines récentes, qui en attestent éloquemment la jeunesse.

C'est à l'ancien continent qu'appartiennent les plus hautes aspérités du globe. On avait cru que le Chimborazo d'Amérique s'élevait plus qu'aucune autre; mais quand on a eu mieux étudié l'Himalaya qui domine la chaîne du Thibet, et offre 8575 mètres de hauteur, on a été forcé de le saluer comme roi des montagnes.

Mais cette hauteur absolue, cette masse immense fait à peine une aspérité sensible à la surface du globe.

On prétendait donner une idée de ce fait en répétant, dans les ouvrages de géologie, que les hautes montagnes de la terre y produisaient des saillies proportionnelles aux aspérités d'une orange. C'est là une comparaison beaucoup trop forcée, car les chaînes les plus élevées du globe, ne font réellement à sa surface que des saillies proportionnées à celles d'un grain de sable, ou d'un demi-millimètre, sur une sphère de six pieds de diamètre.

Souvent, dans les grandes chaînes de montagnes, celles-ci, en se soulevant, produisent dans leurs flancs de profondes et tortueuses cavernes. Dans certains pays, il s'en trouve même un si grand nombre que l'intérieur semble n'être formé que par une succession de vastes galeries tellement accidentées, tellement profondes, que le courage de l'homme n'en affronte pas le voyage. Telles sont les Alpes cellulaires de la Carniole, qui, dans leurs compartiments, présentent un nombre considérable de cours d'eau. Ceux-ci sont même plus nombreux dans les flancs des montagnes qu'à la surface du sol.

Quelques-unes de ces véritables rivières souterraines sont connues dans un parcours de plusieurs lieues; elles nourrissent même des animaux particuliers, qui jamais ne viennent à la lumière. Tel est le Protée, ce singulier reptile muni à la fois de poumons et de branchies, et semblant ainsi réunir tous les attributs d'un être amphibie.

Les gaz inflammables, dont les affreux ravages portent la désolation dans les mines; les vapeurs qui tuent instantanément l'homme et éteignent ses flambeaux; tous ces *spiritus letales*, comme les appelle Pline, n'étaient-ils pas faits pour glacer d'effroi ceux qui pénétraient dans les gouffres des montagnes?

Aussi, de superstitieux épouvantements suspendirent longtemps la conquête des richesses minérales que recèle le sein de la terre. Principalement répandues dans les contrées qui furent le théâtre de ses plus violentes convulsions, ce n'était qu'avec terreur que l'homme en affrontait les sites sombres et sauvages. Là, une grossière crédulité répandait même que les mines étaient gardées par des Dragons jaloux de la suprématie de leurs ténébreux domaines. C'était à eux que l'on attribuait tous les désastres qui arrivaient aux mineurs : au moment où le feu grisou éclatait, on les avait vus, comme des chevaux à la crinière enflammée, traverser les décombres et l'incendie.

Cependant, de pacifiques esprits effaçaient partout l'œuvre de ces génies du mal; c'était une croyance enracinée dans tous les districts métallifères, abrutis par l'isolement et la plus dégradante superstition. Le vénérable père de la minéralogie, Agricola, subjugué lui-même par les récits des ouvriers, dans son célèbre ouvrage, décrit ces esprits aussi minutieusement que s'il les eût tenus sous sa main : rien n'y manque pour la figure et le vêtement.

C'était un dernier reflet de la philosophie antique, animant toutes les parcelles de la création d'intelligences invisibles qui y répandaient la sensibilité et l'harmonie.

Pour les fauteurs de la Cabale, c'étaient d'innombrables légions de Gnomes, qui se trouvaient disséminées dans les entrailles de la terre. Pour l'obscur mineur allemand, des Cobales éparpillés dans les moindres détours de ses cavernes, travaillaient silencieusement et répandaient partout l'activité et la vie C'étaient de véritables Homoncules de montagnes, vêtus en mineurs, dont l'instinctive prévoyance forgeait les métaux ou entassait les pierreries dans les filons; puis rassemblait mystérieusement dans l'ombre, ces curieuses pétrifications appelées à nous révéler un jour des mondes inconnus. Quoique l'aimant beaucoup, ces Cobales fuyaient cependant l'approche de l'homme. Rarement on en avait rencontré; mais on leur attribuait tout ce qui se passait d'heureux dans les anciennes mines (112)!

Si l'imposante masse des montagnes nous stupéfie, nous ne sommes pas moins frappés de l'éblouissant éclat de leur manteau de neige, et de leurs glaciers, dont les gigantesques cristaux d'azur accidentent merveilleusement la blancheur virginale.

Ce linceul de frimas enveloppant les cimes les plus élevées, leur donne souvent une fantastique légèreté. Dans l'extrême lointain, il ressemble tellement à un transparent rideau de nuages, que l'œil y est trompé. Et l'on n'a la conviction qu'il s'agit réellement de montagnes, qu'en reconnaissant que l'aspect ne change pas. S'il était question de nuages, quelques minutes suffiraient pour varier leurs formes.

Les gorges d'une moindre altitude se hérissent d'immenses plaines glacées, semblables à un océan dont les vagues amoncelées auraient été subitement congelées au milieu de leurs plus affreux déchirements. Ce sont de vraies mers de glace, de six à huit lieues de longueur, qui remontent les vallées et franchissent des cols élevés pour passer d'un côté à l'autre d'une chaîne de montagnes. Fréquemment à leur base s'ouvrent de vastes grottes azurées et diaphanes, d'où naissent de simples ruisseaux qui se transforment bientôt après en fleuves impétueux.

Après le manteau de frimas des montagnes, ce qui nous frappe le plus, ce sont les volcans. Vus de loin, ceux-ci ne donnent d'eux qu'une bien imparfaite idée. Pour en apprécier les phénomènes et les ravages, il faut les étudier de près et plonger ses regards dans leurs gouffres. Alors tout change, et la grandeur du spectacle frappe l'imagination et y laisse de terribles images. On s'étonne de l'immensité de leurs bouches ignivores, et de l'étendue des fleuves de lave qui en découlent à certains moments (113).

Plus les volcans sont élevés, et moins leurs éruptions sont fréquentes. Les laves qu'ils éjaculent provenant de fournaises dont la profondeur est probablement identique, il est évident que pour en monter les flots dans les cheminées de ceux qui sont élevés, il faut un effort bien autrement considérable que dans les autres. Aussi, l'un des plus petits de tous, le Stromboli, jette-t-il de continuelles flammes; depuis les temps d'Homère, il sert de fanal aux navigateurs qui approchent des îles Éoliennes. Au contraire, les volcans six ou huit fois plus élevés qui animent les crêtes des Cordillères, semblent condamnés à de longs intervalles de repos, et souvent ne s'embrasent que de siècle en siècle.

Les volcans qui dominent les sommets glacés des Andes, produisent souvent des phénomènes aussi extraordinaires qu'inattendus. Lorsqu'elles fondent les neiges qui en couronnent les cratères, leurs éruptions produisent de formidables torrents, qui, en se précipitant vers les vallées, entraînent avec eux des scories fumantes, des fragments de rochers et des blocs de glace. Quelquefois aussi, les secousses volcaniques, en ébranlant les Cordillères, entr'ouvrent les voûtes de leurs lacs souterrains; et, ceux-ci, en débordant, charrient dans les plaines des amas de boue tout grouillants de poissons. Population qui semble un inexplicable problème, et dont la masse, en se putréfiant, occasionne de pernicieuses maladies (114).

Nos devanciers expliquaient les phénomènes volcaniques par l'embrasement des amas de bitume ou de pyrite accumulés sous le sol. Lémery les croyait le résultat du contact du soufre, du fer et de l'eau. Humphry Davy les attribuait à la combustion de certains métaux alcalins. Mais des phénomènes aussi puissants et aussi généraux que ceux-ci, ne sauraient avoir leur source dans des réactions chimiques. La géologie moderne en trouve l'unique cause dans l'incandescence centrale du globe, dont l'origine remonte aux époques cosmogoniques de sa primitive origine.

LE DÉSERT.

« Que celui qui veut échapper aux orages de la vie, dit de Humboldt, me suive dans l'épaisseur des forêts, à travers les déserts et sur les sommets élevés des Andes. »

L'illustre savant avait raison, car en présence de ces grandes scènes de la nature, l'homme sent s'amortir ses passions et ses chagrins : la contemplation absorbe tout son être.

Saint Bernard le sentait profondément, lorsqu'il écrisait à ses disciples : « Croyez-en mon expérience, vous trouverez dans nos forêts quelque chose de plus rare que dans les livres : les arbres et les rochers vous donneront des enseignements préférables à ceux des maîtres les plus habiles. »

Tantôt les déserts ne représentent qu'une mer de sable sans bornes, qui pénètre l'esprit du sentiment de l'infini, tels sont ceux de la Libye. Tantôt ils se couvrent d'un tapis de verdure, comme les Steppes de l'Amérique et de l'Asie. D'autres fois, enfin, les déserts ne sont formés que par un sol pierreux et tourmenté, semblable à l'aride surface d'une planète attendant la création. C'est ainsi que l'on en rencontre vers la chaîne arabique.

Un désert de sable est calme et beau ; un désert de pierres est horrible. Dans le premier, l'horizon se développe devant vous, il est accessible. Dans l'autre, il semble infranchissable ; c'est un amas de blocs en désordre, brûlés par le soleil, irréguliers, anguleux ; aucune route n'est praticable ; et l'on conçoit que dans de si affreux sites, quelques heures d'égarement tueraient le plus robuste voyageur. On ne peut mieux comparer l'épouvantable aspect d'un tel désert, qu'à celui que les anciens graveurs donnaient à la mer en furie. C'est ainsi que se présente le désert des environs d'Assouan dans la haute Égypte.

Dans les déserts arides, de place en place, cependant, quelque oasis, riche d'ombrage et de fraîcheur, vient réjouir l'Arabe ; car c'est là qu'il étanche sa soif et que les caravanes trouvent le repos.

Les Steppes de l'Amérique méridionale, étant recouvertes d'une légère couche de terre végétale, et se trouvant périodiquement inondées par des pluies torrentielles, présentent souvent une luxuriante végétation de Graminées. Ces solitudes sont alors parcourues par des légions d'animaux, qui y trouvent de l'eau et une abondante nourriture.

Mais la scène change aussitôt qu'arrive la sécheresse, et que le soleil brûlant tombe d'aplomb sur la Steppe. Partout alors apparaît l'aridité et la mort. Les marécages se dessèchent, et l'herbe consumée tombe en poussière. L'extrême chaleur engourdit le Crocodile et le Boa ; semblables aux animaux hivernants des régions polaires, ils s'enfoncent dans la glaise et y restent immobiles jusqu'au retour des pluies. Tous les animaux peignent leurs souffrances par de sourds mugissements ; quelques-uns seulement savent encore s'abreuver à même les tiges succulentes de certains Cactus, dont l'armature d'épines déchire et ensanglante leur bouche (115). Les nuits n'apportent même aucun soulagement. De monstrueuses Chauve-souris attaquent les mammifères, et leur sucent le sang à l'instar des vampires (116).

Mais après ces souffrances occasionnées par la chaleur, arrivent les dangers de l'inondation. Certains déserts de l'Amérique se trouvent alors totalement submergés par le débordement des fleuves, et ne représentent plus qu'une vaste mer qui menace les animaux d'une mort imminente. Quelques-uns cherchent un refuge et s'entassent sur les hauteurs. Beaucoup se noient ; d'autres sont attaqués et dévorés par les Crocodiles qui ont reconquis toute leur vigueur. Une redoutable anguille, le Gymnote électrique, s'ajoute encore aux dangers que courent les mammifères ; ses commotions sont tellement puissantes qu'elles tuent les chevaux eux-mêmes (117).

Sauf les rares oasis qu'il offre de distance en distance, en Afrique, le désert est complétement aride. Dans l'un de ceux de la haute Égypte, placé entre le Nil et la mer Rouge, l'œil n'aperçoit partout qu'une mer de sable unie et brûlante. Sur ses confins, bravant l'ardeur du soleil et n'étant jamais rafraîchies par une seule goutte d'eau, végètent cependant de multiples touffes d'Asclépiadées, dont les larges feuilles humides et veloutées, rayonnent de fraîcheur; inexplicable problème!

C'est dans ces sortes de déserts que le phénomène du Mirage se manifeste le plus fréquemment. J'eus l'occasion de l'y observer une fois dans tout son éclat.

Le capitaine ou Rays de notre équipage nous avait demandé la permission de relâcher dans un parage du Nil, où se trouvait l'un de ses harems, pour y passer la journée avec ses femmes et sa famille. Je dis l'un de ses harems, car il en avait plusieurs, ingénieusement disséminés le long du fleuve, théâtre de ses continuels voyages. Il s'arrêtait successivement, par étapes, dans chacun d'eux, de manière à n'exciter la jalousie d'aucune de ses sultanes.

J'avais profité de cette halte pour faire une excursion au désert. Je m'y enfonçais, lorsque le Rays m'ayant aperçu dans le lointain, vint, avec quelques Arabes de sa tribu, me prier d'accepter l'hospitalité sous son toit. En Orient, refuser une telle offre serait presque une offense. Je me dirigeai vers l'Oasis qu'il habitait. C'était une délicieuse bourgade, couronnée de Dattiers, et dont l'entrée était pittoresquement décorée de quelques tombeaux du plus charmant aspect.

Après le frugal repas de dattes et de laitage qui me fut offert, je m'enfonçai dans le désert, et j'étais déjà loin, quand me vint l'idée de saluer une dernière fois ce lieu hospitalier. Mais tout s'était transformé. Le gracieux village était totalement enveloppé d'une magnifique nappe d'eau des plus transparentes, dans laquelle se miraient à l'envi, les habitations, les palmiers et les tombeaux. Le phénomène se produisait avec une telle exactitude, et cette nappe d'eau était si belle et si limpide, que si quelques instants auparavant je n'avais pas moi-même parcouru, sur le sable brûlant, le lieu qu'elle occupait, j'aurais cru à sa réalité. Tel est ce Mirage qui trompa si souvent et si douloureusement nos soldats exténués, lorqu'ils traversaient ces mêmes régions. Épuisés de fatigue et mourants de soif, ils croyaient voir dans le lointain l'eau si ardemment désirée ; ce n'était qu'une amère illusion !

D'autres phénomènes séduisent encore les yeux de ceux qui parcourent les déserts de l'Afrique. Parmi eux est le lever de l'aurore.

Le coucher du soleil est, chaque jour, uniformément le même. Roulant dans un ciel dont ses rayons ont dévoré toutes les vapeurs, il se plonge dans la mer de sable, semblable à un immense globe de feu suspendu sur un horizon embrasé.

L'aurore, au contraire, varie à l'infini, et présente le plus majestueux spectacle que l'on puisse imaginer. La fraîcheur de la nuit a condensé toutes les vapeurs à la surface du désert, et il faut qu'à son lever, le lumineux flambeau qui nous éclaire en disperse la couche ténébreuse, pour apparaître enfin dans tout son éclat.

Dans notre brumeuse patrie, la nuit disparaît avec une tranquille majesté. Lorsque l'aurore commence à poindre derrière les forêts ou sur le diadème glacé des montagnes, les premières clartés du jour illuminent à peine le pâle azur du ciel. Et, s'il nous était permis d'apercevoir notre blonde Aurore à travers les derniers replis de la tunique de Morphée, elle nous apparaîtrait avec ce gracieux et frais visage que lui donne la poésie antique.

Mais, en Orient, ce séjour de la lumière, le phénomène se manifeste avec des formes aussi variées que merveilleuses : la richesse de nos plus splendides décorations reste au-dessous de la réalité.

Sur la plate-forme de l'un des Pilônes de l'île de Philœ, j'ai joui plusieurs fois de cette scène féerique. Lorsque l'éclat pâlissant des constellations annonce l'aube du jour, la région d'où le soleil va bientôt s'élancer dans les cieux, s'enveloppe d'un immense et épais rideau noir. Puis, bientôt après, ce sombre voile de nuages se déchire irrégulièrement, comme si, dans leurs danses aériennes, les sylphes joyeux le perçaient de place en place, pour nous découvrir l'éblouissant incendie de l'horizon. L'Aurore nubienne semble sortir des fournaises de l'Etna. Ce n'est plus la déesse fraîche et timide, dont les larmes se distillent en perles transparentes sur les fleurs du matin ; c'est une bacchante enivrée, à l'œil ardent, au visage empourpré, dont la noire chevelure s'éparpille sur la voûte azurée, et qui, avec des doigts de feu, ouvre les portes embrasées de l'Orient.

CHAPITRE III.

L'AIR.

L'océan aérien qui enveloppe la terre, présente une hauteur de quinze à seize lieues. C'est lui qui y répand l'animation et la vie; sa disparition serait immédiatement suivie d'une destruction générale des animaux et des plantes, d'un silence de mort.

Le principe vital de l'air, ou l'Oxygène, entre dans sa composition pour $\frac{21}{100}$. On a généralement cru que ses proportions étaient presque identiques sur toute la superficie du globe. Selon Martins, l'air du Faulhorn, l'une des plus hautes montagnes de la Suisse, offre la même richesse d'oxygène que celui de Paris.

Les paradoxes ont de tout temps eu du succès. Quelques chimistes prétendirent que l'atmosphère des hôpitaux, et même celle des égouts et des lieux les plus infects, y conservait sa pureté virginale (118). Nonobstant toutes ces assertions, comme dans les cités populeuses on consomme beaucoup d'oxygène, tandis que les plantes en émettent continuellement au sein de l'atmosphère, il semblait *à priori* que l'on devait trouver dans l'air des campagnes beaucoup plus de gaz respirable que dans celui des villes. L'expérience commença par infirmer ce fait; puis ensuite on reconnut cependant que dans ces dernières le gaz respirable était moins abondant qu'au milieu des champs. L'un de nos chimistes de la plus brillante espérance, M. Houzeau, qui a fait de laborieuses recherches sur l'Ozone, a reconnu, dans des expériences exécutées en grand, qu'en effet l'oxygène est plus abondant au milieu des forêts, qui le distillent incessamment de toutes les porosités de leurs feuilles, que dans nos villes, où cent mille bouches l'absorbent et le consomment.

C'est là ce que nous connaissons de positif relativement à la composition chimique de l'air; parlons maintenant de sa Micrographie, si facile à étudier, et qui cependant donne encore lieu à tant de puériles fables.

Les anciennes Théogonies, pleines de mystères et de poésie, peuplaient l'espace d'une infinité de divinités invisibles et charmantes; elles animaient tout! Les Gnomes étaient disséminés dans les profondeurs de la terre; le feu avait ses Salamandres, les Naïades se jouaient dans le cristal des eaux, et les Sylphes, légers et diaphanes comme les plaines de l'air, les animaient de toutes parts des longs et gracieux festons de leurs danses.

Les savants modernes, sans être plus précis que l'antiquité, ont été moins heureux. Au lieu de Sylphes, ils ont rempli, surchargé l'atmosphère d'une incalculable quantité de Germes, toujours prêts à répandre partout la fécondité et la vie. Fiction pour fiction, on aime mieux celle de nos devanciers; elle est beaucoup plus séduisante et surtout moins indigeste.

A l'aide de ces Germes, disséminés en tous lieux, et pénétrant par myriades partout où leur véhicule a le moindre accès, les savants du dix-huitième siècle expliquaient l'apparition de ces innombrables populations d'animaux ou de plantes microscopiques, qui envahissent fatalement tous les êtres abandonnés à la désorganisation putride.

Rien ne pouvait être soustrait à leur terrible irruption. La prodigieuse ténuité de ces agents destructeurs leur permettait de franchir tous les obstacles, et de s'insinuer dans les cavités les mieux abritées ! L'intelligence humaine échouait en voulant pénétrer le secret de leur transmigration à travers les tissus les plus serrés des animaux et des plantes.

Pour mieux étayer leurs systèmes, à une époque où le talent du rhéteur se substituait souvent à une science réelle, quelques philosophes prêtaient à ces germes les plus paradoxales propriétés. C'était à peine si le verre leur paraissait capable d'en arrêter l'invasion ; si la fournaise la plus ardente suffisait pour les consumer ! Rien n'entravait Bonnet au sujet de ceux-ci ; il les croyait réfractaires aux plus destructeurs agents chimiques, et prétendait même qu'à l'aide d'une circulation plus que merveilleuse, ils pénétraient toute l'économie des êtres animés (119).

Les fauteurs de l'hypothèse de la Dissémination illimitée ne s'arrêtaient pas là : une première excentricité en entraîne successivement d'autres. Quelques-uns d'entre eux, retombant dans les conceptions de la philosophie hermétique, firent de ces Germes des espèces d'entités métaphysiques impérissables. Issus de la création mosaïque, ceux-ci, selon eux, pouvaient sauter par-dessus les siècles et les cataclysmes, et parvenir jusqu'à notre époque pleins de fécondité et de vie.

Tout cela était une conséquence d'une idée fausse; car si l'air était rempli de tous les éléments générateurs qu'il faudrait qu'il contînt pour son rôle de disséminateur universel, il serait tellement épais, que nous ne pourrions y circuler, et nous serions plongés dans les plus profondes ténèbres. En effet, si quelques globules de vapeur d'eau suffisent pour occasionner de sombres et suffocants brouillards, qui, comme à Londres, forcent parfois d'allumer des lumières au milieu du jour, que serait-ce donc si l'atmosphère était encombrée d'œufs et de semences?

On a donné le nom de *panspermie* à cette prétendue dissémination universelle des corps reproducteurs des animaux et des plantes. Mais cette hypothèse, purement gratuite, succombe aussitôt qu'elle est soumise au critérium de l'observation.

Il existe des végétaux qui n'apparaissent que dans des circonstances tellement exceptionnelles, tellement extraordinaires, que l'esprit se révolte à la pensée que leurs séminules encombrent de siècle en siècle l'atmosphère, pour ne féconder qu'à de rares intervalles quelque point imperceptible du globe : ce serait l'inutilité dans l'immensité.

On connaît un Champignon qui ne se développe jamais que sur les cadavres des Araignées; un autre n'apparaît qu'à la surface des sabots des chevaux en putréfaction. Tel petit végétal de la même famille, l'*Isaria* du Sphinx, n'a encore été observé que sur certains papillons nocturnes. Les chrysalides et les larves de ceux-ci n'en sont même jamais affectées; ce sont d'autres espèces qui les envahissent. A moins d'avoir l'imagination de Bonnet, est-il possible qu'on suppose que la nature encombre inutilement l'air de tout le globe, dans le simple but d'ensemencer quelques rares cadavres d'Araignée ou de Papillon ; et que toujours il y en ait en disponibilité pour l'insecte parfait, pour sa chrysalide et pour sa larve ?

On connaît encore des faits plus curieux : tel est celui d'un Champignon qui ne se rencontre jamais que sur la queue d'une chenille des contrées tropicales. Il est constamment unique sur l'animal, et énorme comparativement à lui, car sa hauteur dépasse souvent quatre à cinq pouces. Faut-il donc que, pour ce cas fortuit, l'air ait été bourré de semences, afin qu'il s'en implante une, de temps à autre, sur un site d'élection qui n'a pas un millimètre carré de surface ?

Comme un végétal particulier envahit chaque espèce de fermentation, il faut donc que ses germes, selon les panspermistes, errent vaguement dans l'atmosphère, depuis la création jusqu'au moment où l'on produit une nouvelle liqueur fermentée. Ceux-ci sont-ils restés tant de siècles inoccupés, pour attendre l'instant où Osiris inventerait la bière ? Et aujourd'hui encore, l'atmosphère alourdie par ces séminules, les promène-t-elle d'un pôle à l'autre, pour le moment où le Groënlandais et le Patagon se mettront à fabriquer quelques litres de cette boisson ; ou bien pour féconder les fermentations nouvelles que chaque chimiste peut inventer dans le silence de son laboratoire ?

S'il en était ainsi, il faudrait réellement gémir sur le sort de l'atmosphère !....

Bien plus encore ; les botanistes connaissent un végétal singulier, le *racodium cellare*, qui n'a jamais été rencontré que sur les futailles de nos celliers. Avant l'invention de celles-ci, où donc en résidaient les germes, durant les longs siècles où nos pères n'employèrent que des amphores ?

Un grand physiologiste, Bérard, parle même d'un végétal qui ne vit que sur les gouttes de suif que les mineurs laissent tomber sur le sol en travaillant. Lors de la création générale, s'est-il donc produit des semences de cette singulière espèce, dans la prévision de l'exploitation des mines à l'aide de nos vulgaires moyens d'éclairage?

Enfin, tous les botanistes ne savent-ils pas que chaque plante malade ou mourante, est fatalement envahie par une parasite spéciale? Rien ne peut expliquer l'introduction des séminules de ce funeste hôte; et l'on peut dire qu'il en existe autant de variétés qu'il y a d'espèces végétales! Qui donc oserait professer que l'air suffit à fournir tant et tant de germes destructeurs?

La raison s'indigne en présence d'une si audacieuse supposition. En effet, si la Panspermie n'était autre chose qu'une fiction, l'atmosphère devrait être tellement obstruée d'œufs et de semences, que tout mouvement et toute respiration y deviendraient impossibles; nous péririons suffoqués.

La Micrographie, par un seul mot, a renversé, sans retour, cette étrange hypothèse. Elle a dit : Ces œufs et ces semences sont tangibles ; on peut ordinairement les palper et les voir; quiconque en parlera est tenu de les montrer. *Montrez-les donc !*... et personne n'a pu le faire encore.

Mais si l'atmosphère n'est point surchargée, saturée de

ces introuvables œufs, il faut cependant reconnaître que, malgré sa transparence et sa pénétrabilité, il y flotte une immense quantité de corpuscules invisibles. Est-ce que chacun ne l'a pas reconnu, en entrant dans un endroit obscur que traverse un rayon de lumière? On est tout surpris alors, en regardant celui-ci, de l'infinie variété de tout ce qui y voltige, s'abaisse ou monte, en formant des flots irisés et étincelants.

Ces corpuscules légers représentent des vestiges, des détritus de tous les corps qui se trouvent à la surface de la terre, et qui en sont enlevés par l'agitation de l'atmosphère.

En pleine mer et en temps calme, un rayon de lumière ne laisse apercevoir presque rien ; il n'y flotte que quelques débris du navire.

Sur le sommet des hautes montagnes, on remarque la même pénurie de corpuscules. Près du cratère de l'Etna, la brise ne nous apportait que quelques parcelles de cendre et de soufre vomies par le volcan.

Mais aussitôt qu'on abandonne les solitudes de la mer ou des montagnes, plus on se rapproche des cités populeuses, et plus l'air se surcharge d'invisibles particules. Le catalogue de celles-ci n'est, en réalité, que le sommaire de tout ce dont l'homme se sert pour ses besoins ou ses plaisirs! Débris d'aliments, débris de vêtements, débris de nos meubles et de nos demeures; tout s'y trouve représenté.

La Farine de blé, qui constitue la base de notre alimentation, partout employée, est partout disséminée par l'air. A l'aide de ce fluide, elle pénètre dans les lieux les plus retirés de nos demeures et de nos monuments. J'en ai découvert dans les plus inaccessibles réduits de nos vieilles églises gothiques, mêlée à de la poussière noircie par six à huit siècles d'ancienneté. J'en ai aussi rencontré dans les palais et les hypogées de la Thébaïde, où elle datait peut-être de l'époque des Pharaons. J'en ai même découvert qui, enlevée à nos habitations par la violence des vents, avait été transportée jusqu'au sommet du Mont-Blanc et s'y était mêlée à ses neiges éternelles.

Dans nos villes, c'est un des plus abondants corpuscules de l'air; en le traversant, la neige qui tombe et l'insecte qui voltige en recueillent énormément. J'en ai compté jusqu'à quarante et cinquante grains sur les ailes de certaines mouches. Elle s'attache aussi à la surface du corps de l'homme et des grands animaux. En râclant légèrement la peau d'une personne vivante ou d'un cadavre, on est tout surpris d'en recueillir une certaine quantité.

On voit aussi flotter dans l'air des squelettes de différents Infusoires; et, ce qui est plus extraordinaire, on y rencontre même des Animalcules parfaitement vivants. J'y ai trouvé ainsi, à diverses reprises, des Crustacés et des Arachnides microscopiques. On y observe fréquemment des débris d'Insectes, des filaments de laine, de soie ou de coton teints des couleurs les plus variées; puis d'abondants débris du sol, et même des parcelles de fumée rejetées par nos fabriques ou nos foyers; on y rencontre parfois aussi des fragments de verre. Tout s'y trouve, et, avec une certaine habitude, s'y reconnaît facilement; il n'y a que ces œufs et ces semences dont les panspermistes l'encombrent, que l'on n'y rencontre pas ou qui y sont d'une prodigieuse rareté.

Tous ces corpuscules pénètrent avec l'air dans nos

organes respiratoires. Aussi, nos poumons renferment-ils toujours une certaine quantité de fécule. J'ai même découvert des Crustacés microscopiques vivants, dans ceux d'un homme mort.

On sait que les os des oiseaux, au lieu d'être remplis de moelle, sont absolument creux; et qu'à l'aide d'un curieux mécanisme ils communiquent avec les poumons et servent à la respiration; aussi ces os pneumatiques sont-ils très-propres à retenir les corpuscules aériens qui parviennent dans leurs cavités.

Un Paon, élevé dans un château, offrait dans ses os d'abondants filaments de laine et de soie, teints des plus magnifiques couleurs. C'étaient d'évidents vestiges des riches parures des nobles châtelaines du lieu ou de quelques ouvrages tissés par leurs délicates mains.

Au contraire, des Poules de l'humble maison d'un boulanger, avaient leurs cavités pneumatiques presque uniquement bourrées de farine et de débris de quelques vêtements grossiers; celles d'un charbonnier y offraient d'abondantes parcelles de charbon.

Des Pics, qui n'habitent que les sites les plus solitaires des forêts, n'ont leurs voies respiratoires envahies que par des débris de feuilles et d'écorces.

A l'opposé de cela, les Corneilles, dont la vie se passe en partie sur les toits de nos demeures et en partie dans les campagnes, ont leurs os remplis de tout ce qui voltige dans les lieux variés qu'elles fréquentent. On y découvre des filaments de laine et de coton diversicolores, ainsi que de la fécule et de la fumée, qu'elles hument sur le faîte de nos demeures; puis de fines parcelles végétales, qu'elles aspirent au milieu des bois.

Il est curieux de voir ainsi les mœurs des animaux se traduire par l'examen de leurs voies respiratoires.

Mais partout, soit en explorant l'air, soit en fouillant intimement les plus profonds organes des animaux, on ne rencontre qu'une insignifiante quantité de ces œufs ou de ces semences dont les panspermistes prétendent cependant que l'atmosphère est encombré (134).

IV

L'UNIVERS SIDÉRAL

L'UNIVERS SIDÉRAL.

LES CIEUX ET L'IMMENSITÉ.

Kepler, dont rien n'arrêtait le génie, avait déjà tracé les grandes lois de la physique des globes. Toutes les étoiles, selon lui, ne sont que des soleils comme le nôtre, dont chacun a son système planétaire. Et notre soleil, avec tout son cortége de satellites, est lui-même jeté comme une étoile errante dans l'océan des mondes, où il forme le point central de cette poussière stellaire que l'on appelle Voie lactée.

Cet astre flamboyant, selon la belle métaphore de Théon de Smyrne, est le cœur de l'univers, vivifiant tout par ses battements. Tout autour de lui, disséminées dans l'immensité, les étoiles animent majestueusement la voûte céleste. Leur éclat, l'éblouissant spectacle qu'elles étalent à nos yeux, pénètrent l'âme d'humilité et d'anéantissement. C'est dans les vallées de l'ardente Thébaïde, que jamais une goutte d'eau n'arrose, qu'il faut se livrer à de telles contemplations. On y jouit de nuits éternellement sereines; et sous leur magnifique dôme, les astres, ces fleurs immortelles du ciel, comme les appelle saint Basile, élèvent l'esprit de l'homme du visible à l'invisible. Les cieux racontent la gloire de Dieu : « *cœli enarrant gloriam Dei.* »

Le nombre des étoiles connues et calculées est considérable. Les astronomes évaluent à environ trois mille, le nombre de celles que l'on peut apercevoir à l'œil nu, au même instant, sur l'horizon. Pour le ciel entier, les vues les plus perçantes, favorisées par des nuits d'une extrême pureté, n'en comptent que à peu près 6000 (119 *bis*).

Cette richesse stellaire devenait embarrassante; aussi, de très-bonne heure, a-t-on senti la nécessité d'en faire des groupes distincts, auxquels on donna le nom de *constellations*. Presque tous ces groupes représentent des êtres vivants, dessinés sur la sphère céleste.

Mais ce groupement des constellations, dont l'origine remonte à une haute antiquité, ne s'est fait que successivement. Suivant Clément d'Alexandrie, ce serait 1420 ans avant notre ère, que Chiron, précepteur de Jason, aurait le premier partagé le ciel étoilé en constellations distinctes, en dessinant celles-ci sur une sphère qu'il offrit aux Argonautes. Telle est aussi l'opinion de Newton (120).

Cependant, la première preuve authentique de la division du ciel ne remonte qu'à Hésiode, déjà beaucoup plus rapproché de nous. Dans son livre *des Travaux et des*

Jours, écrit environ 800 ans avant Jésus-Christ, ce poëte parle des Pléiades, d'Arcturus, d'Orion et de Sirius (121).

L'Odyssée et l'Iliade sont encore stériles en allusions astronomiques. Cependant, Homère y rapporte qu'Ulysse dirigeait son navire en se guidant sur les Pléiades et le Bouvier. Et lorsqu'il décrit le bouclier d'Achille, le prince des poëtes mentionne encore un certain nombre de constellations, et en particulier la Grande-Ourse, qui seule ne se plonge jamais dans les vagues de l'Océan.

C'est aux Grecs qu'on attribue généralement l'invention de la presque totalité des constellations. Quant à celles qui se trouvent vers l'équateur, ou les constellations zodiacales, on les considère généralement comme rappelant emblématiquement des divinités égyptiennes. La Vierge représente Isis, et le Capricorne Mendès; le Bélier est consacré à Jupiter Ammon; le Taureau n'est que l'emblème du dieu Apis, et le Lion celui d'Osiris (122).

Cette division de la sphère céleste, quoique fort ancienne, a successivement été acceptée par les astronomes de toutes les époques, malgré les tentatives qui ont été faites pour la réformer. Vers le huitième siècle, quelques astronomes théologiens, froissés de voir toutes les divinités de l'Olympe éparpillées sur la voûte du ciel, essayèrent de les déposséder en substituant aux souvenirs mythologiques des noms empruntés aux saintes Écritures. Mais cet essai, dont Bède fut le promoteur, échoua complétement. Cependant, les curieux citent des calendriers où saint Pierre remplace le Bélier, saint André le Taureau. David, Salomon et les Rois mages y ont aussi leur place (123).

J. Herschell, plus positif, en présence des difficultés qu'offre la délimitation des constellations, proposa tout simplement de tracer des quadrilatères sur la voûte céleste, et de classer les étoiles dans chacun d'eux. Mais ce système n'a eu aucun succès.

L'investigation de l'univers ne s'arrête pas aux étoiles. A l'aide des télescopes on découvre, dans le plus extrême lointain des cieux, des taches blanches, d'une forme variable, qui ne semblent être que des amas de matière cosmique disséminés çà et là : ce sont les Nébuleuses. Celles-ci marquent la limite de notre exploration sidérale. A mesure qu'avec nos nouveaux moyens nous fouillons plus avant dans les profondeurs du ciel, à mesure aussi apparaissent quelques-uns de ces corps lumineux.

Les grands instruments dont on fait usage aujourd'hui, ont permis de reconnaître que beaucoup de Nébuleuses ne sont que des amas d'étoiles télescopiques. Mais dans l'extrême profondeur des cieux, il en est un certain nombre qui restent encore irréductibles. On connaît déjà plus de 4500 nébuleuses, disséminées dans les deux hémisphères.

Les Nuées de Magellan, ces taches lumineuses qui couvrent un si grand espace du ciel des régions australes, et semblent comme des lambeaux arrachés à la Voie lactée, présentent aussi une composition complexe. Sir J. Herschell dit qu'elles sont formées, à la fois, par des étoiles isolées, par des essaims d'étoiles, et enfin par des Nébuleuses, plus pressées que celles que l'on rencontre près de la Vierge et dans la Chevelure de Bérénice.

Les premiers pilotes qui s'aventurèrent dans les mers australes, furent aussi frappés par des phénomènes tout opposés; c'étaient des taches noires, se dessinant irrégulièrement sur la voûte céleste, et auxquelles, dans leur langage imagé, ils donnèrent le nom de *sacs à charbon.*

Selon les astronomes, ces taches, dont les plus célèbres avoisinent la Croix du Sud, sont dues à une éclaircie du ciel où celui-ci est en grande partie dépourvu d'étoiles. Il semble de véritables trous, selon l'expression de de Humboldt, par lesquels nos yeux plongent dans les espaces les plus reculés de l'univers (124).

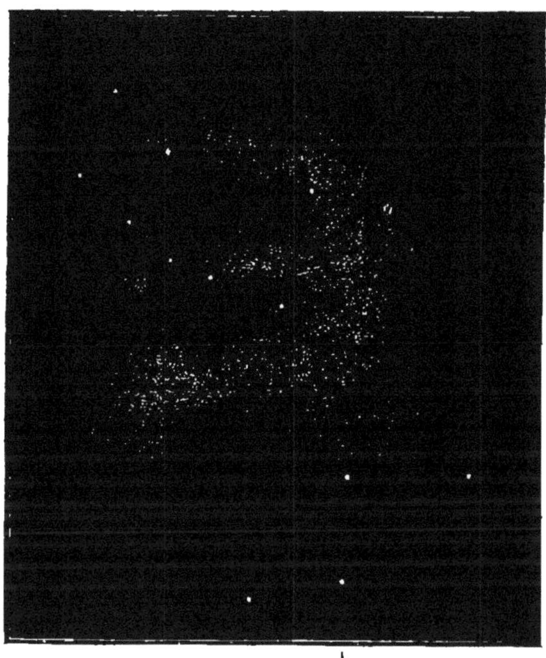

Nuées de Magellan.

Guidé par des calculs et des instruments d'une admirable précision, de nos jours, l'astronome pénètre avec assurance jusqu'aux sphères disséminées vers les confins de l'immensité. Il les pèse et en apprécie le volume et la densité, comme si elles étaient venues se placer sur le plateau de sa balance.

La science moderne puise à pleines mains dans ses

splendides arsenaux, tandis qu'à son berceau tout lui manquait, hors le génie !

Hipparque et Ptolémée n'avaient aucun instrument pour contempler le ciel. Les astronomes de la Renaissance, tels que Regiomontanus, Copernic, Tycho-Brahé et Kepler, ne furent pas plus favorisés; cependant, combien d'immortelles découvertes ne leur doit-on pas? Ils semblent avoir presque tout vu avec leurs yeux de Lynx, où tout deviné !

Le premier télescope qui fut exécuté, le faible télescope de Galilée, ne grossissait que sept fois les objets; et, nonobstant, c'est avec lui qu'il découvrit les satellites de Jupiter (125).

Aujourd'hui, W. Herschell explore les astres avec des grossissements de 6500 fois. Le comte de Rosse sonde la profondeur du ciel avec un télescope de six pieds d'ouverture et de cinquante pieds de longueur. Et par la puissance de cet immense tube optique, dans lequel un homme se promènerait à l'aise, on voit se résoudre en essaims d'étoiles serrées, diverses nébuleuses qui avaient jusqu'à ce jour résisté à tous nos instruments (126).

Aussi, au moment où nous parlons, nos moyens d'investigation ont donné de gigantesques proportions au champ des sciences. Lorsque l'astronomie sidérale n'était explorée qu'à l'œil nu, les catalogues d'étoiles exécutés depuis l'antiquité jusqu'à la Renaissance, depuis Hipparque jusqu'à Tycho-Brahé, ne mentionnaient guère qu'un millier de ces astres. De nos jours, avec un télescope de 20 pieds de longueur, déjà la voûte céleste se peuple, selon M. Struve, de plus de 20 000 000 d'étoiles.

Mais sir W. Herschell sonde encore plus intimement les mystères des cieux. A l'aide de son télescope de

40 pieds de longueur, la Voie lactée, cette longue traînée blanche que les Arabes appelaient le *fleuve céleste*,

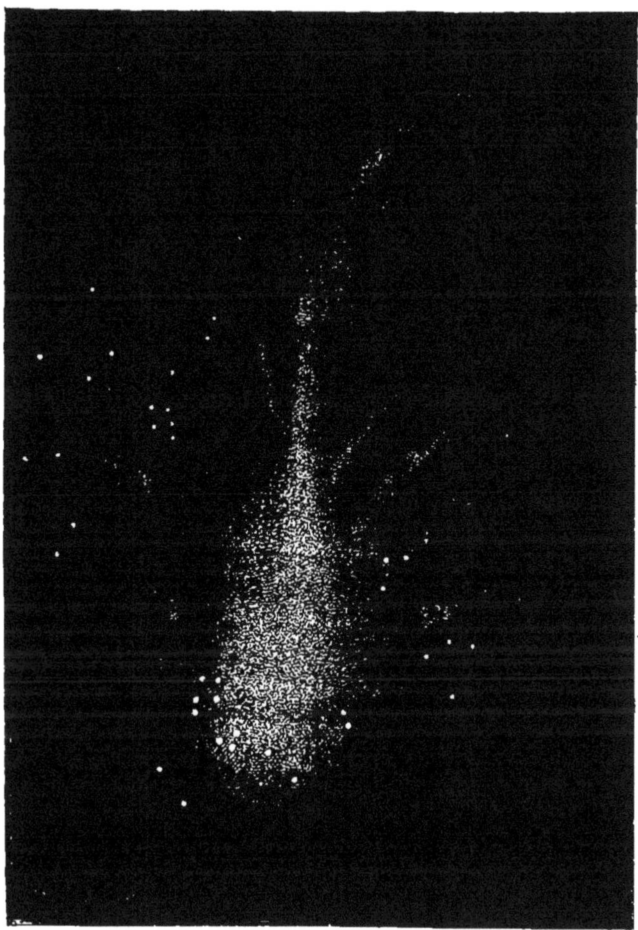

Nébuleuse du Taureau.

se résout en une poussière stellaire, dans laquelle l'astronome anglais compte déjà 18 000 000 d'étoiles télescopiques.

Est-ce à dire, cependant, que ces chiffres inattendus, que ces chiffres qui confondent l'imagination, énoncent le dernier terme de la science, et que celle-ci ait tracé les dernières limites de l'univers sidéral?... Mais probablement non. D'autres révélations, non moins merveilleuses, étonneront nos arrière-neveux!

L'aspect de cette poussière d'étoiles dispersées dans le firmament, ne nous donne qu'une imparfaite idée du grandiose de l'univers sidéral. Le nombre et l'éloignement affaiblissent l'impression. Il semble que des astres si abondants, et en apparence si tassés, ne peuvent être que des points lumineux! C'est la science qui donne aux objets leur importante réalité, en appelant ses calculs à notre secours. Pour préciser les dimensions de l'un de ces corps célestes, laissons parler M. A. Guillemin « Wollaston, dit-il, affirme que le diamètre apparent de la plus brillante étoile du ciel, de Sirius, ne vaut pas la cinquantième partie d'une seconde d'arc. Mais, hâtons-nous de dire que ce résultat laisse encore une belle marge aux dimensions réelles de cette étoile, puisqu'à la distance où elle se trouve de nous, un diamètre apparent aussi petit représenterait néanmoins un diamètre réel de 4 500 000 lieues : c'est encore 12 fois le diamètre de notre soleil. »

Ces simples citations ne démontrent-elles pas que les phénomènes de la nature possèdent des proportions non moins extraordinaires qu'inattendues! Aussi, lorsque l'homme s'initie aux sciences modernes, est-ce avec un profond étonnement qu'il reconnaît que les merveilles qu'elles lui révèlent, dépassent, même de beaucoup, les plus audacieuses fictions de la poésie antique.... (127).

Prouvons-le par quelques exemples.

Les philosophes anciens pensaient donner une grande et majestueuse idée du soleil, en comparant ses dimensions à la superficie du Péloponèse. Quelle mesquine image.... Ce flambeau du monde, ce *lucerna mundi*, comme l'appelait Copernic, est 1 400 000 fois plus volumineux que la terre. Et ses proportions sont telles, que si l'on supposait que celle-ci fût placée à son centre, le soleil étendrait sa masse au delà de l'orbite de la lune, et notre satellite n'accomplirait sa révolution qu'enseveli sous les épaisses couches incandescentes de l'astre qui nous éclaire (128).

Dans sa Théogonie, Hésiode, en voulant donner une idée de l'élévation du firmament, suppose qu'une enclume d'airain, en tombant du haut du ciel, roulerait neuf jours et neuf nuits dans l'espace avant d'arriver jusqu'à la terre (129).

Oh! combien l'imagination du poëte de l'Hellénie est restée au-dessous de la vérité; vérité qui occasionne le vertige! En effet, d'un côté, la physique nous démontre qu'un corps solide, emporté par la gravitation pendant ce laps de temps, ne parcourrait guère que cent quarante-trois mille lieues. Tandis que, de l'autre, l'astronomie du dix-neuvième siècle nous apprend qu'un rayon lumineux, parti d'Alcyone, la plus brillante des Pléiades, met cinq cents ans à traverser l'espace avant de venir frapper notre œil. Et cependant, la lumière est si rapide qu'en un dixième de seconde, une de ses ondes fait le tour du globe!... Mais la profondeur du ciel ne s'arrête pas au groupe des Pléiades : celles-ci appartiennent, au contraire, à ses couches les plus superficielles (130).

L'espace étant infini, et notre esprit restreint, nous ne pouvons en embrasser que quelques parcelles, nonobstant, celles-ci, quoique fort limitées dans le champ de l'immensité, n'en confondent pas moins la compréhension humaine. Pour les énumérer, il y aurait de la puérilité d'essayer des nombres; dans cette tentative, toutes les ressources de notre intellect échoueraient. L'espace que parcourt la lumière pendant une seule année, dépasse déjà la portée de nos facultés d'intuition; on n'en est pas surpris, en se rappelant qu'elle franchit la distance qui nous sépare du soleil, c'est-à-dire 38 millions de lieues, en 8 minutes 18 secondes; et cependant c'est cette lumière, dans sa marche éblouissante, qui sert à mesurer les incommensurables distances des globes, et à nous donner l'idée grandiose de quelques parcelles de l'infini!

La lumière franchissant 77 000 lieues par seconde, combien est mesquine la marche de tout ce que nous pouvons lui opposer. Près d'elle, le son lui-même ne se propage qu'avec une ridicule lenteur.

En supposant que l'immense abime interposé entre la terre et le soleil soit susceptible de transmettre les ondes sonores, on a calculé qu'un son, qui serait produit à la surface du resplendissant flambeau du monde, mettrait quatorze ans et deux mois pour arriver jusqu'à notre oreille.

Lorsque, par une curieuse investigation, on veut supputer combien de temps, à l'aide de nos plus rapides moyens de locomotion, il nous faudrait pour accomplir un voyage jusqu'à l'astre qui nous éclaire, on est tout étonné du résultat. D'après les calculs de M. Guillemin, un train express de chemin de fer, qui serait parti de la terre le 1er janvier 1865, n'arriverait au soleil qu'en l'année 2212, en marchant à raison de 50 kilomètres par heure. C'est-à-dire en 347 ans; ce que la lumière fait en quelques minutes.

Nous venons de rappeler quel temps considérable un rayon lumineux, parti des Pléiades, mettait pour parvenir jusqu'à la terre. Mais ce que le génie de l'homme a pu s'approprier de l'infini ne se borne pas à ces constellations : l'astronomie sidérale, éclairée par les instruments de précision de notre époque, nous révèle, comme nous l'avons vu, que la Voie lactée n'est qu'un composé d'étoiles télescopiques. Eh bien! d'après ses appréciations photométriques, sir J. Herschell a pensé que ces étoiles étaient si prodigieusement distantes de la terre, qu'un rayon parti de l'une d'elles, met deux mille ans pour parvenir jusqu'à nous.

Mais l'investigation humaine pénètre encore bien au delà.

Quand l'observateur plonge plus profondément ses regards dans l'immensité, lorsqu'il atteint enfin ces Nébuleuses qui résident sur les confins de l'univers stellaire, la distance devient telle qu'elle confond l'imagination, et que les chiffres ne suffisent plus pour la représenter. D'après des calculs qui ne sont point hors de vraisemblance, dit de Humboldt, la lumière, malgré sa foudroyante rapidité, emploie plus de deux millions d'années à traverser l'incommensurable distance qui nous sépare de ces astres. Ainsi donc, lorsque le télescope révèle encore à nos yeux l'éclat lumineux de l'une de ces Nébuleuses, il peut cependant y avoir plus de deux millions d'années que ce corps mystérieux s'est éteint dans l'espace : ainsi, l'histoire des cieux, franchissant la nuit des temps, passe à travers les siècles et vient nous apparaître comme autant d'événements contemporains!

Comparativement à l'incommensurable distance des étoiles, la lune est presque tout contre la terre. Nous n'en sommes éloignés que de 96 720 lieues; aussi, à l'aide de nos instruments perfectionnés, nous fouillons tous les détails de sa structure presque aussi intimement que si elle faisait partie de l'un de nos horizons lointains.

La géologie et la géographie de la lune ont pu être faites assez complétement. Cet astre n'est, en quelque sorte, composé que de cratères volcaniques et de montagnes; aucun peut-être n'a eu sa surface plus tourmentée par le feu. Et ces bouches ignivomes ont des dimensions bien supérieures à celles de nos volcans terrestres. Quelques-uns des cratères de la lune offrent de quatre à cinq lieues de diamètre, et nos lunettes nous les font apercevoir avec de telles proportions, qu'aucun de leurs détails ne nous échappe; tandis que de la lune, selon de Humboldt, nos télescopes ne nous permettraient qu'à peine de reconnaître les volcans terrestres.

Vus de la terre, les volcans lunaires ressemblent à autant d'anneaux aplatis. Certaines régions en sont tellement criblées que leurs bouches se touchent. L'aspect annulaire qu'offre celles-ci tient à l'éloignement et à ce qu'on les voit d'en haut. Quand on se trouve au sommet de l'Etna, et que la vue plonge sur les trente ou quarante petits volcans qui se trouvent dispersés sur les flancs du géant, on a absolument l'aspect d'un des sites de la lune. J'ai été spontanément frappé de cette analogie, que je ne crois pas qu'aucun astronome ait signalée.

La lune, au contraire, n'a que peu de chaines de

montagnes. Les Alpes, le Caucase et les Apennins sont les principales. L'altitude de leurs plus hauts pics ne dépasse guère 7000 mètres. On en aperçoit les détails à tel point qu'on peut en préjuger la composition géologique ; et nos lunettes sont tellement précises, que s'il existait sur notre satellite quelque grand monument, on l'y apercevrait.

Anciennement on considérait comme représentant les mers de la lune, les espaces noirs qui occupent une partie de sa surface, mais aujourd'hui on est porté à les regarder comme n'étant que d'immenses plaines. Les premiers astronomes leur avaient imposé des noms pleins de poésie. Il y a la mer de la Tranquillité, la mer des Nuées, la mer du Nectar, l'océan des Tempêtes et la mer de la Sérénité.

Dénuée d'atmosphère et d'eau, la lune est plongée dans un éternel silence. C'est un désert inanimé.

Si le vulgaire ne sonde pas tous les mystères du ciel, par compensation, son imagination s'en dédommage avec ses étranges suppositions sur les Comètes, celles-ci ayant toujours eu le privilége de le plonger dans l'extase ou l'effroi.

L'histoire de ces astres errants n'est même, d'un bout à l'autre, qu'une énergique protestation contre l'appréciation de nos sens et le témoignage des masses. A leur égard, la fiction a été poussée jusqu'au délire. De tout temps, les comètes furent considérées comme de sinistres présages. Dans nos siècles de crédulité, leur queue éclatante n'apparaissait aux yeux du vulgaire que comme d'informes amas d'*épées flamboyantes* ou *de têtes et de poignards sanglants*, précurseurs des guerres les plus meurtrières. D'autres fois, l'imagination fascinée de nos pères y voyait *des étoiles chevelues*, qui menaçaient le monde d'un embrasement général.

De telles aberrations étaient si profondément enracinées dans les esprits, que des savants de la Renaissance, même des plus avancés, représentent les comètes sous ces traits dans leurs sérieux ouvrages (131).

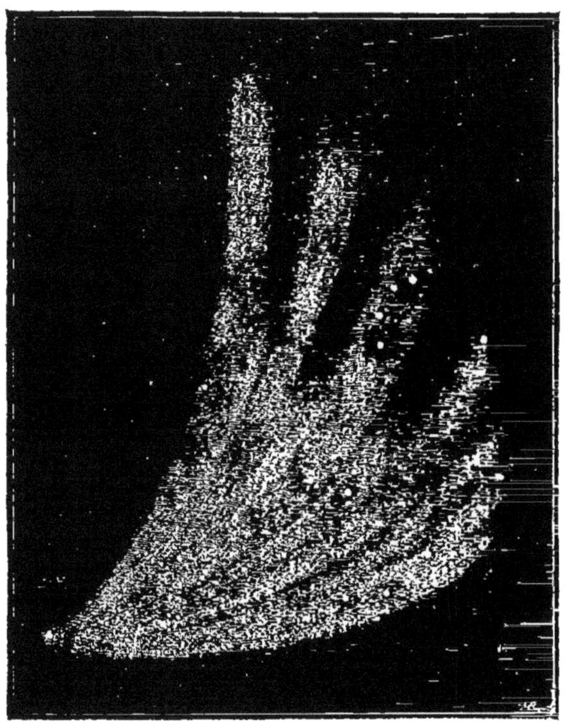

Comète de 1744 ou de Chéseaux, à queues multiples.

Si, dans leur progrès, les sciences ont effacé ces absurdités, d'un autre côté, cependant, elles ont accru quelques appréhensions. On craignait, à chaque instant, que le choc de l'un de ces astres vagabonds ne vînt briser la terre en éclats. La théorie de Buffon et les assertions de Kepler, n'étaient, en effet, nullement rassurantes. Le premier, on se le rappelle, avait prétendu que notre globe n'était qu'une éclaboussure du soleil, enlevée par le choc d'une comète ; et le danger semblait d'autant plus imminent que, dans son langage pittoresque, Kepler disait : « qu'il y a plus de Comètes dans le ciel que de poissons dans l'océan. » (132).

Tout était à craindre.

Mais la science moderne a conjuré en partie le danger. En même temps qu'elle nous révélait l'immense dimension de ces astres, elle nous en révélait aussi l'inoffensive action. La queue des comètes, que les Chinois appellent ingénieusement leur balai, parce qu'elle semble balayer l'azur du ciel, et qui n'apparaît à notre œil que comme une gerbe lumineuse, dépasse parfois deux millions de lieues en longueur. Ce cône lumineux peut même atteindre des proportions bien autrement prodigieuses ; on l'a parfois vu égaler la distance qui sépare la terre du soleil, c'est-à-dire plus de 34 millions de lieues.

Mais malgré ces effrayantes proportions, les comètes ne doivent presque rien faire craindre à la terre, car ce sont de tous les astres ceux dont les particules matérielles offrent la plus grande laxité. Leur masse n'atteint parfois pas $\frac{1}{5000}$ de celle de la terre ; ce qui a pu les faire pittoresquement désigner sous le nom de *nuées errantes*, par Théon d'Alexandrie.

Leur contact n'est donc guère à craindre pour nous. Nous pouvons dormir en sécurité. Et il paraît même que, durant le passage de certaines comètes dans notre voisinage, leur queue a pu se plonger dans notre atmosphère (133).

Cependant, si, d'après Maupertuis, il existe de si petites comètes que leur chute, sur la terre, se bornerait à écraser quelques-uns de ses royaumes, sans ébranler sa masse ; il en est d'autres dont le contact pourrait devenir funeste à tous les êtres vivants de notre globe.

M. Faye, qui a évalué la masse de la fameuse comète de Donati au poids d'une mer de seize mille lieues carrées de surface, sur cent mètres de profondeur, fait remarquer, avec raison, que le choc d'une telle masse, animée d'une grande vitesse, pourrait bien être funeste à la terre.

Dans ses *lettres cosmologiques*, Lambert nous fait redouter les plus sinistres accidents. Selon lui, le choc d'une comète pourrait pulvériser notre globe, ou faire périr tout ce qui l'anime au milieu d'un déluge d'eau ou d'un embrasement général ; ou bien l'on pourrait voir des comètes nous enlever notre lune en l'entraînant dans leur orbe, ou nous y précipiter nous-mêmes, pour nous lancer au delà des régions de Saturne, au milieu d'un affreux hiver de plusieurs siècles.

Le phénomène des étoiles filantes frappe moins le vulgaire que l'apparition des comètes; cependant, malgré sa fréquence, son explication offre encore quelques points obscurs.

L'éloignement des étoiles empêche de pouvoir rapporter à celles-ci ces longues traînées lumineuses qu'on voit si fréquemment traverser le ciel ; aussi, aujourd'hui, attribue-t-on ce phénomène à des corps qui entrent dans notre atmosphère.

A deux époques de l'année, le ciel est constamment sillonné par une prodigieuse quantité de ces traînées lumineuses ; en une heure, on en compte parfois alors deux à trois cents. C'est ce qui a lieu du 8 au 10 août ;

et c'est à ce phénomène, qui a depuis longtemps frappé le vulgaire, que l'on donne le nom de *pluie de saint Laurent*, dont la fête tombe justement le 10 août. Ces traînées lumineuses, ne sont pour les catholiques irlandais que les larmes ardentes du saint vénéré.

Dans les nuits du 12 et du 13 novembre, la même abondance d'étoiles filantes a été observée. De Humboldt et Bonpland, qui en ont été témoins à Cumana, disent que le nombre de traînées lumineuses qui traversaient le ciel était tel que l'on aurait cru assister à un magnifique feu d'artifice tiré à une prodigieuse hauteur.

On a expliqué cette surabondance d'étoiles filantes, aux deux époques dont il a été question, en supposant qu'il existe autour du soleil un anneau composé de myriades de petits corps, que la terre traverse aux deux dates dont il a été parlé.

On évalue à des millions le nombre de ces corps météoriques qui viennent ainsi se plonger dans notre atmosphère et y apparaissent tout lumineux. Il en est qui, selon de Humboldt, viennent presque effleurer les sommets du Chimboraço.

Les bolides, qui ressemblent aux étoiles filantes, mais sont plus volumineux et qui laissent derrière eux une longue traînée de feu, éclairant passagèrement la terre à l'instar de la lune, doivent être mentionnés ici.

Ils éclatent parfois avec un bruit analogue à celui d'un coup de canon, et projettent sur le sol un nombre plus ou moins grand de pierres météoriques, qui tombent fumantes et brûlantes.

ADDITIONS

ET ÉCLAIRCISSEMENTS

ADDITIONS

ET ÉCLAIRCISSEMENTS.

---

(1) Voici en quels termes les journaux ont parlé de cette découverte. *Microscope extraordinaire.* On annonce que MM. Powel et Lealand, opticiens à Londres, ont réussi à tailler une lentille objective qui grandit de 7500 diamètres, ce qui équivaut à un grossissement de surface égal à 56 000 000 fois. — Malgré cette forte amplification, les divers objets vus jusqu'à présent sous cette lentille ont conservé une grande netteté. Mais le difficile n'est pas de faire des objectifs microscopiques aussi puissants, c'est de les établir à bon marché. (*Cosmos*, 1863, p. 679.)

(2) On explique ces amas énormes d'infusoires, en supposant qu'ils se reproduisent avec une miraculeuse rapidité, par subdivision. L'un de ces animalcules se divise en deux; chacun de ceux-ci se subdivise promptement en deux autres,

ce qui fait bientôt quatre individus, puis huit, puis seize, etc. Ce phénomène a lieu avec une si incroyable rapidité, que, d'après Ehrenberg, un seul des proto-organismes dont il est question dans ce paragraphe, peut en 24 heures en produire un million, et en quatre jours environ 140 billions, c'est-à-dire à peu près deux pieds cubes du terrain sur lequel repose une partie de Berlin.

(3) Il est ici question du *Trichina spiralis*, petit Ver microscopique, contourné en spirale, qui cause de nombreux cas de mortalité dans quelques régions de l'Allemagne. Les physiologistes savent qu'il se propage par l'usage de la chair des animaux qui en sont infectés. Dans certains pays où l'on soupçonne qu'il est introduit dans notre économie par l'emploi de la viande de porc, l'autorité commence à interdire l'usage de celle-ci. C'est ce qui a déjà lieu dans quelques localités de la Prusse.

(4) Les fauteurs du fameux système des atomes, qui a joué un si grand rôle dans la philosophie ancienne et moderne, prétendaient que c'était à la rencontre de ceux-ci qu'était due l'incessante production des globes et de toutes les créatures animées qui s'y trouvent.

Leucippe, et surtout Épicure, mirent ce système en vogue. Encore défendu par Kepler, Descartes et Gassendi, la science moderne l'a renversé absolument.

(5) Les expériences dont nous parlons ici, furent faites devant MM. de Jussieu, Dumas, Milne-Edwards et de Quatrefages en 1841.

Il est bien démontré aujourd'hui qu'elles étaient absolument erronées, car jamais la Société de biologie n'a pu voir, dans ses expériences célèbres, un seul Tardigrade ressusciter après avoir subi seulement une température de 100°.

(6) L'homme dont il est question faisait des expériences. publiques à Londres, au jardin de Cremorne. Ce véritable *phénix humain* se promenait paisiblement sous une longue tonnelle de feu, disposée en croix et ayant une ouverture à l'extrémité de chacune de ses branches. Cette tonnelle, formée d'un solide treillage en fer, dont la voûte s'élevait peu au-dessus de la tête de l'expérimentateur, était recouverte d'un amas de bois résineux. L'homme Salamandre commença ses promenades sous celle-ci quand le tout forma un brasier dont la flamme s'élevait à une hauteur considérable, et dont la chaleur était telle qu'elle nous força à nous tenir à une notable distance.

Les vêtements de cet homme incombustible paraissaient être de grosse toile ; et lors de son entrée dans la fournaise ils offraient une couleur rouge de vermillon. Mais quand il en sortit pour la première fois, ce qui me frappa, fut de voir qu'ils étaient devenus d'un blanc de neige. La tête de l'expérimentateur se trouvait protégée par un épais casque muni d'yeux de verre ; et il paraissait porter dans l'épaisseur de ses vêtements un appareil à air frais, avec lequel il respirait au milieu de l'embrasement dans lequel on le perdait absolument de vue, tant celui-ci était flamboyant.

(7) M. le docteur Pennetier, dans une suite de travaux remarquables, a démontré toute l'inanité des résurrections en général. Dans des expériences spéciales sur les Anguillules, il vit que celles-ci, loin de pouvoir supporter la dessiccation complète, succombaient à 70°. — Voyez *Mémoire sur les Rotifères. Ami des sciences*, 1859. — *Mémoire sur les Tardigrades. Ami des sciences*, 1859. — *Mémoire sur la révivification des Rotifères. Soc. de biologie*, 1859. — *Mémoire sur les Anguillules des toits. Soc. de biologie*, 1859. — *Recherches sur les Anguillules. Ami des sciences*, 1860. — *De la réviviscence et des animaux dits ressuscitants. Actes du Muséum d'histoire naturelle de Rouen*, 1862.

M. Tinel, professeur de physiologie à l'École de médecine de Rouen, a renversé la réviviscence des Tardigrades, en démontrant que ces animaux périssaient au-dessous de 80° de température, et par conséquent loin d'avoir atteint une complète dessiccation. *Mém. sur les Rotifères. Union médicale*, 1859. — *Nouv. expériences sur les animaux pseudo-ressuscitants. Actes du Muséum d'histoire naturelle de Rouen.* — *Lettres dans le Progrès*, 1859, *et l'Ami des sciences*, 1859-1860. — *Comptes rendus de l'Acad. des sciences*, 1859.

Enfin, dans une longue série d'expériences, nous avons démontré nous-même que la résurrection des Rotifères n'existait nullement, et qu'ils ne ressuscitaient que lorsqu'ils n'étaient pas morts. La dessiccation poussée à 90° les tue absolument.

La Société de biologie, à l'issue de nos expériences, en entreprit une série pour vérifier l'exactitude de nos assertions. Chaque fois qu'elle opéra en se conformant à la précision expérimentale que nous avions le premier introduite dans la science, chaque fois aussi aucun animalcule ne put être révivifié.

Ses savants, il est vrai, dans *une seule expérience*, parvinrent enfin à ranimer quelques rares Rotifères, après les avoir exposés plusieurs minutes à la température de 100°, température qui avait été regardée comme suffisant à produire la dessiccation complète de ces animalcules. Mais ils n'atteignirent ce résultat, dans ce seul cas, que parce qu'ils cessèrent de se conformer à la rigueur expérimentale que je considérais comme un élément indispensable. On fit sauter subitement 40° au thermomètre. Voyez du reste sur ce sujet le remarquable rapport de M. Broca. *Études sur les animaux ressuscitants*, 1860.

Ce que je reproche seulement au savant rapporteur, c'est de n'avoir pas dit carrément que les Tardigrades, qu'il ne vit *jamais* résister à 100°, et les Anguillules qui périssent beaucoup au-dessous, doivent désormais être rayés de la liste des animaux ressuscitants, et, en principe, il le devait.

Les Rotifères ne résistent pas plus qu'eux à 100°, quand l'expérience est conduite de manière à ce qu'ils y soient réellement soumis.

Quand même les Rotifères résisteraient pendant quelques minutes à cette température redoutable, il n'y aurait encore là rien d'extraordinaire, puisque nous voyons bien quelques gros animaux la braver dans certaines circonstances exceptionnelles. Le physiologiste Magendie a vu des chiens vivre dix-huit minutes dans des étuves chauffées à 120°; d'autres ont résisté vingt-quatre minutes à la température de 90°. Ainsi donc, tout ce que l'on a dit sur les Rotifères n'a rien d'aussi extraordinaire qu'on l'a prétendu.

(8) Voici comment M. Broca rend compte de l'une de mes expériences sur cette extraordinaire ténacité vitale : « De toutes les épreuves auxquelles on a soumis les animaux réviviscibles, celle qui précède est à coup sûr la plus prodigieuse. Avant cette belle expérience de M. Pouchet, on n'avait qu'une idée très-incomplète de la résistance des Tardigrades et des Rotifères, et il est presque incroyable que dans un échauffement aussi rapide, dans un saut instantané de près de 100° de température, la dilatation brusque des tissus n'en produise pas la rupture. Mais il faut bien se rendre à l'évidence et dire que M. Pouchet a découvert une des propriétés les plus extraordinaires des Rotifères et des Tardigrades. (*Broca. Études sur les animaux ressuscitants*. Paris, 1860, p. 59.) — Depuis cette époque j'ai pu faire sauter 120° aux animalcules pseudo-ressuscitants.

(9) C'est à M. Bowerbank que l'on doit d'avoir signalé que les Silex de diverses localités contiennent des débris d'Éponges. C'est aussi lui qui a démontré que les *agates mousseuses* de l'Allemagne et de la Sicile devaient aux épon-

ges qu'elles contiennent la particularité qui les fait ainsi désigner. *Trans. géol. Soc.*, t. IV.

Lyell dit, en parlant de la Silice : Quant à celle que renferment le Tripoli et les Silex de la craie, il est à croire qu'elle provient, sinon entièrement, du moins en grande partie de la décomposition des Infusoires, des Éponges et de divers autres corps. *Nouveaux éléments de géologie.* Paris, 1839, p. 99.

(10) Le savant fondateur de la Géographie physique de la mer, M. Maury, a expliqué d'une manière fort satisfaisante cette constance des immenses bancs de fucus dans les parages où on les observe.

« Si, dit Maury, l'on jette dans un vase d'eau des petits morceaux de liége, des balles de céréales ou tout autre corps flottant, et que l'on imprime à l'eau un mouvement de rotation, tous ces corps légers se rassembleront vers le centre, parce que là, l'eau est moins agitée qu'ailleurs. Il en est de même pour ce qui concerne l'océan Atlantique : seulement, c'est un vase de dimensions plus grandes. Ses eaux sont mises en mouvement, en partie par le courant colossal du golfe qui s'étend depuis l'Inde occidentale jusqu'aux confins de la mer Glaciale du Nord, en partie pour le courant équatorial qui traverse l'océan Atlantique depuis l'Amérique jusqu'à l'Afrique. Ce point central en repos est à peu près où se trouve le banc d'algues en question. On comprend ainsi qu'il n'est point nécessaire que ces algues croissent là où on les rencontre ; il est même beaucoup plus vraisemblable qu'elles sont chassées des rives agitées vers le paisible centre du bassin Atlantique. »

(10 *bis*) L'histoire naturelle du Corail a été achevée tout dernièrement par M. Lacaze-Duthiers. Ce zoologiste a reconnu que les individus qui se trouvaient éparpillés sur les rameaux de ce Polypier, imitaient, par leur disposition

sexuelle, ce que l'on observe sur certains végétaux. Les uns sont seulement mâles ; les autres n'offrent que des organes femelles ; enfin, il en est qui portent à la fois les deux sexes et sont hermaphrodites. Les œufs du Corail sont sphériques et d'un blanc de lait ; et bientôt après être sortis du corps de la mère, ils se meuvent avec agilité et cherchent un site favorable pour s'y implanter.

La pêche de ce Polypier offre d'assez amples bénéfices quand elle est bien dirigée, le corail étant toujours fort recherché pour la toilette et d'un prix élevé. D'après des documents administratifs, il résulte qu'en 1853, sur les seules côtes de Bone et de la Calle, on a pêché 35 800 kilogrammes de ce précieux polypier, qui, vendus à raison de 60 francs le kilogramme, ont fourni 2 148 000 francs.

(11) Cependant, sans nier l'immensité des travaux que les Polypes exécutent dans la mer, MM. Quoy, Gaymard et Ehrenberg s'accordent à penser que l'on a beaucoup exagéré l'action de ces animaux. Un observateur moderne ne porte même le maximum d'accroissement des bancs de Madrépores qu'à un millimètre et demi pour chaque année. Et M. Ehrenberg, qui partage cette opinion, pense que les masses madréporiques qu'il a observées dans la mer Rouge ont peut-être été contemporaines des anciens Pharaons.

Cet illustre savant prétend qu'il n'est pas probable que les ports se trouvent aussi rapidement obstrués qu'on l'a répété, par ces récifs vivants. Il fait remarquer, à cet effet, que le port de Tor, qu'on sait avoir été construit il y a environ 1300 ans, n'a nullement encore été encombré par les Polypiers qui abondent dans ses environs.

(12) Après avoir sacrifié de longues années à l'étude si difficile des Polypiers, lorsque Ellis dépose sa plume, il ne peut s'empêcher d'adresser une hymne au Créateur de tant de merveilles. « Dans ces recherches auxquelles je viens de

me livrer, s'écrie le naturaliste anglais, des scènes toutes nouvelles se sont déroulées sous mes yeux, qui ont ravi mon esprit d'admiration et d'étonnement à la contemplation de cette diversité, de cette étendue avec laquelle la vie est distribuée dans l'univers. Or, si tels ont été les sentiments qu'ont excités en moi les faits que je viens de rapporter, et ces merveilles de la nature animée sur des points dont on n'a pas jusqu'ici soupçonné l'existence, sans doute des esprits plus savants et d'une pénétration plus irrésistible y trouveront plus tard encore de nouveaux faits à reconnaître et de nouvelles preuves à découvrir, s'il en était besoin, d'une volonté unique, infinie, d'une toute-puissance qui a créé et qui maintenant conserve le Grand tout dans sa beauté et dans sa perfection! »

(13) L'opinion de l'Érosion des roches par les frottements de la coquille qui en habite l'intérieur, est tout à fait insoutenable ; non-seulement parce que les plus fines pointes des Pholades s'y useraient, mais encore parce que l'on voit certains Mollusques lithophages conserver leur épiderme au milieu des Polypiers ou des calcaires qu'ils rongent. Pour les Pholades de nos rivages, j'ai même mis le fait en évidence, en démontrant que tout l'intérieur du trou, au niveau de la coquille, est recouvert d'une couche de limon qui entraverait l'action de ses pointes sur l'anfractuosité de la pierre.

Ce fut M. Fleuriau de Bellevue qui supposa que les Pholades entament les pierres à l'aide d'un acide. Et comme il avait reconnu que ces Mollusques étaient lumineux dans les ténèbres, il en inféra que probablement la liqueur produite par eux était de l'acide phosphoreux. Cette opinion est inadmissible ; et le phénomène mentionné par ce respectable savant n'était dû, à n'en pas douter, qu'aux Microzoaires lumineux si abondants dans la mer et qui en produisent la phosphorescence.

(14) Quelques géologues, ne pouvant admettre que ce temple fameux se soit ainsi enfoncé sous la mer, et ensuite relevé au-dessus de ses flots, ont supposé que ce n'était qu'un monument qui, sous l'invocation de Jupiter-Sérapis, servait de réservoir dans lequel on élevait des Mollusques qui étaient considérés comme sacrés.

Il est difficile d'admettre cette opinion ; des animaux aussi sordides ne pouvant réellement être l'objet d'aucun culte.

J'ai deux fois visité ce temple célèbre, et plus je l'ai examiné, plus le problème m'a semblé difficile à résoudre. Trois de ses colonnes rongées, en beau marbre cipolin, sont encore debout. Les autres jonchent le sol. Mais ce sol est parfaitement horizontal, et il est difficile d'admettre qu'il ait été enfoui et relevé magiquement en conservant son niveau et sans renverser toute la colonnade. D'un autre côté, mieux examiné, il m'a semblé qu'il n'avait guère pu servir de piscine marine, ou de bain sacré, ce que j'avais cru d'abord.

Ainsi, plus j'ai vu, plus j'ai réfléchi, plus j'ai trouvé le problème insoluble.

En disant ici que ce sont des Pholades qui perforent les colonnes du temple de Sérapis, je me conforme au langage des géologues, car depuis plus de vingt ans j'ai fait connaître que ces coquilles étaient des Coralliophages, dont je rapportai quelques spécimens à mon premier voyage.

(15) A ces coquilles broyées, qui composent la principale masse des grains du calcaire, il se joint aussi des détritus d'une multitude de polypiers, comme l'indique Lyell, *Géol.*, page 33.

(16) Il ne peut y avoir de doute. Dans sa Micrographie géologique, Ehrenberg nous a donné des planches qui représentent les nombreux fossiles microscopiques de la craie.

Ceux-ci y sont tellement tassés qu'ils se touchent. Ch. Lyell, dans sa *Géologie*, reconnait aussi que certains calcaires sont composés de petits fragments de coquilles et de corail, page 33.

(16 *bis*) En effet, si par ses organes matériels il appartient à notre sphère, par l'éclat de son génie il semble déjà s'élever vers l'essence des anges; aussi Voltaire a-t-il pu dire, en parlant d'un savant immortel, de Newton :

Confidents du Très-Haut, substances éternelles,
Qui brûlez de vos feux, qui couvrez de vos ailes
Le trône où votre maître est assis parmi vous;
Parlez! du grand Newton n'étiez-vous pas jaloux?

Halley, avec plus de brièveté, avait déjà rendu la même pensée, en s'écriant :

Nec fas est propius mortali attingere divos.

(17) Je n'emploie nullement ici le langage de l'hyperbole. Le visage des enfants dont je parle était littéralement envahi par une couche de mouches qui ne laissait voir que les yeux.

Il y a quelques années, l'un de nos grands chirurgiens, M. J. Cloquet, a fait connaître l'histoire d'un homme ivre qui, endormi en plein air, aux environs de Paris, fut apporté dans un des hôpitaux de cette ville, ayant déjà des légions de Vers de mouches à viande, qui étaient éclos dans son nez et ses oreilles et s'étaient creusés des chemins entre le crâne et le cuir chevelu. L'irritation qu'ils y déterminèrent et la suppuration entraînèrent rapidement la mort de cet ivrogne.

D'autres fois les Insectes envahissent les anciennes plaies, ce que l'on avait déjà remarqué dans l'antiquité.

Un Camée d'un beau travail et d'une grande dimension, trouvé dans la Thrace, reproduit par Choiseul, représente Philoctète blessé à la jambe, artistement pansé, et s'occupant l'aide d'une aile de pigeon à écarter les Mouches qui voltigent aux environs de sa plaie. DE CHOISEUL, *Voyage en Grèce*, Paris 1822, t. II, page 16.

En disant que souvent un Insecte tue un homme, nous n'avons avancé qu'une déplorable vérité. Les Diptères suceurs, tels que les Taons, les Mouches, les Cousins, qui après s'être abreuvés des sucs d'un cadavre en putréfaction viennent attaquer l'homme, introduisent un germe de mort avec leurs lèvres souillées d'humeurs pestilentielles. La piqûre de ces insectes détermine fréquemment des affections gangréneuses, et surtout la pustule maligne, auxquelles succombent les malades. Comp. *Dictionnaire des sciences médicales*, t. XLVI, page 258.

(18) Le *Chlorops lineata*, Mouche dont le nom indique la couleur jaune rayée de noir, fait de tels dégâts dans les champs de blé, que ceux qui en ont tracé l'histoire, prétendent qu'il anéantirait rapidement cette céréale, si sa multiplication n'était pas entravée par diverses causes. Un autre insecte se charge largement d'y mettre un frein, c'est l'*Alysia Olivieri* qui perfore ses œufs de sa tarière pour donner un abri à sa progéniture.

Le Hanneton se multiplie parfois avec une telle abondance, que ses innombrables légions, en s'abattant sur une vaste forêt, n'y laissent pas une feuille.... pas une seule ; c'est le spectacle de l'hiver au milieu de l'été.

On peut voir dans les magnifiques planches de l'ouvrage de Ratzeburg sur les Insectes forestiers, une représentation d'une forêt toute déformée par les attaques de la Tordeuse du pin. RATZEBURG, *Hylophthires et leurs ennemis*, Leipzig, 1842.

Schacht, qui a décrit longuement les *balais des sorcières*, semble les attribuer à des piqûres d'insectes qui ont déterminé une exubérance de vie où elles ont été faites. Il dit que ces balais, quand ils sont couverts de feuilles, ressemblent de loin à un grand buisson de Gui. *Arbres*. Bruxelles 1862, page 140.

(18 *bis*) Dans de délicieux vers, Lamartine a peint l'existence éphémère du papillon, et cette merveilleuse poussière qui colore ses ailes :

Naître avec le printemps, mourir avec les roses,
Sur l'aile du zéphyr, nager dans un ciel pur
Balancé sur le sein des fleurs à peine écloses,
S'enivrer de parfums, de lumière et d'azur,
Secouant, jeune encor, la poudre de ses ailes,
S'envoler, comme un souffle, aux voûtes éternelles,
Voilà du papillon le destin enchanté :
Il ressemble au désir qui jamais ne se pose
Et, sans se satisfaire, effleurant toute chose,
Retourne enfin au ciel chercher la volupté.

(19) Nous voulons parler ici des Gyrins, élégants coléoptères aquatiques, extrêmement brillants, qui étincellent comme des diamants, lorsque le soleil les frappe à la surface de l'eau, où ils pirouettent constamment avec une surprenante vélocité, ce qui les a fait désigner sous le nom de *tourniquets*. Ces Insectes ont quatre masses d'yeux à la tête. Deux de celles-ci sont situées au-dessous et les instruisent de ce qui advient dans la profondeur de l'eau ; les deux autres se trouvent dirigées vers le ciel.

(20) Latreille semble penser que l'organe auditif des Insectes pourrait bien être à la base des antennes, parce que, dans certains Orthoptères, il y a là des traces de membranes du tympan, comme cela s'observe chez quelques Crustacés.

Pour ne rien omettre des conquêtes récentes de la science, nous devons dire aussi que Cuvier et Duméril placent le siége de l'olfaction à l'orifice des espèces de petites ouvertures en forme de boutonnières, appelées Stigmates, par lesquelles l'air s'introduit dans les trachées. Il y a là, en effet, une analogie manifeste avec la situation du nez, qui y est lui-même placé chez les grands animaux, à l'entrée de l'appareil respiratoire.

(21) Ce sont probablement les Insectes ailés et lumineux appelés Fulgores, que Fontenelle confond avec des oiseaux, lorsque, dans ses *Mondes*, il suppose que la planète de Mars possède quelque moyen extraordinaire pour s'éclairer durant ses tristes nuits, et suppléer aux lunes qui lui manquent.

« Vous savez, dit-il à la marquise, qu'il y a en Amérique « des Oiseaux qui sont si lumineux dans les ténèbres, qu'on « s'en peut servir pour lire. Que savons-nous si Mars n'a « point un grand nombre de ces oiseaux, qui, dès que la « nuit est venue, se dispersent de tous côtés, et vont ré- « pandre un nouveau jour? » LES MONDES, 4e soir, page 93.

Ainsi qu'il en est pour tant de phénomènes vitaux, la phosphorescence des insectes est encore loin d'être expliquée. H. Davy et Treviranus l'ont attribuée à une substance renfermant du phosphore, qui s'isole des humeurs de l'animal et brûle, comme ce corps, à l'aide de l'oyxgène atmosphérique. Ce serait donc une véritable combustion. La présence de l'acide phosphorique, à l'intérieur de ces insectes, semble donner une certaine autorité à cette hypothèse. Un anatomiste allemand, le célèbre Carus, a découvert que les œufs de ces animaux étaient eux-mêmes lumineux. C'est un fait fort curieux et qui est de nature à jeter encore quelque jour sur la question.

(22). La Cantharide officinale, si communément employée aujourd'hui à la confection des vésicatoires, est un des plus redoutables poisons de la nature.

A très-petite dose elle détermine la mort, et son application à l'extérieur du corps, elle-même, n'est pas sans danger.

Les œuvres des savants de presque toutes les époques contiennent de lamentables histoires d'empoisonnements produits par ce redoutable Coléoptère. Pline rapporte que Cossinus, chevalier romain et favori de Néron, mourut après avoir pris un breuvage préparé avec des cantharides par

24

l'un de ces médecins égyptiens qui étaient fort en vogue à Rome. Les écrits de Galien, de Dioscoride et de tous les médecins arabes contiennent des récits analogues.

Parmi les auteurs modernes, Orfila et H. Cloquet citent aussi un certain nombre de ces empoisonnements, qui sont assez communs. (ORFILA. *Traité des poisons*. Paris 1818, t. I, p. 565. H. CLOQUET. *Faune des médecins*. Paris 1823, t. III, p. 241.)

Lorsque les personnes empoisonnées par ces insectes échappent à la mort, il leur reste parfois de déplorables infirmités. Lyonnet rapporte qu'un individu en perdit la raison.

Alibert a fait connaître l'histoire d'un jeune homme qui devint aveugle et paralytique, après avoir mangé d'une dinde truffée, dans laquelle une main coupable avait mis furtivement des cantharides. (ALIBERT. *Traité de matière médicale*. Paris, 1817, t. I, p. 513.)

D'autres coléoptères contiennent des poisons qui semblent non moins actifs que ceux de la cantharide. Tels sont, entre autres, les Méloés, lourds insectes d'un bleu foncé, n'ayant que des élytres rudimentaires, et que l'on rencontre dans l'herbe, au printemps.

Latreille pense que c'était eux que les anciens désignaient sous le nom de *Buprestes*, et qu'ils accusaient d'être funestes aux bœufs lorsqu'ils en avalent avec l'herbe des prairies. Selon le même savant, on faisait alors un emploi criminel si fréquent de ces insectes, que les législateurs durent tenter d'y mettre un frein en proclamant la *loi Cornelia*, qui condamnait à la peine de mort l'homme qui empoisonnait son semblable avec des Méloés. (LATREILLE. *Cours d'entomologie*. Paris, 1831, p. 56.)

(23). Sous ses divers états, l'Insecte se ressemble si peu que souvent, à l'époque où l'on ne connaissait pas les métamorphoses, on considéra le même animal comme appartenant à des genres absolument différents. Les Nymphes des Demoiselles ont été prises par Rondelet pour des Cigales aquatiques; par Mouffet pour des Sauterelles ou des Puces d'eau; par Redi pour des Scorpions aquatiques. Les trois états de certains Criquets ont été décrits comme trois insectes différents. (LESSER. *Théologie des Insectes*. Trad. de Lyonnet. Paris, 1745, p. 169.

(24). C'est le Cocon que se file le Bombyx du mûrier qui nous fournit la soie, tant étudiée par les savants, et qui forme une notable portion de notre richesse industrielle.

Le physicien Boyle raconte qu'une dame ayant pris la peine de dévider attentivement le cocon d'un ver à soie et d'en mesurer le fil, trouva que celui-ci était long de plus de 300 lieues d'Angleterre. (BOYLE. *Subtilit. of effluv.*)

Avec beaucoup de raison, Lyonnet pense qu'il y a là quelque erreur; il a trouvé que ce fil avait seulement de sept à neuf cents pieds de long. Ce naturaliste ajoute que si l'on supposait, comme l'ont fait quelques savants, que le fil d'une coque eût 390 pieds et pesât 2 grains et demi, on trouverait qu'il faut un fil de 3 428 352 pieds de long pour faire une livre de soie, ce qui reviendrait, en supposant que ces pieds soient des pieds de Roi, à plus de 228 lieues d'une heure, en faisant chaque lieue longue de 15 000 pieds ou de 3000 pas géométriques. (LESSER. *Théologie des insectes*, p. 164.)

(25). Ces excréments qui surchargent le dos du Criocère du Lis, *crioceris merdigera*, y forment un amas énorme et pesant, comparativement à celui de la larve, qu'ils dérobent absolument à la vue. On ne voit que des espèces de petits paquets d'humides déjections, qui semblent se promener sur les feuilles de la plante. Le ver les expose sur son dos à mesure qu'ils sont produits, et cela à l'aide d'une disposition organique spéciale. L'orifice anal, au lieu d'être tout à l'extrémité du corps, est placé en dessus, de manière que chaque globule d'excréments se dispose en ordre et accroît la masse à mesure que l'animal vieillit.

Il est fait aussi allusion dans le paragraphe qui précède, à la Réduve masquée, *Reduvius personata*, ainsi appelée parce que sa larve se dérobe tout le corps sous une enveloppe de toiles d'araignées; ce que l'on pourrait croire n'être qu'un fait accidentel, mais ce qui chez elle est un vêtement façonné à dessein, pour mieux se dérober aux punaises qu'elles attaquent dans les anfractuosités où elles se réfugient.

(26). Les Bombardiers, que l'on nomme aussi *Scarabés canonniers*, appartiennent au genre *Brachyne*. Ce sont de petits Coléoptères, qui vivent sous les pierres. Le fluide gazeux que produit leur détonation a une odeur piquante, est acide et rougit la teinture de tournesol. Quelques entomologistes le regardent comme ayant quelque analogie avec l'Acide nitrique, et ils ajoutent même qu'il jaunit la peau qui a subi son contact.

(27). Telle est du moins l'opinion qu'émet M. Latreille, dans son *Mémoire sur les Insectes sacrés*.

Rien n'est plus commun que les sculptures et les peintures représentant le Scarabée ou Bousier sacré des Égyptiens; et l'on en a même découvert de naturels dans les sarcophages de leurs momies.

Quelques-uns des Ateuchus artificiels rencontrés parmi les monuments des bords du Nil, étaient percés et formaient des colliers pour les femmes; d'autres servaient de cachet, ainsi que le révèlent les inscriptions qui se trouvent en dessous.

Plutarque dit manifestement que la caste militaire des Égyptiens, avait pour sceau la figure du Scarabée; ce que Horapollon explique en prétendant que cet insecte représentait particulièrement l'homme, parce qu'il n'y a pas de femelles dans son espèce. L'opinion de Plutarque est aussi adoptée par MM. Jomard et Champollion; et ce dernier dit que rien n'est plus commun que des Scarabées sculptés, montés ou non montés en bagues, et sur lesquels on distingue des armes diverses et même des hommes armés. (HORAPOLLON. *Horapollinis niloi hieroglyphica*).

Parmi les peuples de l'Égypte, l'effigie du Scarabée sacré a été multipliée de mille manières, et, comme une espèce de dieu tutélaire. On en voyait partout chez eux; on en rencontre de ciselés sur tous les monuments, les temples, les tombeaux, les obélisques; il y en a de représentés sur la plupart des bas-reliefs, et l'on en retrouve encore aujourd'hui de sculptés de toutes les dimensions et avec toutes les matières possibles, depuis les pierres les plus communes jusqu'aux métaux les plus précieux. J'en ai vu de taille colossale dans le muséum britannique; ils étaient en granit et offraient trois à quatre pieds de longueur. Mais il s'en fabriquait surtout, pour l'usage commun, une prodigieuse quantité de petite dimension; on en retrouve en marbre, en porphyre, en agate, en lapis, en grenat et en or.

Dans ma narration, je me suis conformé aux opinions des zoologistes français. Mais il est probable que quand on étudiera plus à fond l'histoire du Bousier, on ne dira pas que c'est au printemps, mais à l'automne, ou même à l'entrée de l'hiver, qu'ils forment leurs boules.

En effet, ce fut en octobre que je rencontrai, pour la première fois, des *ateuchus sacer*, aux environs de Rome, sur les coteaux de Tivoli, occupés à rouler leurs boules. Et, dans la haute Égypte, c'était en novembre que je les trouvai occupés à la même opération. Peut-être aussi que, sur les bords du Nil, tous n'y emploient pas des excréments, comme ils le font en Europe. Dans l'endroit où je les vis occupés à confectionner leurs boules, le fleuve était bordé par un ample désert, et on ne voyait guère où ils auraient pu trouver des excréments. Leurs boules paraissaient totalement composées de limon du Nil.

(28). La Tarentule est une grosse Araignée chasseresse qui habite des trous, qu'elle se creuse dans la terre, et d'où elle se jette sur sa proie. On en rencontre dans presque toute l'Italie, mais surtout aux environs de Tarente, d'où lui vient son nom. Il en existe sur presque tout le périple de la Méditerranée, en Sicile, en Barbarie et en Provence.

Cette Arachnide était autrefois très-redoutée, et l'on assimilait à l'hydrophobie les accidents qu'elle produisait, ce qui lui faisait donner le nom *d'araignée enragée.*

Les anciens auteurs prétendaient que ceux qui en étaient piqués tombaient dans un assoupissement profond ou éprouvaient des convulsions, dont la musique seule les tirait souverainement, en les portant à se livrer à la danse; ce qu'ils faisaient jusqu'à l'épuisement, jusqu'à tomber presque sans vie.

Baglivi, quoique savant médecin, avait lui-même été trompé à l'égard du tarentisme, sur lequel il a écrit un traité spécial, où l'on trouve notés les airs les plus favorables à sa cure. (BAGLIVI, *Dissert. de anatome, morsu et affectibus tarentulæ*, 1745.)

Dès l'époque de l'abbé Nollet, en Italie, on ne croyait déjà plus à cette prétendue maladie; et le savant physicien dit qu'il n'y avait que les vagabonds et les charlatans qui se disaient piqués de la Tarentule, pour qu'on les fît danser et se procurer des aumônes.

(29). L'Éléphant a joué un grand rôle dans l'histoire des conquérants, à cause de l'importance qu'il eut dans leurs batailles. Dès la plus haute antiquité, il y fut employé. Déjà, Sémiramis en possédait dans ses armées, au rapport de Diodore de Sicile, dans l'œuvre duquel on voit ce fait cité pour la première fois. Depuis la fameuse reine d'Assyrie, le nombre d'Éléphants que les souverains d'Asie tenaient sur pied, donnait l'idée de leur puissance. Aussi, Pline, dans sa description de l'Inde, y mentionne avec soin combien chaque roi en possède. Et, d'après lui, dans la seule portion de cette partie de l'Asie qui était connue des Romains, on comptait quatorze mille éléphants de guerre. (PLINE, *Histoire naturelle*, VI, 19-20.)

Dans le système militaire des Indiens, l'Éléphant, selon l'expression de M. Armandi, a toujours été le véritable *nerf de la guerre*. Strabon prétend que la seule nation des *Seres*, située vers l'orient du Gange, pouvait en armer cinq mille. Quinte-Curce dit que les Gangarides et les Prasiens, qui prétendaient arrêter la marche triomphale d'Alexandre, comptaient trois mille éléphants de guerre dans leur camp. Plutarque porte même le nombre de ceux-ci à six mille. (STRABON, *Géographie*, XVII, 29; PLUTARQUE, *Alexandre*, chap. LXII.)

Les premiers descripteurs de l'Asie, qui se sont tant complus à en exalter les merveilles, ont, à cet effet, débité de véritables fables. C'est ce que fait le médecin Ctésias, lorsqu'il prétend qu'un des rois de l'Inde pouvait mettre cent mille éléphants en bataille. (ÆLIAN, *Animal*, XVII, 29; ARMANDI, *Histoire militaire des éléphants*, Paris, p. 35.)

(30). MM. Kirby et Spence semblent encore donner aux filières de la soie des Araignées une plus grande finesse que ne le faisait Bonnet. Ils prétendent que les trous des fils sont si fins et si tassés qu'il s'en trouve un millier dans le champ d'une piqûre de pointe d'aiguille. (KIRBY ET SPENCE, *elements of the natural history of insects*. London, 1828.)

(31). Selon M. Latreille, ces *fils de la Vierge* sont principalement produits par de jeunes Araignées appartenant au genre Thomise et Epeïre.

Quelques chimistes, avec M. Raspail, avaient pensé que ceux-ci n'étaient que de l'albumine aérienne, qui se précipitait en flocons sur la terre.

(32). J'ai exprès noté ici l'extrême agilité des Geckos,

parce que généralement on professe que ces reptiles ne se meuvent que fort lentement. Ceux que j'ai observés en Égypte, s'accrochaient si bien et si facilement aux murailles, à l'aide des fines lames de leurs doigts, ou de leurs ongles aigus, qu'on les voyait courir sur les murs ou sous les plafonds avec tant de prestesse, qu'il était assez difficile de les y saisir.

(33). Si, de nos jours, on ne voit plus l'enlèvement de Ganymède se reproduire, il est certain, cependant, que ce n'est pas sans raison que les habitants des montagnes accusent les Aigles de leur avoir enlevé des enfants.

Le dernier fait de cette nature que l'on connaisse a eu lieu en 1838, dans le Valais. Une jeune fille âgée de cinq ans, nommée Marie Delex, jouait avec une de ses compagnes sur une pelouse de la montagne, quand tout à coup un Aigle fondit sur elle et l'enleva aux yeux et malgré les cris de sa jeune amie. Des paysans, accourus au bruit de celle-ci, cherchèrent en vain l'enfant; on ne trouva qu'un de ses souliers au bord d'un précipice. La jeune fille n'avait point été portée au nid de cet aigle, où l'on ne vit que deux petits environnés de beaucoup d'ossements de chèvres et de moutons. Ce ne fut que deux mois plus tard qu'un berger découvrit le cadavre de Marie Delex, affreusement mutilé et gisant sur un rocher, à une demi-lieue de l'endroit où elle avait été enlevée.

On accuse aussi le Gypaëte, le plus courageux des Vautours, et celui dont le vol est le plus puissant, de s'être rué sur des hommes endormis. Et l'un de nos zoologistes, M. Hollard, rapporte que cet audacieux oiseau ne craint pas même d'attaquer les chasseurs dans les passages dangereux des Alpes.

(34). Tous les détails rapportés ici sur le Grèbe castagneux m'ont été fournis par M. Nourry, directeur du muséum d'histoire naturelle d'Elbeuf. Et le dessin qui représente les nids de cet oiseau a même été exécuté par cet ornithologiste distingué, qui souvent vit au milieu des forêts pour y surprendre les mœurs des oiseaux.

(35). Une seule livre de Montée se compose, selon M. Coste, d'environ 1800 petites anguilles. Cette progéniture, semblable à des vers filiformes, inspire un certain dégoût à beaucoup de personnes. Dans quelques pays, cependant, on la pêche aux flambeaux et l'on s'en nourrit. A Caen, où cela a lieu, la montée se vend dans les marchés et dans les rues, dans de grands baquets. Son prix varie et est en raison de l'abondance de la pêche : ordinairement, cependant, on la vend un franc le litre. Les consommateurs l'apprêtent de diverses manières, à la sauce blanche, en friture, et ils en confectionnent même des pâtés.

(36). Linnée semble croire, lui-même, à cette remarquable migration des Écureuils.

Régnard l'a observée pendant son voyage en Laponie. « Lorsqu'il faut passer quelque lac ou quelque rivière qui se rencontrent à chaque pas en Laponie, ces petits animaux, dit-il, prennent une écorce de pin ou de bouleau, qu'ils tirent sur le bord de l'eau, sur laquelle ils se mettent, et s'abandonnent ainsi au gré du vent, élevant leurs queues en forme de voile, jusqu'à ce que le vent se faisant un peu fort, et la vague élevée, elle renverse en même temps et le vaisseau et le pilote. Ce naufrage, qui est bien souvent de plus de trois à quatre mille voiles, enrichit ordinairement quelques Lapons qui trouvent ces débris sur le rivage, et les font servir à leur usage ordinaire, pourvu que ces petits animaux n'aient pas été trop longtemps sur le sable. Il y en a quantité qui font une navigation heureuse, et qui arrivent à bon port, pourvu que le vent leur ait été favorable, et qu'il n'ait point causé de tempête sur l'eau, qui ne doit pas être bien violente pour engloutir tous ces petits bâtiments, Cette particularité pourrait passer pour un conte, si je ne la tenais de ma propre expérience. » (RÉGNARD, *Voyage en Laponie.* Paris 1820, p. 202.)

Les péripéties de ces petites bandes d'Écureuils ont aussi été décrites par Chateaubriand, peut-être avec plus de poésie que de véracité. « De petits Écureuils noirs, dit-il, après avoir dépouillé les noyers du voisinage, se sont résolus à chercher fortune et à s'embarquer pour une autre forêt. Aussitôt, élevant leurs queues, et déployant au vent cette voile de soie, la race hardie tente fièrement l'inconstance des ondes, pirates imprudents, que l'amour des richesses transporte. La tempête se lève, la flotte va périr. Elle essaye de gagner le havre prochain ; mais quelquefois une armée de Castors s'oppose à la descente, dans la crainte que ces étrangers ne viennent piller les moissons. En vain les légers escadrons débarqués sur la rive se sauvent en montant sur les arbres, et insultent du haut de ces remparts à la marche pesante des ennemis. Le génie l'emporte sur la ruse : des sapeurs s'avancent, minent le chêne, et le font tomber, avec tous ses Écureuils, comme une tour chargée de soldats abattue par le bélier antique. » CHATEAUBRIAND, *Génie du Christianisme.* Paris, 1830, t. II, p. 58.)

(37). L'idée que les Hirondelles hivernaient dans la vase des marécages était tellement populaire, qu'une académie de l'Allemagne sentit le besoin de sonder si elle ne reposait pas sur quelque observation positive. Cette réunion savante proposa, à cet effet, de donner autant d'argent, poids pour poids, qu'on lui rapporterait d'Hirondelles retirées de l'eau : la prime ne fut réclamée par personne.

Mais, ce qui étonne, c'est de voir Cuvier ajouter foi à une telle fable. On lit cette phrase dans son *Règne animal*, « il paraît constant que les Hirondelles s'engourdissent pendant l'hiver et même qu'elles passent cette saison au fond de l'eau des marécages. » (Cuvier. *Règne animal.* Paris, 1829, t. I, p. 396.)

(38). Parmi les naturalistes de l'antiquité qui observèrent des pluies de Grenouilles, on doit citer Élien, qui en reçut une sur le dos, en se rendant de Naples à Pouzzoles.

Les pluies de Poissons dont il a été question étaient formées par de toutes petites espèces qui, comme les grenouilles, fourmillent parfois en quantité extraordinaire dans les marécages ; et tellement extraordinaire, même, qu'on les y enlève à pleines voitures pour fumer les terres, ou pour nourrir les bestiaux.

Les naturalistes qui, tels que MM. Defrance et H. Cloquet, prétendaient que les pluies de crapauds devaient être rangées au nombre des erreurs populaires, pensaient que les Batraciens qu'on voit parfois pulluler en telle quantité, après une averse d'orage, qu'il est impossible de poser le pied sur le sol sans en écraser quelques-uns, provenaient de jeunes qui étaient cachés dans les anfractuosités de la terre sèche et que l'inondation en chassait.

Cela est fort spécieux et même parfois vrai, comme j'ai eu l'occasion de le vérifier en Normandie. Mais, outre ce fait, les pluies de crapauds et de grenouilles n'en doivent pas moins être enregistrées, ainsi que celles de poissons, au nombre des vérités scientifiques.

(39). Nous n'avons pas voulu ici attaquer une opinion très-enracinée parmi tous les pêcheurs. Mais nous devons dire que rien n'est cependant moins certain. Deux ichthyologistes des plus célèbres de notre époque, Bloch et Noel, nient les merveilleuses migrations du Hareng. On a prétendu, peut-être avec plus de raison, que ce poisson résidait constamment dans les lieux où on ne le voit qu'à certaine époque de l'année, mais qu'il y vivait à de grandes profondeurs dans la mer, et ne venait que temporairement à sa surface, au moment de la reproduction.

L'exploitation de ces bandes de harengs remonte fort loin. Dans les chroniques du monastère d'Evesham, qui datent du commencement du huitième siècle, il en est déjà question. Divers documents attestent qu'en France on s'en occupait au onzième.

A une certaine époque la Hollande trouva dans la pêche du hareng un des principaux élements de sa richesse et de sa puissance maritime.

Cette nation était tellement pénétrée de ce fait, qu'elle éleva une statue à Buckalz, qui lui enseigna l'art de saler ce poisson ; Charles-Quint honora sa mémoire en visitant son tombeau.

Avant le temps de la grande prospérité de cette pêche, la république batave y envoyait annuellement deux mille bâtiments et elle y occupait plus de quatre cent mille individus, soit pour monter sa flotte, soit pour le commerce de ce poisson.

Les Hollandais étaient tellement pénétrés de l'avantage que celui-ci leur avait procuré, qu'ils l'exprimaient dans un dicton populaire : *Amsterdam*, disaient-ils, *est fondée sur des têtes de hareng.*

On détruit chaque année, pour la consommation de l'Europe seule, une prodigieuse quantité de ces poissons. Au nord de Bergen, on en pêche annuellement de 5 à 600 000 barils, qui renferment plus de 300 millions d'individus. En 1862, dans une seule saison, on a pêché en Norvége 659 000 tonnes de harengs, dont la seule exportation a rapporté au pays une dizaine de millions.

(40). Mais, malgré ce que prétendent certains naturalistes, il paraît que saint Jérôme ne parle des sauterelles que dans un sens mystique. Il dit lui-même que, sous leur nom, il fait allusion à l'innombrable armée des Babyloniens qui menace Jérusalem. *Là*, s'écrie-t-il, *le bruit que feront les sauterelles sera semblable au bruit des quadriges et des chars.* Ailleurs : *A l'aspect de ces redoutables insectes, la terre tremblera et les cieux seront ébranlés.* Enfin ; *La multitude des sauterelles qui sera sous les cieux obscurcira le soleil et la lune, et l'éclat des étoiles en sera complétement voilé.* (Saint Jérôme. *Œuvres de Saint Jérôme.* Paris 1841. *Panthéon litt.*, p. 644, Commentaire sur le prophète Joël.)

(41). Voici comment l'historien de Charles XII parle de l'invasion de Sauterelles qui entrava la marche de l'armée de ce souverain.

« Une horrible quantité de sauterelles s'élevait ordinairement tous les jours avant midi, du côté de la mer ; premièrement à petits flots, ensuite comme des nuages qui obscurcissaient l'air, et le rendaient si sombre et si épais, que dans toute cette vaste plaine le soleil paraissait s'être entièrement éclipsé. Ces insectes ne volaient point proche de terre, mais à peu près à la même hauteur que l'on voit voler les hirondelles, jusqu'à ce qu'ils eussent trouvé un champ sur lequel ils pussent se jeter. Nous en rencontrions souvent sur le chemin, d'où ils s'élevaient avec un bruit semblable à celui d'une tempête. Ils venaient ensuite fondre sur nous comme un orage, se jetaient sur la même plaine où nous étions, et sans craindre d'être foulés aux pieds des chevaux, ils s'élevaient de terre, et couvraient le corps et le visage à ne pas voir devant nous, jusqu'à ce que nous eussions passé l'endroit où ils s'arrêtaient. Partout où ces sauterelles se reposaient, elles y faisaient un dégât affreux, en broutant l'herbe jusqu'à la racine ; en sorte qu'au lieu de cette belle verdure dont la campagne était auparavant couverte, on n'y voyait qu'une terre aride et sablonneuse. On ne saurait jamais croire qu'un si petit animal pût passer la mer, si l'expérience n'en avait si souvent convaincu ces pauvres peuples ; car après avoir passé un petit bras du Pont-Euxin, en venant des îles ou terres voisines, ces insectes traversent encore de grandes provinces, où ils ravagent tout ce qu'ils rencontrent, jusqu'à ronger les portes mêmes des maisons. » *Histoire militaire de Charles XII*, t. IV, p. 160.

(42). Mais si la Sauterelle émigrante doit être considérée comme l'un des plus grands fléaux de l'agriculture, elle n'est cependant pas sans rendre quelques services à l'homme. Dès la plus haute antiquité, elle a été employée à son alimentation, et aujourd'hui, dans beaucoup de régions de l'Asie et de l'Afrique, cet usage s'est continué et l'on en fait une ample consommation. Dès l'époque biblique, sans doute que les Juifs en mangeaient énormément, puisque Moïse en désigne quatre espèces dont la loi leur permet l'usage.

Artémidore assure qu'il existe sur les bords du golfe Arabique, quelques populations dont la nourriture se compose en grande partie de sauterelles. Et il ajoute que ces peuples Acridophages ne vivent guère que jusqu'à quarante ans, parce qu'à cet âge tout leur corps se trouve rongé par une multitude de vers.

L'amiral Drake, dans son *Voyage autour du monde*, dit qu'un fait semblable s'observe en Éthiopie. Marcellin Donati, dans son *Histoire médicale merveilleuse*, atteste aussi cette particularité et l'on est tout étonné de voir l'illustre Sauvage, dans sa *Nosologie méthodique*, décrire cette maladie, sous le nom spécial de *malis acridophagorum*. Raspail, dans son *Histoire naturelle de la santé et de la maladie*, semble aussi y croire; et Buffon dit, lui-même, que le fait, tout extraordinaire qu'il semble, ne lui paraît pas absolument incroyable.

Mais Niebühr, dans sa *Description de l'Arabie*, a fait justice de tous ces contes. Le savant voyageur, qui a observé, à diverses reprises, des peuplades Acridophages, prétend que leur nourriture n'a nul effet sur leur santé. Il y a des pays où, aujourd'hui encore, on mange énormément de sauterelles. Sur les marchés de Bagdad, elles font parfois concurrence à la viande. En Arabie on les fait moudre, quand elles sont sèches, et elles remplacent la farine dans la confection du pain. Une de leurs invasions ayant dévasté l'Allemagne, en 1693, quelques habitants de ce pays mangèrent de ces insectes. On s'accorde à dire que leur chair est analogue à celle des écrevisses et d'un goût fort agréable.

Aujourd'hui l'une des peuplades les plus dégradées de l'humanité, les Boschimans, habitant un pays absolument dénudé, et dont la plupart n'ont même jamais vu un arbre, n'ayant ni huttes, ni vêtements, se nourrissent presque exclusivement de sauterelles. Celles-ci, que Livingstone considère même comme un bienfait de la Providence, et dont il vante le goût exquis, sont leur aliment de prédilection.

(43). HORLOGE DE FLORE.

HEURES DE L'ÉPANOUISSEMENT DES FLEURS.	PLANTES OBSERVÉES.
matin.	
3 à 5 heures.	Tragopogon pratense.
4 à 5 —	Cichorium intybus.
5 —	Sonchus oleraceus.
5 à 6 —	Leontodon taraxacum.
6 —	Hieracium umbellatum.
6 à 7 —	Hieracium murorum.
7 —	Lactuca sativa.
7 —	Nymphæa alba.
7 à 8 —	Mesembryanthemum barbatum.
8 —	Anagallis arvensis.
9 —	Calendula arvensis.
9 à 10 —	Mesembryanthemum crystallinum.
10 à 11 —	Mesembryanthemum nodiflorum.
soir.	
5 —	Nyctago hortensis.
6 —	Geranium triste.
9 à 10 —	Silene noctiflora.
9 à 10 —	Cactus grandiflorus.

(44). Le Palmier dont il est ici question, appartient au genre *Mauritia*. Il habite les rivages de l'Orénoque, sur presque tout le parcours du fleuve, et forme de remarquables forêts vers ses bouches.

« Dans le temps des inondations, dit de Humboldt, les bouquets de Murichi à feuilles en éventail, *Mauritia flexuosa*, offrent l'aspect d'une forêt qui sort du sein des eaux. Le navigateur,. en traversant de nuit les canaux du delta de l'Orénoque, voit avec surprise de grands feux éclairer la cime des palmiers. Ce sont les habitations des Guaraus suspendues aux troncs des arbres. Ces peuples tendent des nattes en l'air, les remplissent de terre, et allument sur une couche humide de glaise le feu nécessaire pour les besoins de leur ménage. Depuis des siècles, ils doivent leur liberté et leur indépendance politique au sol mouvant et fangeux qû'ils parcourent dans le temps de sécheresse, et sur lequel eux seuls savent marcher en sûreté, à leur isolement dans le delta de l'Orénoque, à leur séjour sur les arbres. » (DE HUMBOLDT. *Voyage aux régions équinoxiales*, t. VIII, p. 363.)

(45) La Rose, le Myrte et la Menthe, également chères à Vénus, étaient les principales *plantes coronaires* des anciens. Dans leurs orgies galantes, les jeunes Grecs se tressaient souvent des couronnes avec cette dernière, ce qui faisait vulgairement désigner les menthes sous le nom de *Corona veneris*.

L'histoire des *plantes funéraires* des anciens a été faite d'une manière fort intéressante par G. A. Langguth ; il en suit l'emploi depuis l'invasion de la maladie jusqu'à l'issue des cérémonies funèbres. C'est un véritable et intéressant tableau de mœurs grecques et romaines, que nous présente l'auteur. (*Antiquitates plantarum feralium apud Græcos e Romanos*. Lipsiæ, 1738.)

Lorsque la maladie commence à inspirer de tristes craintes à une famille, on suspend à la porte du malade des rameaux de l'arbre aimé d'Apollon, l'inventeur de la médecine, pour le rendre favorable. Aux branches de Laurier on ajoute des touffes de *Rhamnus*, consacré à Janus, qui préserve la demeure de tout maléfice.

Mais si, malgré cette salutaire invocation, la mort frappe le malade, on substitue à ces plantes de noirs rameaux de Cyprès, emblème de Pluton et de Proserpine ; ou des branches de Sapin, l'arbre des funérailles, comme le nomme Pline.

Plus tard, lorsque le corps du défunt était lavé, on le couvrait de parfums, de Myrrhe, d'Encens, de Cannelle et d'Amome. Puis on le déposait dans un cercueil de Cyprès, bois que les Athéniens, à ce que rapporte Thucydide, considéraient comme incorruptible ; et on plaçait sur sa tête une couronne dont la composition emblématisait la condition du mort. Celle-ci était formée d'Olivier, de Laurier, de Peuplier blanc, de Lis ou d'Ache.

Des branches de Pin et des tiges de Papyrus enflammées, éclairaient la marche du convoi, qui s'avançait au son des flûtes funèbres, pour lesquelles on n'avait employé que le Buis et le Lotus.

C'était toujours un bûcher de bois résineux que l'on employait pour dévorer le cadavre. Son action était plus rapide, et ses émanations odorantes absorbaient les exhalaisons des chairs brûlées.

Les cendres du mort, recueillies par la piété des parents et placées dans des urnes, mélangées aux parfums de la Myrrhe et de la Rose, de l'Encens et de la Violette, étaient ensuite déposées dans les tombeaux.

Les Grecs et les Romains ornaient ceux-ci avec une grande délicatesse, en employant des plantes consacrées aux mânes. Au premier rang se trouvaient le sévère Cyprès; puis l'Asphodèle, consacrée à Proserpine, et dont Homère ornait les gazons de l'Élysée. Ses fleurs, apparaissant à chaque printemps sur son bulbe caché, étaient pour l'antiquité l'emblème de la résurrection éternelle. La superstition populaire se figurait que les trépassés savouraient ses racines. L'Amaranthe, aux fleurs qui ne se fanent point, et qu'on regardait aussi comme l'emblème de l'immortalité. Enfin venaient le Pothos, l'Ache, la Mauve et la Violette.

Des végétaux particuliers étaient aussi affectés aux repas funèbres, qu'on répétait fréquemment près des tombeaux. C'étaient des Fèves, de l'Ache, de la Laitue et des Lentilles, qui y étaient particulièrement employées par des convives couronnés de Roses, dont les testataires ordonnaient à cet effet que l'on fît des plantations près de leurs dépouilles; usage qui ne cessa qu'au moment où Tertullien flétrit éloquemment cette coutume, ne voulant pas, disait-il, que l'on portât des fleurs sur l'endroit où le Sauveur avait eu une couronne d'épines.

(46). Selon un savant anglais, la Dionée attrape-mouche, *Dionæa muscipula*, L., ne ferme pas les panneaux de son piége dans l'unique but de punir l'Insecte qui l'irrite, mais bien pour s'en nourrir et pomper ses sucs; ce serait une plante carnivore. Cet observateur prétend que ce régime est si indispensable au végétal, qu'il languit quand on l'en prive en l'enfermant sous un châssis de toile métallique. Mais que là, cependant, la Dionée reste en santé si, de temps à autre, on place sur ses feuilles quelques parcelles de viande.

(47). La séve de l'Érable à sucre, *acer saccharinum*, commence à monter au mois de février. Pour l'extraire, on se contente de faire sur son tronc un trou de quelques pouces de profondeur, dans lequel on place un tuyau qui la laisse couler goutte à goutte dans un seau. Par la fermentation, celle-ci fournit un vin léger et agréable; et par l'évaporation sur un feu doux, un sirop brun et visqueux, sucré comme la mélasse, et que l'on convertit en petits pains de sucre. Chaque arbre en produit annuellement de deux à quatre livres.

(48). « L'air qui nous entoure pèse autant que 581 000 cubes de cuivre d'un kilomètre de côté ; son oxygène pèse autant que 134 000 de ces mêmes cubes. En supposant la terre peuplée de mille millions d'hommes, et en portant la population animale à une quantité équivalente à trois mille millions d'hommes, on trouverait que ces quantités réunies ne consomment en un siècle qu'un poids d'oxygène égal à 15 ou 16 kilomètres cubes de cuivre, tandis que l'air en renferme 134 000.

« Il faudrait 10 000 années pour que tous ces hommes pussent produire sur l'air un effet sensible à l'eudiomètre de Volta, même en supposant la vie végétale anéantie pendant tout ce temps.

« En ce qui concerne la permanence de la composition de l'air, nous pouvons dire, en toute assurance, que la proportion d'oxygène qu'il renferme est garantie pour bien des siècles, même en supposant nulle l'influence des végétaux, et que néanmoins ceux-ci lui restituent sans cesse de l'oxygène en quantité au moins égale à celle qu'il perd, et peut-être supérieure ; car les végétaux vivent tout aussi bien aux dépens de l'acide carbonique fourni par les volcans, qu'aux dépens de l'acide carbonique fourni par les animaux eux-mêmes. » (Dumas, *Essai de statique chimique des êtres organisés*. Paris, 1842, p. 18.)

(49). Au nombre des phénomènes remarquables de la végétation, on peut citer la propriété qu'ont certaines plantes, et en particulier les Chara (*chara fragilis*), de décomposer les sulfates qui se trouvent dans l'eau, et d'en transformer le soufre en hydrogène sulfuré, ce qui donne lieu à des sources d'eaux minérales dites sulfureuses. C'est pour avoir méconnu ce fait, qu'après avoir curé intempestivement la vase putride hydro-sulfurée de certains marécages, on a vu tarir des sources minérales qui faisaient la fortune de divers établissements de bains.

(50). On lit dans l'*Historia de la Conquista de las islas canarias* de Juan de Abreu Galindo, qu'il existait à Hierro (Ferro) un Laurier, qui, selon M. Roulin, n'était peut-être que le *Laurus fœtens*, qui fournissait de l'eau potable aux naturels de l'île. Elle se distillait goutte à goutte de son feuillage, et on la conservait dans des citernes. Cette merveilleuse source végétale était une partie du jour enveloppée d'un nuage au sein duquel elle puisait son eau. Mais la tradition de l'arbre, citée par le vieil historien du dix-septième siècle, s'est aujourd'hui effacée parmi les conquérants de l'île.

(51). Deux produits, qui jouent un grand rôle dans l'alimentation de l'homme, la Cassave et le Tapioca, nagent au milieu des sucs les plus léthifères. L'un et l'autre sont fournis par la racine du *manihot utilissima*, Pohl. Celle-ci est un poison dont les nègres connaissent la redoutable énergie; aussi s'en servent-ils parfois pour se donner la mort. Mais ce poison, que l'on a regardé comme analogue à l'acide prussique, étant très-altérable et très-volatile, se décompose et se détruit très-facilement par la fermentation; aussi permet-il aux grossières peuplades de l'Amérique, d'extraire de la racine amylacée du Manioc l'aliment salutaire servi si souvent sur nos tables, sous le nom de Tapioca.

Celui-ci se compose de fécule assez pure, qu'on recueille avec soin; mais la farine de Manioc, dont se nourrissent tant de peuples de l'Amérique, est moins fine. On l'extrait en se bornant à soumettre à la presse les racines du végétal; aussi est-elle composée d'un mélange d'amidon, de fibres végétales, et d'un peu de matière extractive. On l'expose après dans des cheminées pour le faire sécher, et, quand la dessiccation est assez avancée, on pulvérise la masse et l'on confectionne du pain avec la farine que l'on en retire.

(52). Le Maïs est évidemment originaire de l'Amérique. C'est à tort qu'on le désigne sous le nom de Blé de Turquie ou de Blé d'Inde, en supposant qu'il est indigène de ces pays.

Si cette belle Graminée eût appartenu à l'ancien continent, les naturalistes et les agronomes de l'antiquité n'eussent pas manqué d'en parler; et cependant il n'en est nullement question dans les écrits de Théophraste, de Pline, de Columelle et de Dioscoride. Mais, si aucun auteur antérieur à la découverte de Colomb n'en fait mention, au contraire voyons-nous les premiers descripteurs de l'Amérique la citer à chacune de leurs pages.

Joseph d'Acosta affirme que le Maïs était l'un des principaux aliments des sauvages du nouveau continent, longtemps avant sa conquête. Au moment où Cortez aborda au Mexique, cette Graminée était consacrée comme une nourriture sainte. Montézuma en envoyait des pains imbibés de sang humain au célèbre conquérant. Durant certaines fêtes publiques, les Mexicains façonnaient des statues de leurs dieux en pâte de Maïs; et, après les avoir promenées dans les rues, le peuple se les partageait, afin que chacun pût jouir de cet aliment sanctifié. Lorsque Pizarre s'empara violemment du Pérou, il y existait des pratiques analogues. Les Incas offraient en sacrifice des pains de cette céréale, que les vierges consacrées au culte du soleil pétrissaient avec le sang de jeunes enfants, auxquels on avait déchiré le visage pour préparer cette nourriture.

(53). L'origine des diverses espèces de Mannes ou d'exsudations sucrées qui couvrent les arbres, a été, de tout temps, l'objet de l'étonnement du vulgaire et des plus singulières hypothèses de la part des savants.

On a longtemps cru que ces stalactites ou ces larmes de sucre, qui apparaissent si rapidement, n'étaient qu'un dépôt de l'atmosphère ; toute l'antiquité a partagé cette erreur fort difficile à déraciner.

Pline assurait qu'il pleuvait du miel, au lever de certaines constellations, pendant les ardeurs de la canicule; ce dont les habitants des campagnes rendaient grâces à Jupiter.

Les gens qui, parmi les modernes, ont soutenu l'origine aérienne de la Manne, s'appuyaient surtout sur les récits du jésuite Cornélius à Lapide, qui racontait avoir vu lui-même tomber de la Manne en Pologne. Herréra assurait que ce phénomène n'était pas rare en Amérique. Et Mathiole lui-même, le grand Mathiole, embrassait cette erreur, en ne regardant cette substance que comme une Rosée du ciel, un Excrément des astres!

Cependant, dès 1543 un religieux franciscain, Ange Palea, avait écrit que la Manne découlait spontanément des Frênes. Mais l'opinion contraire était tellement enracinée, qu'on ne voulait pas le croire. La vérité ne fut enfin généralement admise qu'après que le botaniste J. Ray eut fait couvrir des arbres avec une chemise de toile, et démontré que, malgré cette enveloppe, les rameaux ne s'en couvraient pas moins de leur exsudation sucrée.

Une seule porte s'offrait encore à l'erreur, c'était de prétendre que le produit des végétaux mannifères était déposé par les Cigales et les Cochenilles éparpillées sur leurs rameaux. Ce fut ce que soutint Chr. Avega. Mais il est évident que ces Insectes ne contribuent seulement qu'à favoriser l'émission des humeurs sucrées, en piquant les écorces qu'elles distendent, mais que jamais ils ne les produisent.

C'est sur le Frêne à fleurs, *Fraxinus ornus*, que l'on recueille principalement la Manne employée en médecine. On le cultive à cet effet en Sicile et en Calabre.

D'autres végétaux produisent aussi des substances sucrées absolument analogues à celle-ci. Le Mélèze fournit la Manne de Briançon.

Dans quelques pays, les herbes elles-mêmes se couvrent d'une abondante exsudation sucrée. Bruce remarqua ceci en Abyssinie; et Mathiole rapporte que dans quelques régions de l'Italie la Manne englue tellement l'herbe des prairies qu'elle entrave l'œuvre des faucheurs.

(54). C'est quand le Pin maritime est âgé de vingt à trente ans qu'on en extrait de la résine. Pour l'obtenir, des ouvriers que l'on appelle *Résiniers* enlèvent, a l'aide d'une cognée, la grosse écorce de la partie inférieure du tronc, sur une surface d'environ un pied de largeur, sur un pied et demi de hauteur. C'est sur cette surface qu'ils font ensuite, avec une petite hache dont le fer ressemble à une gouge, une entaille plus profonde, qui met la partie superficielle des couches ligneuses à découvert, et c'est entre celle-ci et l'écorce que la résine flue ; cette dernière entaille a environ six pouces de hauteur, sur quatre de large. A la suite de cette opération, les ouvriers pratiquent, dans le corps de l'arbre, une petite fossette pour recevoir la résine qui s'écoule. Toutes les semaines un résinier rafraîchit la place en enlevant en haut un mince copeau de bois, de manière que, dans le cours de chaque saison, l'entaille n'acquiert pas plus de dix-huit pouces de long. On prolonge cette entaille pendant la succession des années, jusqu'à ce qu'elle parvienne à douze ou quatorze pieds de hauteur ; quand elle en est là, on en recommence une autre au pied de l'arbre, à côté de la première, et que l'on fait marcher parallèlement.

Dans les Conifères qui exudent de la térébenthine, celle-ci est contenue dans des lacunes verticales ou horizontales, appelées *conduits résinifères*. Leur bois a d'autant plus de durée qu'il en offre davantage. Sous ce rapport le Pin des Canaries, *Pinus canariensis*, est remarquable. Il en contient un fort grand nombre ; et, selon Schacht, ils y offrent jusqu'à 90 400 de millimètre de diamètre, aussi ce bois est-il presque inaltérable. (SCHACHT, *Les arbres*. Bruxelles, 1862, p. 225.)

(55). On doit à Mlle Linnée la découverte d'un des phénomènes les plus extraordinaires de la végétation. Elle remarqua que pendant le crépuscule, ou vers le lever de l'aurore, les fleurs de la Capucine produisaient des lueurs passagères d'instant en instant. Elle communiqua ses observations à son père, et à plusieurs physiciens, et l'on attribua généralement ces espèces d'éclairs à un dégagement d'électricité. Telle fut en particulier l'opinion de M. Vilcke. (*Mémoires de la Société de Suède*, 1762. PULTNEY, *Coup d'œil sur la vie et les ouvrages de Linnée.*)

M. Haggren a fait des observations analogues sur diverses fleurs. Pour être certain que ce phénomène ne tenait pas à quelque aberration de la vision, il s'adjoignit un autre observateur qui devait, par un signal, indiquer le moment où il apercevrait des scintillements lumineux. Le savant suédois reconnut qu'il ne pouvait y avoir d'illusion, car son compagnon voyait les éclairs absolument au même moment que lui. (HAGGREN, *Mémoire sur les fleurs qui donnent des éclairs*. Traduit du suédois dans le *Journal de physique*, t. XXXIII, p. 111.)

Ces lueurs passagères se répètent quelquefois successivement, mais souvent elles ne brillent qu'à plusieurs minutes de distance. On les aperçoit surtout sur les fleurs d'un jaune orangé ; des variétés pâles des mêmes espèces n'en produisent pas. On les observe dans le Souci, la Capucine, les Tagétès et le Tournesol.

Ces éclairs sont un phénomène que l'on ne peut pas confondre avec la phosphorescence que l'on observe sur quelques plantes.

(56). L'arbre à beurre de Shéa, *pentadesma butyracea*, qui végète vigoureusement sur les bords du Niger et dans toute la zone centrale et occidentale de l'Afrique, semble peut-être destiné à amener un jour quelque grande révolution sociale dans les pays qu'il habite. Il paraît, dit Karl Muller, bien autrement redoutable aux marchands d'esclaves que le blocus des Anglais. Les indigènes récoltant du beurre au delà de leurs besoins, les entremetteurs de la côte commencaient à s'inquiéter de ce qui pourra arriver si ce beurre vient à prendre place parmi les articles de commerce. Afin que rien ne détournât les habitants du pays de la chasse à l'Esclave, ils ont amené le roi de Dahomey à ordonner la destruction de tous les Arbres à beurre de ses États. Actuellement la guerre est engagée contre ce végétal ; on le brûle toutes les fois qu'il repousse et néanmoins il rejette tous les ans, comme une protestation constante et énergique contre l'homme, qui détruit avec préméditation un présent de la nature. (KARL MULLER, *Merveilles du monde végétal*. Paris, t. II, p. 196.)

Relativement à l'Arbre au lait ou à la vache, *Paölo de vaca*, comme on le nomme dans le pays, M. Boussingault qui, sur la demande de de Humboldt, en a analysé le produit, assure que celui-ci a des propriétés physiques absolument semblables à celle du lait de la vache, à l'exception qu'il est un peu plus visqueux. Il est remarquable en ce qu'il contient une énorme quantité de cire. Cette substance forme la moitié de son poids ; aussi le savant chimiste propose-t-il de cultiver l'arbre pour l'en extraire. (HUMBOLDT, *Voyage aux régions équinoxiales du nouveau continent*. Paris, 1814, t. I.)

(56 *bis*). Les arbres qui produisent le plus précieux des médicaments, le Quinquina, ont été fort longtemps sans être connus. Le suprême antidote de la fièvre, apporté en Europe en 1641 par la comtesse del Cincon, et débité par les jésuites, restait absolument secret. Les doses s'en vendaient souvent fort cher, car au rapport de madame de Sévigné, l'un des détenteurs du médicament, que l'on débitait sous les noms de Poudre de la comtesse ou des jésuites, les faisait payer jusqu'à quatre mille francs aux grands seigneurs de son temps.

Ce fut la Condamine qui fit connaître le premier l'un des arbres qui produisent le quinquina. Ceux-ci furent ensuite étudiés par Ruiz et Pavon.

On n'emploie guère en médecine que les écorces de trois espèces de quinquinas. Celle du Quinquina gris, *cinchona condaminea*, qui croît dans la Colombie ; du Quinquina jaune, *cinchona cordifolia*, qu'on trouve principalement dans les forêts du Pérou ; et enfin, celle du Quinquina rouge, *cinchona oblongifolia*, qui habite la Colombie et le Pérou.

L'on n'a eu longtemps que d'imparfaites notions sur l'extraction de ces écorces. Ce n'est que durant ces dernières années que M. Weddell, dans un savant ouvrage, a résumé tout ce qui concerne cette récolte qu'il avait observée lui-même en explorant le Pérou.

Nous ne pouvons rien faire de mieux que de citer textuellement les curieux détails qu'on y trouve sur cette extraction :

« On donne le nom de *cascarilleros*, dit M. Weddell, aux hommes qui coupent le quinquina dans les bois ; ce sont des hommes élevés à ce dur métier depuis leur enfance, et accoutumés par instinct, pour ainsi dire, à se guider au milieu des forêts. Sans autre compas que cette intelligence particulière à l'homme de la nature, ils se dirigent aussi sûrement dans ces inextricables labyrinthes, que si l'horizon était ouvert devant eux. Mais combien de fois est-il arrivé à des gens moins expérimentés dans cet art, de se perdre et de n'être plus revus !

« Les coupeurs ne cherchent pas le Quinquina pour leur propre compte ; le plus souvent ils sont enrôlés au service de quelque commerçant ou d'une petite compagnie, et un homme de confiance est envoyé avec eux à la forêt avec le titre de *majordome*.... Le premier soin de celui qui entreprend une spéculation de cette nature dans une région encore inexplorée, est de la faire reconnaître par des cascarilleros exercés : le devoir de ceux-ci est de pénétrer les forêts dans diverses directions, et de reconnaître jusqu'à quel point il peut être profitable de les exploiter.... Cette connaissance première est la partie la plus délicate de l'opération, et elle exige dans les hommes qui y sont employés une loyauté et une patience à toute épreuve ; c'est sur leur rapport que se calculent les chances de réussite. Si elles sont favorables, on se met en devoir d'ouvrir un sentier jusqu'au point qui doit servir de centre d'opérations. Dès ce moment, toute la partie de la forêt que commande le nouveau chemin devient provisoirement la propriété de son auteur, et aucun autre cascarillero ne peut y travailler.

« A peine le majordome est-il arrivé avec ses coupeurs dans le voisinage du point à exploiter, qu'il choisit un site favorable pour y établir son camp, autant que possible dans la proximité d'une source ou d'une rivière. Il y fait construire un hangar ou une maison légère, pour abriter les provisions et les produits de la coupe ; et s'il prévoit qu'il doive rester longtemps dans le même lieu, il n'hésite pas à faire des semis de maïs et de quelques légumes. L'expérience, en effet, a démontré qu'un des plus grands succès de ce genre de travaux est l'abondance des vivres. Les cascarilleros, pendant ce temps, se sont répandus dans la forêt, un à un, ou par petites bandes, chacun portant enveloppées dans son *poncho* (espèce de manteau) et suspendues au dos, des provisions pour plusieurs jours, et les couvertures qui constituent sa couche. C'est ici que ces pauvres gens ont besoin de mettre en pratique tout ce qu'ils ont de courage et de patience pour que le travail soit fructueux. Obligé d'avoir constamment à sa main sa hache ou son couteau pour se débarrasser des innombrables obstacles qui arrêtent son progrès, le cascarillero est exposé, par la nature du terrain, à une infinité d'accidents, qui trop souvent compromettent son existence même.

« Les quinquinas constituent rarement des bois à eux seuls ; mais ils peuvent fournir des groupes plus ou moins serrés, épars çà et là au milieu de la forêt ; les Péruviens leur donnent le nom de *taches* (*manchas*). D'autres fois, et c'est ce qui a lieu le plus ordinairement, ils vivent complé-ement isolés. Quoi qu'il en soit, c'est à les découvrir que le cascarillero déploie toute son adresse. Si la position est favorable, c'est sur la cime des arbres qu'il promène les yeux ; alors, aux plus légers indices, il peut reconnaître la présence de ce qu'il recherche ; un léger chatoiement, propre aux feuilles de certaines espèces, une coloration particulière de ces mêmes organes, l'aspect produit par une grande masse d'inflorescences, lui feront reconnaître la cime d'un quinquina à une distance prodigieuse. Dans d'autres circonstances, il doit se borner à l'inspection des troncs dont la couche externe de l'écorce présente des caractères remarquables. Souvent aussi les feuilles sèches qu'il rencontre en regardant à terre, suffisent pour lui signaler le voisinage de l'objet de ses recherches, et si c'est le vent qui les a amenées, il saura de quel côté elles sont venues. Un Indien est intéressant à considérer dans un mouvement semblable, allant et venant dans les étroites percées de la forêt, dardant la vue au travers du feuillage, en semblant flairer le terrain sur lequel il marche, comme un animal qui poursuit une proie ; se précipitant enfin tout à coup, lorsqu'il a cru reconnaître la forme qu'il guettait, pour ne s'arrêter qu'au pied du tronc dont il avait deviné, pour ainsi dire, la présence.

« Il s'en faut de beaucoup cependant que les recherches du cascarillero soient toujours suivies d'un résultat favorable ; trop souvent il revient au camp les mains vides et ses provisions épuisées. Et que de fois, lorsqu'il a découvert sur le flanc de la montagne l'indice de l'arbre, ne s'en trouve-t-il pas séparé par un torrent ou un abîme ! Des journées se passent avant qu'il atteigne un objet que, pendant tout ce temps, il n'a pas perdu de vue.

« Pour dépouiller l'arbre de son écorce, on l'abat à coups de hache, un peu au-dessus de sa racine, en ayant soin, pour ne rien perdre, de dénuder d'abord le point que l'on doit attaquer ; et comme la partie la plus épaisse, la plus profitable par conséquent, se trouve tout à fait à sa base, on a l'habitude de creuser un peu la terre à son pourtour, afin que la décortication soit plus complète. Il est rare, même lorsque la section du tronc est terminée, que l'arbre tombe immédiatement, étant soutenu, soit par les lianes qui l'enlacent, soit par les arbres voisins ; ce sont autant d'obstacles nouveaux que doit vaincre le cascarillero. Je me souviens d'avoir une fois coupé un gros tronc de quinquina, dans l'espérance de mettre ses fleurs à ma portée, et, après avoir abattu trois arbres voisins, de l'avoir vu rester encore debout, maintenu dans cette position par des lianes qui s'étaient attachées à sa cime, et qui le soutenaient à la manière de haubans. Lorsque enfin l'arbre est bas, et que les branches qui pourraient gêner ont été retranchées, on fait tomber le *périderme* en le massant, ou mieux en le percutant, soit avec un maillet de bois, soit avec le dos même de la hache ; et la partie vive de l'écorce mise à nu est souvent encore nettoyée à l'aide de la brosse ; puis, après avoir été divisée dans toute son épaisseur par des incisions uniformes qui circonscrivent les lanières ou planchettes que l'on veut arracher, elle est séparée du tronc au moyen d'un couteau, avec la pointe duquel on rase autant que possible la surface du bois, après avoir pénétré par une des incisions déjà pratiquées. L'écorce des branches se sépare comme celle du tronc, à cela près qu'elle ne se masse pas, l'usage voulant qu'on lui conserve sa croûte extérieure ou périderme.

« Les détails de dessèchement varient un peu dans les deux cas : en effet, les planchettes plus minces de l'écorce des branches ou des petits troncs, destinées à faire du quinquina roulé ou *canuto*, sont exposées simplement au soleil, et prennent d'elles-mêmes la forme désirée, qui est celle d'un cylindre creux. Mais celles qui proviennent des gros troncs, et que l'on destine à constituer le quinquina plat, ou ce que l'on nomme *tabla* ou *plancha*, doivent nécessairement être soumises, pendant la dessiccation à une certaine pression, sans quoi elles se torderaient ou se soulèveraient plus ou moins comme les précédentes. A cet effet, après une première exposition au soleil, on les dispose les unes sur les autres en carrés croisés, comme sont disposées les planches dans quelques chantiers, afin qu'elles se conservent planes ; et sur la pile quadrangulaire ainsi composée on charge quelque corps pesant. Le lendemain, les écorces sont remises pendant quelque temps au soleil, puis de nouveau rétablies en presse, et ainsi de suite ; on laisse enfin se terminer le dessèchement dans ce dernier état.

« Mais le travail du cascarillero n'est pas à beaucoup près fini, même lorsque la préparation de son écorce est terminée. Il faut encore qu'il rapporte sa dépouille au camp ; il faut enfin qu'avec un lourd fardeau sur les épaules, il repasse par ces mêmes sentiers que, libre, il ne parcourait qu'avec difficulté. Cette phase de l'extraction coûte parfois un travail tellement pénible, qu'on ne peut vraiment pas s'en faire une idée. J'ai vu plus d'un district où il faut que le Quinquina soit porté de la sorte pendant quinze à vingt jours avant de sortir des bois qui l'ont produit ; et, en voyant à quel prix on l'y payait, j'avais peine à concevoir comment il pouvait se trouver des hommes assez malheureux pour consentir à un travail si peu rétribué.

« Pour terminer il me reste un mot à dire sur l'emballage des quinquinas ; c'est le majordome que nous avons laissé dans son camp, qui s'occupe encore de ce soin. A mesure que les coupeurs lui rapportent les écorces, il leur fait subir un triage, et en forme des bottes, qui sont cousues dans de gros canevas de laine. Conditionnés ainsi, les ballots sont transportés à dos d'homme, d'âne ou de mule, jusqu'aux dépôts dans les villes, où on les enveloppe de cuir frais, qui prend en séchant une grande solidité. Sous cette forme, ils sont nommés *surons*, et c'est ainsi qu'ils nous arrivent en Europe. »

(57). Voici le conte absurde que fait Foersche au sujet de la récolte du poison de l'Upas.

« Lorsque des criminels, dit-il, sont condamnés à mort, on leur offre leur grâce s'ils veulent aller chercher une boite de poison. Ils acceptent dans l'espérance de sauver leur vie, et d'être toujours nourris aux frais de l'empereur, s'ils ont le bonheur de revenir. On les envoie à la maison d'un prêtre qui demeure dans l'habitation la plus voisine du lieu où croît l'arbre, et qui en est à quinze ou seize milles, et où leurs parents et leurs amis les accompagnent, en leur recommandant de saisir le temps où le vent chasse devant eux les émanations de l'arbre, et de marcher avec la plus grande vitesse, seuls moyens d'échapper à la mort. Ce prêtre a été placé là par l'empereur, pour préparer à la mort les criminels condamnés à aller chercher le poison. Il les garde chez lui quelques jours en attendant le vent favorable, et les prépare par ses avis et ses prières.

« Au moment du départ, il leur donne une boîte d'argent ou d'écaille ; il leur couvre la tête d'un bonnet de peau qui descend jusqu'à la poitrine, et qui a des yeux de verre ; il leur donne aussi des gants de peau. Il les accompagne à la distance de deux milles ; il leur montre une colline qu'ils doivent monter : derrière cette colline est un ruisseau qui les conduira directement à l'Upas. Enfin ces malheureux reçoivent les adieux de leurs amis, et partent en diligence, tandis qu'on fait des prières pour le succès de leur expédition.

« Le bon prêtre m'assura que depuis trente ans qu'il habitait ce lieu, il avait fait partir sept cents criminels et qu'il n'en était revenu que vingt-deux. Il me montra une liste qui contenait leurs noms, le jour de leur départ et le crime pour lequel ils avaient été condamnés.... J'assistai à quelques-unes de ces tristes cérémonies. Je demandai aux criminels de m'apporter quelques petites branches d'Upas ; mais je ne pus me procurer que deux feuilles sèches, qui me furent apportées par le seul que je vis revenir. Tout ce que j'appris de lui, c'est que l'arbre croît sur le bord du ruisseau indiqué par le prêtre, qu'il est de moyenne taille, entouré de cinq ou six jeunes arbres de la même espèce. Le terrain des environs est un sable brunâtre, rempli de cailloux et couvert de débris de cadavres.

« Il est certain qu'on ne trouve aucune créature vivante à quinze milles de distance; plusieurs personnes dignes de foi m'ont assuré que les eaux n'y nourrissaient aucun poisson, qu'on n'y voit point d'insecte, et que les oiseaux qui passent assez près pour être atteints par les émanations de l'arbre, tombent et périssent. Des criminels en ont vu tomber à leurs pieds et les ont apportés au prêtre. » (FOERSCHE, *Voyages, mél. de litt. ét.*, t. I, p. 63.)

Nous avons dit que l'on devait à un voyageur français, Leschenault, la connaissance des deux arbres qui fournissent le poison de Java, et dont le voisinage n'a rien de redoutable ni pour les animaux, ni pour les autres plantes. Ce sont *l'Antiaris toxicaria*, Lesch. et le *Strychnos Tieute*, Lesch. Ainsi se trouve anéantie une fable qui a si longtemps été répétée par quelques crédules auteurs. (LESCHENAULT, *Ann. du Mus. d'hist. nat.*, t. XVI, p. 459.)

(58). Le sommeil des plantes fut observé pour la première fois, dans l'Inde, sur le Tamarinier, par Garcias de Horto, en 1567; puis ensuite, en 1581, par Val-Cordus, sur la Réglisse. Mais ce ne fut que Linnée qui en démontra réellement l'essence.

(59). L'amour de la nature se traduisait, dans l'antiquité, par les élans de la poésie, par le respect religieux pour tout ce qui provenait du règne végétal. La Grèce animait tout ce que touchaient ses gracieux pinceaux. Dans *Œdipe*, lorsque l'infortuné roi s'approche du redoutable bois des Euménides, Sophocle fait chanter au chœur « le tranquille et délicieux séjour de Colonne; les verts buissons que le rossignol aime à visiter et qui retentissent de sa voix claire et mélodieuse;

l'obscurité que répand le feuillage enlacé du Lierre; les Narcisses humides de la rosée céleste; le Safran rosé, et l'Olivier impérissable, qui renaît sans cesse de lui-même. »

L'antiquité prodiguait aux végétaux ce que nous leur refusons. De Humboldt dit que « les Grecs croyaient à des rapports secrets entre le monde des plantes et les héros et les dieux : c'étaient les dieux qui vengeaient les outrages faits aux arbres ou aux plantes consacrées. »

(60). La Mandragore, qui a été l'une des plus célèbres plantes magiques de l'antiquité et du moyen âge, passait pour croître sous les gibets, où elle végétait à même les débris des suppliciés. On disait qu'elle ne pouvait en être arrachée sans danger. Les crédules promoteurs de la cabale, pour éviter tout accident, conseillaient à leurs adeptes de l'extraire du sol à l'aide d'un chien qu'on liait à la plante. Celle-ci exerçait alors tout son maléfice sur l'animal, qui était voué à une mort certaine.

Les charlatans de nos époques de superstition donnaient une forme humaine aux racines de la Mandragore, avant de l'employer dans leurs sortiléges. L'idée que cette plante se présentait naturellement sous cette apparence, lui avait fait donner le nom d'*antropomorphos* par les anciens; et elle était même tellement acceptée par nos crédules aïeux, que, dans certains ouvrages de botanique de la Renaissance, et en particulier dans le *Grand Herbier en français*, on voit des dessins de Mandragores assez fidèles pour le feuillage et le port, mais dont les racines historiées offrent la figure humaine. Les unes représentent une femme, les autres un homme.

(61). Voici le curieux passage qu'on trouve sur ce sujet dans Adanson :

« Toute plante étant animée, quoique sans sentiment, a une âme, qui n'est pas une, ni fixée à une seule de ses parties, mais répandue également dans toutes, et divisible, puisque chacune de ses parties intégrantes qui participent à une vie commune, possède en elle-même une vitalité isolée, indépendante des autres, et que, détachée et séparée d'elles, elle croît et fructifie, enfin jouit de toutes les propriétés et facultés qu'elle possédait avant sa séparation. »

(62). Voici comment M. C. Debans peint la mort de la Rose, dans son charmant livre, partout rempli d'une si suave poésie :

« Au moment où la Rose exhalait son âme en un parfum suprême, une Violette se balança sur sa tige et murmura un cantique d'actions de grâces. C'était une harmonie imperceptible et pénétrante, produite par un frôlement de feuilles vertes contre la petite fleur. C'était un poëme de fraîcheur et d'encens.

« Un petit Scarabée bleu de ciel, qui voyageait sur une feuille pour s'instruire, s'étonna d'une joie qui lui parut inexplicable.

— Vous vous réjouissez, dit-il, de la mort de votre compagne ! Vous avez pourtant une grande réputation de bonté.

— Je me réjouis, répondit la Violette, parce que les temps d'épreuve sont passés pour la Rose qui vient de mourir. Je me réjouis, parce qu'elle a été belle, amoureuse et parfumée ; et comme les parfums, l'amour et la beauté sont les vertus des fleurs, je me réjouis, parce que son âme est au ciel. (Camille Debans, *Sous clef*, 1862, p. 59.)

(63). Dans son beau livre intitulé *La vie des fleurs*, un de nos plus spirituels écrivains, M. Eugène Noël, a aussi émis, dans un style charmant, des idées fort élevées et fort justes sur la sensibilité et la nature des plantes.

(64). Depuis qu'on la connaît, la Sensitive, *mimosa pudica*, L., qui nous a été rapportée des savanes de l'Amérique méridionale, a donné lieu aux plus poétiques descriptions. Voici comme en parle Mme de Genlis :

« La Sensitive, dont le nom et les surnoms sont si doux et si touchants, cette plante, qu'on appelle aussi la *chaste*, la *timide*, cet aimable symbole d'une pudeur craintive, pourrait l'être encore de la douceur et du mystère. Sa plus grande irritabilité la porte, non à blesser la main profane qui l'attaque, mais à se replier sur elle-même ; elle ne veut ni se venger, ni punir, elle n'a rien de menaçant. Semblable à ces vierges innocentes, qui n'ont jamais songé à s'armer de rigueurs, parce qu'elles n'ont pas l'idée d'une offense, la sensitive n'a point d'aiguillons; elle ne cherche qu'à se cacher quand on l'approche. La violette offre l'image d'une modestie raisonnée ; elle se met à l'abri sous des feuilles; ce soin seul indique une prévoyance. La sensitive est l'image parfaite de l'innocence et de la pudeur virginale; elle n'a rien prévu, puisqu'elle ne sait rien; elle se montre sans défiance ; mais dès quelle est remarquée de trop près, elle se dérobe autant qu'elle le peut à tous les regards; cette timidité paraît être en elle un instinct, un sentiment, et non un dessein combiné. Telle est la pudeur d'une bergère de quinze ans.

« On attribuait autrefois beaucoup de vertus merveilleuses à la sensitive. Un philosophe du Malabar est devenu fou en s'appliquant à examiner les singularités de cette plante, et à en rechercher la cause.

« La Sensitive offre une singularité qui, jointe à sa sensibilité apparente, a quelque chose de très-frappant. Si, avec un couteau bien tranchant, on coupe avec rapidité une grosse tige de cette plante, il reste sur le couteau une tache humide, d'un rouge vif, qui ressemble parfaitement à une goutte de sang. » (De Genlis, *Botanique historique*, p. 169.)

La poétique description de Mme de Genlis n'a que sa valeur littéraire, aussi nous passerons sur ses inexactitudes; mais nous ne pouvons omettre de dire que le fait qu'elle cite, en la terminant, est absolument erroné.

(65). C'est surtout parmi les monuments égyptiens que l'on trouve figuré le Nélumbo. Le dieu Horus y est souvent représenté assis, soit sur une fleur, soit sur un fruit de ce Nymphea; et souvent des faisceaux de tiges de cette plante se trouvent sculptés sur les dés de granit des statues colossales qui ornaient les monuments de Thèbes et de Memphis. Le Nélumbo était presque une parure obligée pour la déesse Isis, et les Égyptiens en coiffaient Osiris; ils en affublaient même la tête des sphinx. L'on connaît une médaille de Vespasien, où se voit un fruit de Nélumbo sur une tête du Nil, sous les traits de Jupiter. Sa fleur et ses fruits décorent quelques marbres romains représentant Antinoüs.

Le Nélumbo est devenu, pour les architectes égyptiens, le type des colonnes qui soutiennent leurs temples; les chapiteaux de celles-ci en représentent les fleurs épanouies, auxquelles les artistes ont parfois uni des fruits du dattier. Les sculpteurs ont même imité le développement de la plante sacrée, en entourant la base rétrécie des colonnes de plusieurs triangles qui, selon Delille, sont l'image des écailles et des feuilles avortées que l'on observe sur ses pédoncules, que représente ordinairement le fût des piliers.

(66). D'après ce qu'en dit Homère, à l'époque du siége de Troie, on savait déjà préparer une sorte d'huile de roses, en mettant infuser ces fleurs dans un liquide oléagineux; et il est certain que, dans l'antiquité, on cultivait celles-ci pour en extraire un parfum. L'île de Rhodes dut même le nom d'*Ile des Roses* à la célébrité de ses cultures de Rosiers; mais il est probable que l'on discontinua d'employer ce parfum, car l'eau de Rose n'est point mentionnée par les auteurs, et l'on n'en parle, pour la première fois, que dans les œuvres d'Avicenne. Les Orientaux, dans les temps qui nous ont précédés, l'employèrent avec une extraordinaire profusion. Certains historiens affirment que, quand Saladin enleva Jérusalem, en 1188, il fit laver l'intérieur de la mosquée d'Omar avec de l'eau de rose ; et il en fut employé une telle quantité dans cette circonstance, que le P. Sanut rapporte qu'elle composait la charge de cinq cents chameaux, qui l'apportèrent de Damas. Mahomet II, après la prise de Constantinople, ordonna de laver ainsi Sainte-Sophie.

La princesse Nourmahal fit encore plus, à ce que rapporte le P. Catrou, car elle amassa assez d'eau de rose pour en remplir un canal sur lequel on lança une barque qui la portait, accompagnée du Grand Mogol. Ce fut même pendant cette remarquable promenade que l'on découvrit l'essence de rose, qui s'était formée à la surface du lac artificiel par l'évaporation solaire.

L'huile essentielle de roses est un des aromates les plus exquis et les plus chers, et on lui donne, à juste titre, le nom de *a'ther*, parfum par excellence. Il faut environ cent livres de fleurs pour obtenir quatre à six gros de cette huile, qui nous vient de l'Orient et de l'Inde, et que l'on nomme souvent beurre de rose. Hippocrate et Galien connaissaient ce produit et l'employaient en médecine ; aujourd'hui il n'est plus en usage que pour parfumer le linge et les appartements.

(67). On a attribué aux émanations des Roses la mort de l'une des filles de Nicolas Ier, comte de Salins, et celle d'un évêque de Pologne. Mais ces faits, rapportés par l'historien Cromer, sont probablement inexacts.

(68). Le seul auteur qui ait bien décrit la fleur, est Rousseau, qui, à une époque de sa vie, s'occupa beaucoup de botanique et écrivit même plusieurs volumes sur cette science. Il en donne une définition physiologique rigoureuse. « C'est, dit-il, une partie locale et passagère, dans laquelle ou par laquelle s'opère la fécondation des plantes. » (J. J. Rousseau, *Dictionnaire de botanique*. Art. *Fleur*.)

(69). Une fleur complète se compose du Calice, de la Corolle, des Étamines et des Pistils.

Sous les deux premiers noms, on comprend les enveloppes de la fleur, qui en sont la partie la plus brillante : toute la fleur pour le vulgaire.

Sous les deux derniers, les organes des sexes, beaucoup moins apparents, mais qui en sont cependant les plus essentiels : la fleur pour le botaniste.

Le Calice est l'enveloppe extérieure. On donne le nom de Corolle à l'intérieure, qui est aussi presque constamment la plus brillante, et chacune des pièces de celle-ci est appelée Pétale.

On nomme Étamines les petits organes situés vers le centre. Ce sont les époux ou les mâles. Ces organes sont composés de trois parties. D'une sorte de filet, qui supporte de petits sacs appelés anthères. Dans ceux-ci se trouve la poussière fécondante ou le pollen.

Enfin viennent les Pistils ou les épouses. Ce sont les organes femelles, composés d'un ovaire qui renferme les jeunes semences, et après la fécondation devient le fruit; puis, d'une tige ou style qui le surmonte, et enfin du stigmate qui le termine.

Quelle que soit la magnificence des organes qui composent les fleurs, ceux-ci n'en sont pas moins des feuilles métamorphosées. C'est ce qu'a démontré Goethe, l'immortel poëte de l'Allemagne.

(70). On observe quelquefois ce phénomène dans les villes qui avoisinent les landes de Bordeaux. Le Pollen des Pins, enlevé par les vents, en teint parfois tous les toits en couleur jaune.

C'est avec le pollen inflammable d'une petite plante analogue aux mousses, du *Lycopodium clavatum*, que l'on récolte dans des sacs, que l'on fait sur nos théâtres ces flammes qui sortent des torches des furies, ou des incendies.

(71). Ce fut Lamarck qui découvrit que la fleur des Gouets, au moment de la fécondation, dégageait beaucoup de chaleur. De Candolle vérifia ce fait à Montpellier.

C'est un phénomène très-remarquable. J'ai reconnu qu'à un instant donné, la fleur de certains *Colocasia* s'échauffait tellement que sa température devenait sensible aux doigts qui la touchaient.

Pour les autres fleurs, le phénomène est moins apparent; cependant il est général. Brongniart, Dutroches, Biot et Schultze l'ont reconnu à l'aide d'aiguilles thermo-électriques.

(72). Durant un de mes voyages à Strasbourg, le professeur Fée me montra un Palmier femelle sur lequel il avait répété, avec le même succès, l'expérience de Gleditsch. C'était un Palmier nain, *chamærops humilis*, dont les fleurs avaient été fécondées avec du pollen qu'on avait envoyé de loin à l'illustre botaniste. Il l'avait versé simplement sur elles. Tous les fruits se développaient parfaitement sur ce Palmier, lorsque je le vis au mois d'août 1855.

Les expériences par lesquelles Linnée démontrait la sexualité des plantes étaient fort simples. L'une des plus fondamentales consistait à prendre deux pieds de Mercuriale, l'un mâle et l'autre femelle, et, après les avoir placés dans une longue serre, à les éloigner de plus en plus l'un de l'autre. Lorsque la femelle se trouvait au contact du mâle, toutes ses fleurs donnaient des fruits. Mais à mesure que l'on éloignait ce dernier, la femelle devenait de plus en plus inféconde; et elle se trouvait enfin frappée d'une stérilité absolue quand le mâle était ou trop éloigné d'elle ou tout à fait enlevé.

La loi de la fécondation des plantes est générale. Quelques botanistes avaient pensé que plusieurs d'entre elles s'y dérobaient; tels étaient la Mercuriale et le Chanvre, qui, selon eux, se chargeaient de fruits par une sorte de Parthénogénèse ou reproduction virginale. Mais Regel de Saint-

Pétersbourg et Schenk de Wurzbourg, ont incontestablement démontré que leur hypothèse est absolument fausse, et qu'il ne se produit jamais de fruits fertiles, si le pistil est dérobé à l'action du pollen.

(73). La Caprification était considérée comme une opération essentielle à la fructification du Figuier. Aristote, Théophraste et Pline en ont parlé. Ce dernier dit que le Figuier sauvage engendre des Moucherons qui vont dépecer les fruits du Figuier domestique, les ouvrent, et pénètrent dans leur intérieur en y introduisant la chaleur et la fécondité; et il ajoute que c'est pour cette cause que l'on place des Caprifiguiers près des figuiers, du côté d'où vient le vent, afin que celui-ci porte les insectes sur les individus cultivés.

Ces récits paraissaient fabuleux, mais la déposition de Tournefort en démontra l'authenticité. Ce naturaliste eut, en effet, l'occasion de constater, pendant ses voyages, que cette coutume existait encore dans le Levant. Il vit alors les paysans des îles de l'Archipel pratiquer la Caprification, et aller pendant les mois de juin et de juillet prendre des fruits du Caprifiguier, nommés *orni*, au moment où les insectes du genre Cynips (*cynips psenes*) qui y naissent en vont sortir, et porter ces fruits tout enfilés sur les Figuiers domestiques, afin que les insectes qu'ils contiennent piquent les fruits des individus cultivés et en fassent nouer un plus grand nombre.

Linnée ne vit, dans la Caprification, qu'une opération par laquelle les insectes transportent la poussière pollinique des fleurs mâles du caprifiguier jusque sur les fleurs femelles de l'espèce domestique, pour en produire la fécondation.

Mais l'action des Insectes se réduit à la piqûre du réceptacle; celle-ci active la maturité des figues, comme elle active celle des fruits de nos jardins, et elle permet d'obtenir de l'arbre un produit plus considérable. Cependant les figues ainsi piquées sont bien moins exquises que celles qui mûrissent spontanément: mais on assure que par cette opération, les arbres portent dix fois plus de figues que quand on ne la pratique pas. Tournefort dit qu'un figuier caprifié donne jusqu'à deux cent quatre-vingts livres de fruits, tandis qu'on n'en obtient que vingt-cinq s'il ne l'est point.

Olivier, qui vit également pratiquer cette opération pendant ses voyages dans le Levant, et l'agronome Bosc, la regardent comme inutile. Je partage parfaitement leur opinion; mes voyages en Orient m'ayant permis de reconnaître que dans beaucoup de pays où l'on ne pratique pas cette opération, les figues n'en sont pas moins superbes et abondantes. (POUCHET, *Botanique appliquée*, t. II, p. 22.)

(74). Le recteur Conrad Sprengel, qui a attribué un rôle merveilleux aux Insectes dans la fécondation des plantes, dans son excès d'enthousiasme les appelait les *Jardiniers de la nature !*

La preuve que c'est à l'imperfection de la fécondation que, dans nos serres, la Vanille aromatique doit sa stérilité a été parfaitement donnée par des expériences de M. Morren. Ce botaniste a reconnu, en effet, qu'en versant lui-même le pollen sur les stigmates de la fleur, on en produisait artificiellement la fécondation; et que bientôt après on obtenait des fruits qui, pour la beauté et l'arome, pouvaient rivaliser avec ceux que nous fournit l'Amérique. M. Brongniart, a, d'un autre côté, fécondé artificiellement la *strelitzia regina*, qui, sans cette violence, est chez nous improductive.

(75). Parfois, les Abeilles, en butinant les fleurs des Asclépiadées ou des Orchidées, en sortent, les pattes ou la tête recouverte des Anthères de ces plantes, semblables à de petites massues. Dans quelques circonstances, il s'en agglutine tant sur le front des Abeilles que celles-ci ne peuvent plus voler. C'est l'affection que les amateurs désignent sous le nom de *maladie à massue.*

Ch. Robin, dans les belles planches de son ouvrage sur

les Végétaux parasites, figure divers Insectes aux prises avec cet incommode envahissement.

(76). Voici une description charmante des amours de la Vallisnérie, que nous a donnée Castel, et qui ajoute à la poésie le mérite d'être aussi fidèle que le permettrait la prose :

Le Rhône impétueux, sous son onde écumante,
Durant six mois entiers, nous dérobe une plante
Dont la tige s'allonge en la saison d'amour,
Monte au-dessus des flots, et brille aux yeux du jour.
Les mâles dans le fond jusqu'alors immobiles,
De leurs liens trop courts brisent les nœuds débiles,
Voguent vers leur amante, et libres dans leurs feux
Lui forment sur le fleuve un cortége nombreux :
On dirait d'une fête, où le dieu d'hyménée
Promène sur les flots sa pompe fortunée.
Mais les temps de Vénus une fois accomplis,
La tige se retire en rapprochant ses plis,
Et va mûrir sous l'eau sa semence féconde.

(77). Voici le charmant tableau que Linnée fait de l'humble famille des graminées : *Gramina plebeii, campestres, culmiferi, glumacei, rustici, vulgatissimi, simplicissimi, vivacissimi, constituentes vim roburque regni, et quo magis mulctati et calcati, magis multiplicativi.* (LINNŒUS, *Philosophie botanique.*)

(78). La liste des arbres dont les dimensions ont acquis une certaine célébrité est considérable ; on n'en finirait pas si l'on voulait les citer tous.

Dans leurs savants ouvrages sur les forêts, Evelyn et Loudon en ont représenté plusieurs, qui, semblables au Platane de Smyrne, offraient des écartements dans lesquels un cavalier armé de toutes pièces pouvait passer à franc étrier. (EVELYN, *Sylva*, 1664. LOUDON, *Arboretum britannicum.* Londres, 1838.)

Ray parle d'un de ces arbres tellement volumineux qu'on l'avait transformé en petite citadelle. Marquis, au contraire, nous a fait l'histoire d'un autre qui était consacré au culte religieux. C'est le Chêne-chapelle des environs d'Yvetot, arbre ancien et révéré, à l'ombre duquel ont pu se reposer les compagnons de Guillaume le Conquérant, lorsqu'ils se dirigeaient vers l'Angleterre. La grande excavation de son tronc a été transformée en autel; on y dit la messe. Au-dessus du sanctuaire est une chambre contenant un lit, et sa vénérable tête couronnée est surmontée d'une croix. (MARQUIS, *Notice historique*. Rouen.)

(79). M. Houel, un de nos compatriotes, a donné la mesure exacte du Châtaignier de l'Etna, dans son *Voyage en Sicile* (tome II, p. 79, pl. 114). Quelques botanistes pensent cependant que cet arbre colossal est peut-être dû à la soudure de plusieurs individus de la même espèce. Mais ce n'est guère probable, les environs offrant d'autres individus qui présentent presque d'aussi extraordinaires proportions, et qui, à cause de cela, ont même des noms particuliers dans la contrée.

Le comte de Borch, qui a fort bien observé le Châtaignier aux cent chevaux, prétend qu'à la première vue, on pourrait croire qu'il est formé par la soudure de plusieurs troncs, mais, qu'en l'étudiant attentivement, on voit que c'est bien un seul arbre. Ce fait a été mis hors de doute par le chanoine Recupero, qui a fait creuser à l'entour, et vu que les cinq troncs aboutissent tous à une seule et colossale racine. (BORCH, *Lettres sur la Sicile*. Turin, 1782, t. I, p. 121.)

Dans les dernières histoires de la Chine, au rapport d'Adanson et de Denys de Montfort, il est question d'un arbre merveilleux, qui croît dans la province de *Che Kiang*, et qui est si gros que quatre-vingts hommes peuvent à peine en embrasser le tronc. Le premier de ces savants suppose, d'après cela, que celui-ci doit avoir au moins quatre cents pieds de circonférence. (ADANSON, *Hist. des plantes.*) Mais un tel fait dépasse les bornes du vrai.

(80). Dans l'ancienne Grèce, on révérait à un tel point l'Olivier, que l'on n'employait que des vierges et des hommes purs pour le cultiver. Dans quelques contrées de l'Attique, on exigeait même un serment de chasteté de la part de ceux qui s'occupaient de la récolte des olives. Les délits qui concernaient l'arbre utile étaient jugés par l'aréopage. Pline rapporte que chez les Romains il n'était pas permis de l'employer à des choses profanes, et que l'exil frappait impitoyablement le citoyen qui mutilait un Olivier dans un bosquet consacré à Minerve.

Depuis l'antiquité jusqu'à nos jours, on a constamment accordé à cet arbre une extrême longévité. Pline dit qu'un Olivier passant pour avoir été planté par Hercule, dans un champ d'Olympie, s'y voyait encore de son temps. Notre poëte Delille protestait avoir cueilli, de sa main, un rameau de l'Olivier de Minerve, qu'il rencontra encore en pleine végétation à Athènes, et qui remontait à plus de quarante siècles, en admettant qu'il fût planté lors de la fondation de la ville de Cécrops. Mais il est évident que notre illustre compatriote a été induit en erreur.

(81). Dans la Crimée, où nous avons porté nos armes avec tant d'éclat, on rencontre quelques arbres qui ont une certaine renommée. On cite principalement un Noyer qui se trouve dans une plaine des environs de Balaklava, à l'endroit où se trouvait le temple d'Iphigénie, en Tauride. On pense qu'il existait déjà au temps où les colonies grecques importaient leurs noix jusqu'à Rome, et que son âge remonte à plusieurs milliers d'années. Aujourd'hui sa fécondité est encore telle qu'il porte annuellement jusqu'à 100 000 noix, que se partagent, sans discorde, cinq familles tatares dont il est à la fois la propriété.

(82). Les historiens nous ont conservé le dénombrement de la petite armée de Cortez; et sa connaissance peut faire juger de l'étendue que devait avoir l'ombrage du Cyprès chauve dont il est question. Elle était composée de six cents fantassins espagnols, de quarante cavaliers et de neuf petites pièces d'artillerie: (*Hist. gén. des voy.*, t. XII, p. 389.)

Selon M. Schacht, les calculs d'Adanson, qui font même remonter l'ancienneté des Baobabs jusqu'à six mille ans, pourraient bien être entachés d'inexactitude à cause de la rapidité avec laquelle cet arbre grossit. En quarante ans, un Baobab de Santa-Cruz, a atteint trois mètres treize centimètres de circonférence.

Strabon cite des arbres encore plus extraordinaires, mais sans paraître y croire. Il dit qu'au delà de l'Hyarotis il en existait dont l'ombrage était tellement ample qu'il pouvait s'étendre à cinq plethres et abriter dix mille personnes. (STRABON, *Géographie*, liv. XV.)

(83). Le merveilleux que les alchimistes avaient cru voir dans l'apparition de la Tremelle Nostoc, les avait portés à l'employer dans leurs recherches de la pierre philosophale. Les paysans, frappés comme eux de sa subite invasion, lorsqu'elle s'étend sur la terre, en gelée verdâtre et tremblotante, en rapportaient aussi l'origine aux astres. Mais moins recherchés dans leur langage que les adeptes du grand œuvre, ils nommaient tout bonnement *crachat de la lune* ce singulier champignon.

(84). Une Mousse, la Bry des Alpes, *Bryum Alpinum*, arrachée assurément dans la forêt thuringienne, est apportée par les cours d'eau jusque sur les rochers de Porphyre des environs de Halle. Darwin pense que les forêts de pêchers et d'orangers, qui couvrent l'embouchure de la Parana, n'ont dû leur naissance qu'à des graines charriées par le fleuve.

(85). Une fois accolée à la branche, la semence du Gui y germe, enfonce sa racine dans son écorce, et vit aux dépens de l'arbre. Les tiges de ce végétal ont cela de particulier, qu'elles se dirigent avec une égale facilité dans tous les sens. Ses fruits sont blancs et de la grosseur d'une groseille.

Dans l'ancienne Gaule, le Gui était considéré comme une plante sacrée et l'objet d'une profonde vénération.

Les Druides allaient le cueillir, en grande pompe, sur les chênes des forêts et l'en enlevaient avec une serpe d'or.

Pline parle longuement de ce végétal : « Les Druides, dit ce naturaliste, n'ont rien de plus sacré que le Gui et l'arbre qui le produit.... Ils lui donnent un nom qui marque qu'il guérit toute sorte de maux.... Lorsqu'ils l'ont aperçu, le prêtre, vêtu de blanc, monte sur l'arbre, coupe le Gui avec une serpe d'or, et le reçoit dans son habit : après quoi il immole les victimes, et prie les dieux que le présent soit favorable à ceux à qui il le donne. Ils croient que les animaux stériles deviennent féconds en buvant de l'eau de Gui, et que c'est un préservatif contre toute sorte de poisons. Tant il est vrai que bien des gens mettent leur religion en des choses frivoles. »

Quoique Pline ne dise rien du lieu où se pratiquaient ces cérémonies, on sait qu'elles avaient surtout lieu dans de sombres forêts de l'Armorique, où florissait le culte des Druides.

Dans la vieille Gaule, au premier jour de l'an, on distribuait cette plante révérée au peuple en criant : *Au gui l'an neuf*, pour annoncer le retour de la nouvelle année.

Cette plante est aussi citée par Virgile. Ce poëte compare le rameau d'or que cherchait Énée, au Gui entouré de ses touffes de feuilles jaunâtres sur l'arbre qui le nourrit.

(86). Selon Sebastiani, auteur italien, le nombre d'espèces végétales qui peuplent le Colysée de Rome et qu'y auraient transportées les oiseaux, ne s'élève pas à moins de 261.

(87). C'est la Civette appelée *Viverra musanga*, qui, à Java, opère la dissémination du café, en le dispersant çà et là avec ses excréments : Karl Muller rapporte, d'après Junghuhn, que ce café, qui a traversé les organes digestifs du mammifère, est même considéré par les Javanais, comme étant d'une qualité supérieure, et que ceux-ci ne dédaignent pas de le ramasser, pour leur usage, dans les excréments de l'animal.

Le Raisin d'Amérique, *phytolacca octandra*, L., fut introduit dans les environs de Bordeaux, pour l'employer à colorer les vins, et c'est de là que les oiseaux l'ont tant disséminé. Le Passereau qui, à Ceylan, ensemence partout les Camélias est le *Turdus zeilanicus* (K. Muller, t. I, p. 91, 92).

(88). Les anciens pensaient qu'il devait croître spontanément dans la vallée d'Enna, en Sicile, lieu que la fable prétendait avoir été doté des bienfaits de Cérès et de Triptolème; mais on s'accorde aujourd'hui à penser que cette Graminée est originaire de la Perse, où elle a été rencontrée à l'état sauvage par les voyageurs Michaux et Olivier.

La Sicile était emblématisée par trois jambes indiquant ses trois promontoires, et autant d'épis de blé pour marquer sa fécondité. Sur des médailles de Syracuse et des Thasiens, à l'effigie de Cérès et de Bacchus, le revers représente de gros épis de froment.

(89). La Ravenelle, *raphanus raphanistrum*, L., qui est originaire de l'Asie, s'est introduite clandestinement dans nos campagnes, lorsqu'on y apporta les Céréales. Les Épinards sont originaires de la Médie. La Lentille, *ervum lens*, L., et le Haricot vulgaire, *phaseolus vulgaris*, L., proviennent probablement de l'Arabie ; les Melons et les Concombres, des bords de l'Euphrate ou du Tigre; le Lilas, *syringa Vulgaris*, L., arriva d'abord de l'Asie à Vienne, et se répandit ensuite en Europe. La Tulipe fut transportée de l'Orient en Europe. Le Lis, *lilium candidum*, est originaire des montagnes de la Syrie. Le Saule pleureur, *salix babylonica*, L., fut répandu des plaines de la Babylonie en Europe, par le poëte A. Pope, qui l'avait reçu de Smyrne. La tradition rapporte que le père de tous nos Orangers d'Europe se voit encore dans le couvent de Sainte-Sabine, sur le Mont-Aventin, à Rome, où l'on prétend qu'il fut planté par saint Dominique en 1200. L'Hortensia, que Commerson dédia à Hortense Lepaute, qui s'appliquait avec distinction à l'astronomie, est originaire du Japon, d'où il n'arriva qu'en 1788. C'est de cette île que nous provient aussi le Camélia, qui en fut rapporté par le R. P. Caméli. Le Mexique nous fournit une abondance de Cactus. Le Dahlia fut importé d'Amérique et nommé ainsi en l'honneur d'un botaniste suédois, André Dahl.

(90). Voici comment un savant botaniste allemand décrit l'établissement de la végétation sur les rochers nus. « Si nous observons la surface d'un fragment de granit récemment mis à nu, nous trouvons que, grâce à une petite quantité d'eau atmosphérique saturée d'ammoniaque et d'acide carbonique, une plante microscopique s'y développera bientôt. C'est la pierre aux violettes; un enduit pulvérulent d'un rouge écarlate, qui la recouvre, dégage, lorsqu'on la frotte, une odeur de violette. Ces fragments de rocher, recouverts de la plante, sont un objet de recherches pour ceux qui visitent les contrées montagneuses. Par la mort successive et la décomposition de ces petites plantes, il se forme peu à peu une mince couche d'humus capable de fournir de la nourriture à une certaine espèce de Lichens brunâtres. Ces Lichens, qui recouvrent de grands espaces près des mines de Fahlun et de Dannemora, en Suède, et qui, par la sombre couleur qu'ils impriment à toute la contrée d'alentour, font ressembler ces anciens puits abandonnés aux noires demeures de la mort, ont été appelés par les botanistes Lichens de Fahlun, *Parmelia stygia*, Ach. Mais ce ne sont point des messagers de la mort ; par leur décomposition, ils préparent le sol pour la petite et élégante Mousse des Alpes, à laquelle succèdent bientôt des mousses plus vertes et plus grandes, jusqu'à ce que le sol soit suffisamment préparé pour recevoir la Camarine, *empetrum nigrum*, le Genévrier et enfin le Sapin.

C'est de cette manière que, peu à peu, une couche d'humus s'épaissit et recouvre la pierre nue ; qu'une végétation de plus en plus forte succède à des Lichens imperceptibles, qui tous se nourrissent des éléments que condense ce nouveau terrain. (SCHLEIDEN. *La plante.* Paris, 1859, p. 184.)

Dans ma jeunesse j'ai traversé la célèbre vallée de Goldau, en Suisse, où, vingt ans avant, une montagne entière s'était affreusement éboulée, en écrasant plusieurs villages et en couvrant un immense espace, d'énormes fragments de ses rocs brisés. Déjà alors toutes ces roches, peu de temps avant absolument dénudées, étaient recouvertes d'une luxuriante végétation, et la tortueuse route si accidentée que l'on avait frayée au milieu de cette vaste nappe de débris, était partout riante et fraiche, couverte de sapins et d'arbustes du plus charmant aspect.

M. Boussingault cite un exemple analogue qu'il observa en Amérique. En dix ans, un éboulement de roches porphyriques s'était recouvert de massifs d'Acacias. (BOUSSINGAULT. *Économie rurale.*)

(91) Cette assertion est basée sur les expériences de Sternberg, qui a vu, dit-il, des grains de blé extraits de tombeaux égyptiens donner naissance à de nouveaux épis. — Schacht, professeur à l'université de Bonn, paraît admettre ce fait comme positif. (SCHACHT. *Les arbres.* Bruxelles, 1862, p. 51.)

Il faut cependant dire aussi que MM. Vilmorin et Payen

ont pensé que ce fait était contestable. Le célèbre chimiste prétend même que la faculté germinative du blé ne s'étend pas au delà de soixante ans.

Cependant un expérimentateur anglais m'a envoyé, il y a une vingtaine d'années, des tiges de blé qu'il m'assura être provenues de grains recueillis dans un sacorphage égyptien. Ces chaumes avaient une hauteur de plus du double de celle de notre céréale et offraient des épis ayant des caractères particuliers.

Cependant, comme le fait judicieusement observer M. Louis Figuier, dans l'excellent ouvrage de botanique qu'il vient de publier, il faut se tenir en garde contre de tels prodiges; trop de fois, en semblable matière, la malignité du vulgaire a trompé la bonne foi de certains savants. (*Histoire des Plantes*. Paris, 1865, p. 198.)

(92) La géologie a pour objet l'étude de l'origine et de la structure du globe.

Cette science fut assez avancée chez les Égyptiens. Foulant un sol formé par les alluvions, ils pensèrent naturellement que la terre était sortie de l'eau. Les Mages insinuèrent cette idée à Orphée, qui l'émit dans ses hymnes. C'est aussi à leur école que le philosophe Thalès prit cette doctrine qu'il professa dans la suite et qui s'identifia avec l'antiquité : déjà Hésiode, dans les temps nébuleux de la Grèce, donnait à l'Océan le nom de *Père de l'univers*.

Durant le dix-huitième siècle, les théories sur la formation de la terre surgirent de tous côtés. Whiston, en 1696, prétendit que celle-ci avait été produite par la condensation de l'atmosphère d'une comète abandonnée dans l'espace. Demaillet, renouvelant les idées des peuples des bords du Nil, en donnant une origine aquatique à notre globe, professait, au milieu d'un tissu d'absurdités, que l'espèce humaine n'était même qu'une transformation des poissons, et qu'elle se trouvait encore, dans quelques parages océaniens, incomplétement métamorphosée, et présentant à la fois un mélange de ses deux natures. Malgré le discrédit dans lequel tomba l'hypothèse de Demaillet, la fluidité primitive du globe n'en fut pas moins soutenue avec un talent remarquable par beaucoup de savants allemands, et aussi par notre célèbre Lamarck.

Kepler, illustré par tant de découvertes, regardait la terre comme un grand être animé dont toutes les molécules étaient douées de mouvement et de vie. Les montagnes schisteuses représentaient les organes respiratoires de cette immense machine vivante ; les volcans expulsaient ses déjections, et les métaux n'étaient que le résultat de ses maladies.

Mais de toutes les théories, celle qui obtint le plus de crédit fut celle de Buffon. Ce naturaliste considéra la terre comme n'étant qu'un fragment incandescent ravi au soleil par le choc d'une comète, et qui, en bondissant au sein de l'espace, s'était enfin enchaîné dans son cycle, quand l'attraction planétaire contre-balança sa force de projection ; fragment solaire qui, d'abord liquide, prit par sa rotation la figure d'un sphéroïde aplati vers les extrémités de son axe ; figure que les lois de la mécanique devaient lui imposer ; de là, cet aplatissement de la terre vers ses pôles, qui est exprimé par 1/310ᵉ de son diamètre, ou neuf lieues environ.

(93) Dans les archives scientifiques de presque toutes les époques, on trouve des indices sur les soulèvements du globe. Les savants grecs et ceux de Rome se doutèrent eux-mêmes de ce fait capital. Aristote dit que, dans certaines circonstances, *la terre s'enfle et se soulève avec fracas, à l'instar des flots qu'agite la tempête.* Dans son important ouvrage de géographie, Strabon rapporte que, dans quelques pays, le sol s'abaisse et s'élève successivement.

Un philosophe persan qui vivait au dixième siècle, Ferdoucy, est encore plus explicite à ce sujet.

Les soulèvements se trouvent aussi indiqués dans un

Traité des machines de guerre produit par un moine du quinzième siècle. Mais ce fut l'anatomiste Sténon qui décrivit nettement ceux-ci. Cependant la gloire de placer ce fait à la hauteur d'une démonstration était réservée à Élie de Beaumont et à de Buch.

Quelques-uns de ces soulèvements ne datent que d'une époque peu reculée. Il en est même qui sont contemporains de l'existence de l'homme.

Tel a peut-être été, selon M. Beudant, le soulèvement qui a donné naissance à l'Etna, au Vésuve et au Stromboli. Tels sont certainement ceux qui ont formé Monte-Nuovo et le Jurullo, ce grand volcan du Mexique.

(94) Les Trilobites, crustacés marins, appelés ainsi à cause de leur corps composé de trois lobes distincts, étaient presque les seuls êtres, avec quelques rares coquilles, qui peuplassent les mers de l'époque Silurienne.

Aujourd'hui, on ne rencontre aucuns Crustacés analogues à ces espèces détruites.

Par un heureux hasard, quoique des milliers et peut-être des millions d'années nous séparent de l'époque à laquelle existèrent les Trilobites, les géologues en ont parfois rencontré des échantillons si bien conservés, qu'on pouvait discerner sur eux la délicate structure des yeux. On a reconnu que ces organes étaient exactement faits sur le même plan que ceux des Crustacés qui peuplent actuellement nos mers.

Ces données suffisent pour établir un parallèle entre les points extrêmes de la création ; aussi Buckland, d'après l'examen de cet appareil, a-t-il audacieusement posé les conditions physiques dans lesquelles se trouvait le globe, au momoment où ces singuliers Crustacés l'ont animé. « Les conséquences auxquelles ces faits nous conduisent, dit-il, n'intéressent pas seulement la physiologie animale ; elles nous instruisent aussi sur la condition des mers et de l'atmosphère des temps anciens et sur les rapports de la lumière avec l'un et l'autre de ces deux milieux, à cette époque reculée où les animaux marins les plus anciens étaient pourvus d'organes de vision dont les arrangements optiques les plus minutieux étaient les mêmes qui servent encore maintenant à transmettre la sensation de la lumière aux Crustacés du fond de nos mers actuelles. »

« Relativement à la nature des eaux où vivaient les Trilobites, pendant la période de transition tout entière, nous arrivons à cette conclusion que ce n'était pas ce liquide imaginaire, trouble, formé d'un chaos d'éléments en désordre, dont les précipitations, au dire de certains géologues, auraient produit les matériaux constituant l'écorce du globe. Car le liquide, au fond duquel les yeux de ces animaux remplissaient leurs fonctions, quel qu'il fût, devait être assez pur et assez transparent pour livrer passage à la lumière jusqu'à ces organes visuels que nous retrouvons aujourd'hui dans un état si parfait de conservation et dont la nature nous est si bien connue.

« Nous pouvons arriver à des conclusions analogues relativement à la lumière elle-même ; car cette ressemblance entre l'organisation des yeux aux âges primitifs et à l'époque actuelle, nous est une preuve que les relations mutuelles de ces organes et des rayons qui leur transmettaient l'impression des objets extérieurs, étaient au fond des mers primitives ce qu'elles sont au fond des mers actuelles. »

(95) Après avoir jeté un regard curieux et investigateur sur les antiques forêts d'où sont dérivées nos houillères, on a voulu en apprécier la durée et l'ancienneté. M. Chevandier, en supputant le produit de deux plantations de Hêtre pendant une période d'années, trouva que le carbone de nos forêts contemporaines, en cent ans, ne formerait sur un hectare qu'une couche de houille de sept lignes d'épaisseur. Cette donnée a suffi à quelques statisticiens plutôt curieux

que rigoureusement savants, pour limiter quelle a dû être la durée des forêts dont le dépôt forme notre Charbon de terre. Ils sont arrivés à supposer qu'elles ont concentré le produit d'une végétation qui a eu 672 788 ans de durée. Bischoff s'est adonné à d'autres calculs ; le savant physiologiste allemand a voulu fixer quel nombre d'années nous séparaient de la période Houillère. Selon lui, il faut faire remonter à 9 millions d'années de notre ère le dépôt de nos couches carbonifères. Mais il est évident que ces calculs, de même que les précédénts, ne doivent être considérés que comme d'audacieuses investigations sans la moindre rectitude scientifique.

(96) Aujourd'hui l'atmosphère ne contient que 1/1000 d'acide carbonique, et selon M. A. Brongniart, à l'époque carbonifère, il s'y en trouvait peut-être 7 à 8/100. Cet acide étant l'indispensable aliment de la végétation, car il lui fournit tout son carbone, sa présence explique facilement le grand développement des forêts autédiluviennes de cette période. Et comme une telle quantité de cet acide eût été évidemment mortelle pour les animaux élevés, tels que les mammifères et les oiseaux, on n'en rencontrait aucun alors. On ne vit apparaître les reptiles et les mammifères, que quand, à force d'employer de l'acide carbonique pour s'alimenter, les végétaux eurent assez épuré l'atmosphère pour permettre à l'animalité de s'y trouver plus à l'aise.

Mais cette réduction de l'acide carbonique de l'atmosphère devait avoir ses bornes, car sans cela il était nécessairement appelé à s'épuiser, et, par conséquent, la végétation à disparaître. Cette fin fatale ne peut être à craindre, selon M. Brongniart; nous en sommes arrivés à une époque où l'atmosphère reste parfaitement stable. Les forêts devenues considérablement moins étendues et les animaux à respiration aérienne étant apparus en masses, il en résulte que les végétaux absorbent autant d'acide carbonique que les animaux en produisent, et qu'ils émettent autant d'oxygène que ceux-ci en absorbent; de là l'équilibre.

(97) Dans son bel ouvrage, M. Louis Figuier dit que « La nouvelle Sibérie et l'île de Lachou ne sont pour la plus grande partie qu'une agglomération de sable, de glace et de dents d'éléphants. A chaque tempête, la mer jette sur le rivage de nouvelles quantités de défenses de Mammouth. » (*La Terre avant le déluge*, 1863, p. 346).

Dans leurs excursions sur la côte nord de l'Amérique, les Russes en ont aussi rencontré d'amples gisements. Les matelots de l'équipage de Kotzebue s'en servaient pour faire du feu.

De temps immémorial, même à une époque où l'existence de l'Éléphant était pour elles un mystère, les nations occidentales employaient l'ivoire à de nombreux usages; et, chez elles, celui-ci était rangé parmi les objets de luxe : cela avait surtout lieu en Syrie, en Grèce et à Rome.

Les Phéniciens et les Étrusques étaient célèbres par l'art avec lequel ils lui donnaient les plus belles teintes de la pourpre; et longtemps avant la guerre de Troie, les souverains en ornaient leurs palais et leurs temples. La couche de Pénélope, le trône d'Ulysse et les portes du palais de Ménélas étaient incrustés avec cette précieuse substance. (*Odyssée*, IV, 73, et *Iliade*, IV, 141). A Jérusalem, celle-ci n'était pas moins recherchée. Salomon s'était fait faire un trône d'ivoire rehaussé d'or. Quelques maisons de Jérusalem en étaient fastueusement ornées, à ce que rapporte le prophète Amos. Achab lui-même en avait décoré l'extérieur de son habitation (Psalm. XLIV, 9).

Les flottes de Salomon et d'Hiram, qui commerçaient avec les rivages d'Ophir et de Tharsis, en rapportaient de l'ivoire parmi leurs marchandises précieuses. Et à Tyr cette substance était si commune que ses riches habitants en embellissaient leurs barques de plaisir (Ezéch., XXVII, 6).

Les statuaires grecs ont à diverses fois employé cette matière dans la production de leurs chefs-d'œuvre. Pausanias dit que la statue du Jupiter Olympien de Phidias était sculptée à même l'or et l'ivoire. A Rome, celui-ci était également fort recherché; aussi, dans la Maison d'or de Néron, voyait-on des tables versatiles, dans la confection desquelles on avait allié l'ivoire aux plus précieux métaux. (PAUSANIAS. *Voyage historique en Grèce.*)

Dans l'antiquité, il est évident que cette substance fut toujours considérée comme étant un symbole de la richesse des nations; aussi, la faisait-on figurer dans les cérémonies où l'on voulait en faire parade. Athénée dit qu'à la célèbre pompe de Ptolémée Philadelphe, des Éthiopiens portaient six cents dents d'éléphants, et l'on y admirait plusieurs trônes d'or et d'ivoire. (ATHÉNÉE. *Banquet des savants*, liv. V.)

(98) Bernardin de Saint-Pierre, bien avant M. Fr. Klée, avait exposé un système absolument analogue à celui de ce savant. Il croyait que c'était l'accroissement successif de la végétation tropicale et des glaces polaires qui, tour à tour, faisaient basculer le globe. Ce système, selon notre célèbre écrivain, expliquait aussi les anciennes traditions des prêtres égyptiens dans lesquelles il est dit qu'autrefois le soleil s'était levé où il se couche actuellement. (*Harmonies de la nature.* Paris, 1806, t. II, p. 96.)

(99) Voici quelques fragments des prophéties de la *Vala*, tirées de l'*Edda scandinave*, qui font allusion aux bouleversements du globe.

« Je me souviens de neuf mondes et de neuf cieux, dit la sibylle. Avant que les fils de Bor (les dieux) élevassent les globes, eux qui créèrent le resplendissant Midgaard, le *Soleil luisait au sud.* A *l'Orient* était assise la vieille dans la forêt de fer (les glaces du pôle).... Le soleil se couvre de ténèbres, la terre s'abîme dans la mer ; du ciel disparaissent les étoiles étincelantes ; des nuages de fumée enveloppent l'arbre tout nourrissant; de hautes flammes montent vers le ciel même ; la mer s'élève avec violence jusqu'aux cieux, passe par-dessus les terres..... La terre ni le soleil n'existent plus; l'air est bouleversé par des ruisseaux étincelants..... elle (la sybille) voit pour la seconde fois s'élever de la mer la terre couverte de verdure. (FR. KLÉE. *Le Déluge*, p. 223.)

(100) Scheuchzer, à la fois naturaliste et théologien, décrivit son homme fossile dans sa *Physica sacra*. Là il le représente comme une des plus rares reliques de la race maudite engloutie par le déluge ; et dans son religieux enthousiasme à son aspect, il s'écrie :

> D'un vieux damné déplorable charpente,
> Qu'à ton aspect le pécheur se repente.

Dans ce fragment de squelette, le savant suisse prétendait retrouver des vestiges du frontal, des débris du cerveau et un fragment notable de l'os maxillaire et de la racine du nez.

L'autorité de Camper et de Cuvier a renversé tout cet échafaudage. (CUVIER. *Ossements fossiles*.)

(101) M. Boucher de Perthes vient de faire une découverte aussi heureuse qu'inespérée, qui confirme ses prévisions. On lit dans le journal *les Mondes* qu'il a enfin trouvé dans le Diluvium des environs d'Abbeville des ossements humains mêlés à des instruments en silex. Ces précieux vestiges consistent en une dent et une mâchoire d'homme, rencontrés à 4 mètres 52 centimètres de la superficie du sol. (*Les Mondes*, 1863, p. 257.) De l'assentiment des naturalistes anglais et français qui ont observé ces vestiges, le doute n'est plus permis; ils appartiennent à une race d'hommes antérieure au déluge.

Dans une note récemment lue à l'Académie des sciences,

M. de Vibraye croit pouvoir affirmer que jusqu'au Diluvium inférieur, l'homme s'associe aux *ursus spelæus*, *hyena spelæa*, *cervus megaceros*, *rhinoceros tichorhinus*, *elephas primigenius*. (De Vibraye. *Silex Trouvés dans le Diluvium*. Compt. rend. p. 577.)

Un de nos plus distingués archéologues, M. J. M. Thaurin, a découvert, avec mon fils Georges Pouchet, quelques ossements d'éléphants et une défense de l'un de ces animaux dans le Diluvium des environs de Rouen. Mais ils n'ont encore pu y découvrir aucun vestige d'industrie humaine. (Voyez J. M. Thaurin. *Pétrifications antédiluviennes et fossiles diluviens des carrières de Quatremares, de Sotteville et de Saint-Étienne*. Rouen, 1861).

(102) Ce dernier des Mastodontes, ce *père des bœufs*, comme l'appellent les sauvages Schavanais, qui le célèbrent dans toutes les vieilles chansons de la tribu, après avoir été simplement blessé par les foudres, s'est, selon eux, réfugié vers les grands lacs, où il se tient encore caché.

Voici l'une de ces chansons :

« Lorsque le grand *Manitou* descendit sur la terre, pour voir si les êtres qu'il avait créés étaient heureux, il interrogea tous les animaux. Le Bison lui répondit qu'il serait content de son sort dans les grasses prairies dont l'herbe lui venait jusqu'au ventre, s'il n'avait sans cesse les yeux tournés vers la montagne, pour apercevoir le *père des bœufs* en descendre avec furie, pour dévorer lui et les siens. »

(102 *bis*) Notre savant naturaliste Victor Meunier donne de curieux détails sur les habitations lacustres dans le remarquable ouvrage qu'il vient de publier. Nous les citons textuellement ici :

« A la Nouvelle-Guinée, les Papous bâtissent également sur pilotis ; mais ces pilotis sont enfoncés dans la mer à une certaine distance du rivage, parallèlement à celui-ci, et supportent à huit ou dix pieds au-dessus de l'eau un plancher formé de pièces de bois rondes, qui, à son tour supporte des cabanes circulaires ou carrées, formées de pieux rapprochés et de joncs entrelacés, et recouvertes d'un toit conique ou à deux pans. Un ou plusieurs ponts étroits conduisent à la rive.

« Exactement semblables (sauf la différence d'une station lacustre à une station maritime) étaient les habitudes de ces Pœoniens du lac Prasias que Mégabyse ne put soumettre, et et dont les demeures, au rapport d'Hérodote étaient construites de la manière suivante :

« Ils fixent sur des pieux élevés, enfoncés dans le lac, un « échafaudage bien lié, qui n'a d'autre communication avec « la rive qu'un pont étroit ; chacun, sur cette plateforme, a « sa cabane, où se trouve une trappe qui donne sur le lac, « et, de peur que leurs petits enfants ne tombent à l'eau, ils « les attachent par le pied avec une corde ; le lac est si poissonneux, qu'en y descendant un panier par la trappe, on « le retire à peu près plein de poisson. »

« Telles sont encore, pour en citer un dernier fait, celles de ces Africains, dont la cité aquatique, bâtie dans une crique de la rivière Tsadda, causa tant d'étonnement, il y a une dizaine d'années, au docteur et naturaliste anglais Baikie, faisant alors partie de l'expédition du navire *Pleiad* sur le Niger. »

« A l'approche des étrangers, les habitants sortirent de leurs demeures ayant de l'eau jusqu'aux genoux ; un enfant en avait jusqu'à la ceinture. »

« Nous vîmes de ces huttes, dit le docteur, qui, si elles « sont habitées, obligent leurs habitants de plonger comme « des castors pour en sortir et pour y entrer. Nous n'aurions « jamais imaginé, ajoute-t-il, des créatures raisonnables « formant par goût comme une colonie de castors, ayant les « mœurs des hippopotames et des crocodiles qui infestent les « marais voisins. » VICTOR MEUNIER. *La Science et les Savants en* 1864. Paris, 1865, p. 85.

(103) Nous faisons ici allusion aux personnages si célèbres de Faust et de Manfred, qui se ressemblent sous tant de rapports, en cherchant dans les secrets de la cabale la révélation de l'avenir.

Dans divers passages de ses œuvres, Byron exprime le vœu de converser avec les esprits, et de s'élancer loin de la terre et des détails prosaïques de la vie.

« Êtres mystérieux, esprits du vaste univers, ô vous que j'ai cherchés dans les ténèbres et dans les régions de la lumière; vous qui volez autour du globe et habitez dans des essences plus subtiles; vous à qui les cimes inaccessibles des monts, les profondeurs de la terre et de l'océan servent souvent de retraites...., je vous appelle....; réveillez-vous et apparaissez!... » (*Manfred*, act. I, sc. 1re.)

Dans son immense drame, Goëthe s'écrie :

« Esprits qui nagez près de moi, répondez-moi, si vous « m'entendez!... » (*Faust*, act. I, sc. 1re.)

(104) Bremser s'explique ainsi à ce sujet :

« L'esprit était encore trop enchaîné à la matière, et ce n'est qu'après s'être débarrassé de cette dernière, non propice à l'animalisation, qu'il pouvait agir plus librement, et parvenir à la fin à gouverner l'existence corporelle de l'organisation à laquelle il est inhérent; car l'homme animé par l'esprit veut, et sa volonté est une loi pour la matière. Cette assertion souffre cependant quelquefois des exceptions dans certains cas; mais alors l'esprit demande plus que la matière ne peut faire, et nous devons également considérer que l'homme n'est pas un pur esprit, mais seulement un esprit borné par la matière de différentes manières. En un mot, l'homme n'est pas un dieu, mais, malgré la captivité de l'esprit dans sa corporéité, celui-ci est déjà devenu assez libre en lui pour qu'il s'aperçoive qu'il est gouverné par un esprit plus élevé que le sien, c'est-à-dire par un Dieu.

« Il est encore à présumer, dans la supposition qu'il y aurait une nouvelle précipitation, que des êtres beaucoup plus parfaits que ceux qui ont été le résultat des précédentes, seraient créés. L'esprit dans l'homme est à la matière dans la proportion de 50 à 50, avec de légères différences en plus ou en moins, car c'est tantôt l'esprit et tantôt la matière qui domine. Dans une création subséquente, si celle qui a formé l'homme n'est pas la dernière, il y aurait apparemment des organisations où l'esprit agirait plus librement et où il serait dans laproportion de 75 à 25. Il résulte de cette considération, que l'homme a été formé comme tel à l'époque la plus passive de l'existence de notre terre. L'homme est un triste moyen terme entre l'animal et l'ange ; il tend aux connaissances élevées et ne peut pas y atteindre ; quoique nos philosophes modernes le croient quelquefois, cela n'est réellement pas. L'homme veut approfondir la cause première de tout ce qui est, mais il ne peut pas y parvenir : avec moins de facultés intellectuelles, il n'aurait pas la présomption de vouloir connaître ces causes, qui seraient au contraire claires pour lui, s'il était doué d'un esprit plus étendu. »

(105) L'histoire de l'Ambre jaune a récemment été débrouillée par M. Göppert. Ce savant a reconnu que cette matière précieuse, dont l'origine a été si longtemps paradoxale, n'est que la résine produite par une espèce de Conifère antédiluvienne, le *pinites succinifer*. Cet *arbre à Ambre*, qui paraît assez analogue à nos Sapins rouges, distille bien plus abondamment sa résine que ne le font aujourd'hui, dans nos forêts, les végétaux de la même famille. Aussi, en coulant en masses à la surface de ses écorces, souvent ses volumineuses concrétions ont emprisonné quelque Insecte ou quelque Fleur, que laisse apercevoir leur transparence.

Selon K. Müller, on trouve parfois, au milieu des morceaux d'Ambre, de petits cônes de sapins et des débris de tissu ligneux, qu'on reconnait provenir du tronc de quelque espèce se rapprochant beaucoup des Sapins rouges.

Aux époques antédiluviennes, les Pins succinifères formaient, à n'en pas douter, d'épaisses forêts sur les bords de la Baltique; et l'Ambre, enseveli sous ses flots, est aujourd'hui rejeté de sa vieille tombe, par ses plus terribles ouragans. C'est au milieu des brisants et des tempêtes, et à l'aide d'un rude labeur, que le recueillent les pêcheurs. On le trouve mêlé à des bois flottants et à des plantes marines, que l'on enlève aux vagues à l'aide de filets. Quand leur masse est retirée de la mer, les femmes et les enfants y cherchent la substance précieuse.

Dans l'intérieur de l'Europe, on récolte l'Ambre comme les produits fossiles, à l'aide de fouilles. On en trouve des gisements en Suisse, en France, en Pologne et en Italie. Il en existe aussi au Groënland.

Cette substance précieuse découlait si abondamment des Pins qu'elle s'amassait sur le sol en masses souvent considérables. Là cette résine, en se combinant à l'oxygène de l'air, se transformait en Acide succinique.

Le plus gros morceau d'Ambre jaune que l'on connaisse aujourd'hui, se trouve au Muséum d'histoire naturelle de Berlin, et pèse plus de treize livres. On l'estime à une valeur de 10 000 thalers, quoiqu'on ne l'ait cependant payé que le dixième de cette somme, parce que, ainsi que cela se pratique pour les diamants au Brésil, l'Ambre est considéré en Prusse comme la propriété de la couronne. Les rivages de la Baltique, qui sont les plus productifs en Ambre, en fournissent annuellement environ 150 tonnes. *Cosmos*, t. I, p. 329. — K. MULLER. *Merveilles du monde végétal*, t. I, p. 168.

(106) Ces empreintes de gouttes d'eau ont été photographiées par J. Deane, d'après des rochers du Connecticut. Elles sont évidemment dues à des averses tombées sur un sable encore humide et mou qui s'est, plus tard, desséché en se transformant en grès.

Sur d'autres terrains d'Amérique dont on peut voir les

figures dans l'ouvrage de Buckland, on a retrouvé des empreintes de pieds de tortues et de pas de lézards. — BUCKLAND. *La géologie et la minéralogie dans leurs rapports avec la théologie naturelle.* Paris, 1838.

(107) Un de nos plus remarquables écrivains, M. Alfred Dumesnil, que je m'honore de compter au nombre de mes amis, a publié une charmante biographie intitulée : *Bernard Palissy, le potier de terre.* Paris, 1834. Cet ouvrage, écrit avec autant d'esprit que de cœur, nous donne sur cet artiste des détails que chacun voudra y lire soi-même, et dont nous craindrions d'affaiblir le mérite en les citant.

(108) L'idée d'attribuer aux Pèlerins de Rome les coquilles fossiles trouvées dans les montagnes ne fut pas soutenue fort longtemps par le philosophe de Ferney. Il craignait de se fâcher sérieusement avec l'illustre intendant du Jardin des plantes. « Je ne veux pas, écrivait-il, me brouiller avec M. de Buffon, pour des coquilles. » (VOLTAIRE. *Physique*, chap. XV, *Des singularités de la nature.*)

(109) En effet, quand des anatomistes, tels que F. Plater, décrivent sévèrement dans leurs ouvrages des squelettes de géants et les font représenter sur les murs d'un monastère ; quand un érudit, comme le P. Kircher, en donne une série de belles et sérieuses figures dans ses œuvres, il faut avoir une grande raison pour refuser d'y croire. (KIRCHER. *Mundus Subterraneus.* Amsterdam, 1678, p. 59.)

(110) La *Gigantologie* est presque une science spéciale. On possède de curieux ouvrages qui y ont trait, car on a beaucoup écrit sur les géants trouvés dans le sein de la terre ou renfermés dans des tombeaux ; et ceux-ci ont donné lieu à d'acerbes disputes. Les titres de quelques-uns de ces ouvrages suffiront pour en donner une idée. *De gigantibus*,

eorumque reliquiis, atque iis, quæ ante annos aliquot nostra ætate in Gallia repertæ sunt, par J. Cassanione. *Basileæ*, 1580. — *Gigantostéologie* ou *Discours des os de géants*, par N. Habicot. Paris, 1613. — *Antigigantologie* ou *Contre-discours de la grandeur des géants*, par N. Habicot, 1618. — *Histoire véritable du Géant Theutobochus, roy des Theutons, Cimbres et Ambrosins, deffait par Marius, cent cinq ans avant la venüe de notre Sauveur*, par J. Tissot. — *Gigantologie. Histoire de la grandeur des géants*, par Riolan. Paris, 1618. — *Gigantomachie pour répondre à la Gigantostéologie*, par Riolan, 1613.

(111) Près de Bogota, à 2660 mètres au-dessus de la mer, il y a un champ rempli d'ossements de Mastodontes que l'on appelle dans le pays *campo de gigantes*, dans lequel de Humboldt fit exécuter des fouilles avec le plus grand soin. (*Cosmos*, t. I, p. 321.)

(112) Les témérités d'Agricola ont été surpassées par Schleiden. Le vieux minéralogiste de la Souabe n'avait fait que décrire les Génies de la terre, Schleiden les a représentés à l'œuvre. Dans son ouvrage sur *la plante*, on trouve une belle gravure qui montre de petits Gnomes laborieusement occupés pour mettre à nu toutes les richesses de la terre. Les uns piochent la roche pour en tirer de gros troncs de végétaux fossilisés ; d'autres en rassemblent ou en soudent les fragments dilacérés. Chaque Gnome ou Cobale est sous la figure d'un petit mineur laborieux et décrépit. Le fond du tableau est occupé par une cascade qui bondit et écume sur les rochers. (SCHLEIDEN. *La Plante*, pl. 13.)

(113) La théorie de la chaleur centrale donne une explication plausible des volcans et des tremblements de terre, phénomènes qui semblent produits par les efforts des matières en combustion du noyau terrestre, pour crever son

écorce solidifiée, et qui, tantôt ne pouvant réussir qu'à l'ébranler, à la faire vibrer, produisent seulement de violentes oscillations; et tantôt parviennent à la fracasser et à se faire jour au dehors en coulant sous la forme de fleuves de laves embrasées, qui renversent tout sur leur passage.

Quelques savants s'étonnaient que le centre terrestre pût fournir assez de matières aux éruptions. Mais, en y réfléchissant, on voit qu'il ne faut pas une grande contraction de l'écorce du globe pour les alimenter. Les fortes émissions volcaniques ne produisent pas plus ordinairement de mille mètres cubes de laves, et elles sont rarement aussi abondantes. Si l'on supposait ce produit étendu sur toute la superficie de notre planète, il n'y formerait pas une couche de 1/500 de millimètre d'épaisseur. — De là on arrive à conclure qu'une contraction de la terre de un millimètre de son rayon suffirait pour alimenter cinq cents éruptions violentes ; et, en consultant l'histoire des phénomènes volcaniens des dernières époques, on arrive à conclure qu'il a suffi d'une contraction de trois centimètres pour fournir les laves vomies par toutes les éruptions arrivées sur notre planète dans la période de 3000 ans qui vient de s'écouler.

(114) Dans les Cordillères, les volcans ont rejeté un poisson absolument inconnu des naturalistes, c'est le *pimelodes cyclopum*, dont le nom rappelle l'origine vulcanienne. De Humboldt dit que des fièvres pernicieuses qui se déclarèrent dans la ville d'Ibarra, au nord de Quito, furent attribuées à la putréfaction d'un grand nombre de poissons morts que le volcan Imbabaru avait rejetés. (*Cosmos*, t. I, p. 265.)

(115) Les Mulets, plus circonspects et plus rusés, dit de Humboldt, cherchent à apaiser leur soif d'une autre manière. Un végétal de forme sphérique et portant de nombreuses cannelures, le Mélocactus, renferme, sous leur en-

veloppe hérissée, une moelle très-aqueuse ; le Mulet, à l'aide de ses pieds de devant, écarte les piquants, approche ses lèvres avec précaution, et se hasarde à boire ce suc rafraîchissant. Mais ce n'est pas toujours sans danger qu'il peut puiser à cette source végétale vivante. On voit souvent des animaux dont le sabot est estropié par les piquants du Cactus.

A la chaleur brûlante du jour succède la fraîcheur d'une nuit qui égale le jour en durée ; mais les bestiaux et les chevaux ne peuvent même alors jouir du repos. Pendant leur sommeil, des Chauves-Souris monstrueuses se cramponnent sur leur dos comme des vampires, leur sucent le sang et leur occasionnent des plaies purulentes, où s'établissent les Hippobostes, les Mosquites, et une foule d'autres insectes à aiguillon. Telle est l'existence douloureuse de ces animaux, dès que l'ardeur du soleil a fait disparaître l'eau de la surface de la terre. (HUMBOLDT. *Tableaux de la nature*, t. I, p. 39.)

(116) C'est même à leur habitude de sucer le sang des animaux que ces Chauves-Souris doivent le nom de *vampires* que leur donnent les naturalistes. La Condamine assure que ce furent celles-ci qui épuisèrent et détruisirent les premiers troupeaux de bœufs et de moutons qu'on importa dans quelques régions de l'Amérique. L'homme n'est pas à l'abri des attaques de ces Chauves-Souris. Le voyageur d'Azzara en fut plusieurs fois mordu pendant qu'il sommeillait sans abri. Leur blessure est analogue à celle des sangsues. — On ne s'en aperçoit qu'à son réveil, en voyant le sang qui s'est épanché aux environs, et à l'affaiblissement que l'on éprouve.

(117) Ce ne sont pas seulement les Crocodiles et les Jaguars, dit de Humboldt, qui, dans l'Amérique méridionale, dressent des embûches au cheval. Cet animal a aussi parmi

les poissons un ennemi dangereux. Les eaux marécageuses de Béra et de Rastro sont remplies d'Anguilles électriques, dont le corps gluant, parsemé de taches jaunâtres, envoie de toutes parts et spontanément une commotion violente. Ces Gymnotes, c'est leur nom scientifique, ont cinq à six pieds de long ; ils sont assez forts pour tuer les animaux les plus robustes, lorsqu'ils font agir à la fois et dans une direction convenable leurs organes, armés d'un appareil de nerfs multipliés. A Uritucu, on a été obligé de changer le chemin de la *steppe*, parce que le nombre de ces anguilles s'était tellement accru dans une petite rivière, que, tous les ans, beaucoup de chevaux, frappés d'engourdissement, se noyaient en la passant à gué. Tous les poissons fuient l'approche de ces redoutables anguilles. Elle surprennent même l'homme qui, placé sur le haut du rivage, pêche à l'hameçon ; la ligne mouillée lui communique souvent la commotion fatale. Ici, le feu électrique se dégage même du fond des eaux. (HUMBOLDT. *Tableaux de la nature*, t. I, p. 45.)

(118) Dans un mémoire couronné par une académie de province, M. Julia Fontenelle a soutenu que l'air des hôpitaux, et même celui des égouts, avait la même pureté que l'air de nos campagnes.

(119) « Chaque corps organisé, dit Bonnet, se présente à moi sous l'image d'une petite terre où j'aperçois, en raccourci, toutes les espèces de plantes et d'animaux, qui s'offrent en grand sur notre globe. Un Chêne me paraît composé de plantes, d'insectes, de coquillages, de reptiles, de poissons, d'oiseaux, de quadrupèdes, d'hommes même. Je vois monter dans les racines, avec les sucs destinés à sa nourriture, des légions innombrables de germes. Je les vois circuler dans les différents vaisseaux, se loger ensuite dans l'épaisseur de leurs membranes pour les augmenter en tous sens. »

Qui pourrait croire cependant qu'une telle science a eu des continuateurs au dix-neuvième siècle?

C'est cependant ce qui vient d'avoir lieu. M. le vicomte Gaston d'Auvray, pour sauver du naufrage la vieille hypothèse et les théories de M. Pasteur, a supposé qu'il existait dans l'air des myriades d'œufs et de spores dont la vitalité résistait à huit heures d'ébullition et même à la température du rouge blanc!

(119 *bis*) Dans sa *Nouvelle Uranométrie*, Argelander, directeur de l'observatoire de Bonn, dit que sur l'horizon de Berlin, pendant le cours d'une année, on aperçoit 3256 étoiles à l'œil nu. Un astronome de Munster, M. Heis, prétend même que sa vue est si pénétrante, qu'il en aperçoit 4000 de plus que son confrère! D'après de Humboldt, à Paris, on en compte 4146.

Mais grande est la différence, aussitôt que l'on examine le ciel avec des instruments un peu puissants. Ainsi, dans un coin de la constellation des Gémaux, où l'œil le plus exercé n'aperçoit que six étoiles, dans le même espace, une bonne lunette en fait découvrir plus de 3000 entassées.

(120). Quoique Newton reporte aussi à Chiron l'invention des constellations, cependant, nous devons dire que, déjà dans la Bible, il est question de plusieurs de celles-ci, à une époque antérieure de quelques années à celle où vécut le célèbre Centaure. Dans le livre de Job, il est déjà question des constellations d'Orion, des Pléiades et des Hyades. Le groupement des étoiles remonterait donc à près de trois mille trois cents ans. (ARAGO. *Astronomie populaire*, t. I, p. 346.)

(121) On trouve aussi sur les monuments de l'ancienne Égypte des indices du groupement des constellations. Mais on sait actuellement que quelques-uns de ces monuments

remontent beaucoup moins haut qu'on ne l'avait cru d'abord.

(122) Les anciens rattachaient diverses idées à chacun des signes du zodiaque.

Le Taureau, chez les Grecs, rappelait l'enlèvement d'Europe par Jupiter.

Le soleil, en arrivant dans le signe du Cancer, indiquait, par sa marche rétrograde vers l'équateur, le mode de progression de ce Crustacé.

Selon M. J. Coulier, les Égyptiens, par le signe du Lion, voulaient rappeler les grandes chaleurs qui se produisent vers le solstice d'été, moment où les lions abondent et sont très-dangereux en Éthiopie.

La Vierge, pour les Égyptiens, n'était que l'emblème de la déesse Isis.

La Balance indiquait anciennement le lieu où le soleil se trouve à l'équinoxe d'automne, au moment où les jours et les nuits ont une égale durée.

Le signe du Sagittaire rappelle sans doute l'époque des chasses; car c'est alors qu'on se livre à celles-ci avec d'autant plus d'ardeur, que le soleil arrive dans ce signe. (J. COULIER. *Dictionnaire d'Astronomie*. Paris, 1824.)

(123) Au dix-septième siècle, Weigel, professeur à l'Université de Iéna, par une basse flatterie, proposa de substituer aux douze constellations zodiacales des figures héraldiques représentant les écussons de douze des plus illustres maisons de l'Europe. Sa tentative fut repoussée unanimement.

(124) Il semble en effet, qu'à l'endroit du ciel où se trouvent les Sacs à charbon, il y ait une absence totale d'étoiles, hiatus dans l'univers sidéral.

(125) Le premier télescope de grande dimension qui fut construit, fut celui de John Herschell. Mais celui-ci a été beaucoup plus célèbre à cause de ses grandes dimensions que par ses services scientifiques.

En 1802, le baron de Zach allait même jusqu'à prétendre que « cet instrument colossal n'avait été d'aucune utilité; qu'il n'a pas servi à une seule découverte, et qu'on doit le considérer comme un objet de pure curiosité. » (*Correspondance mensuelle*. Janvier 1802.)

Le tube de cet instrument ayant une extrême pesanteur, on ne parvint à lui imprimer ses mouvements qu'à l'aide d'un mécanisme fort compliqué. C'était une combinaison de mâts et d'échelles formant une gigantesque pyramide.

L'exagération en augmentait encore les proportions, et celle-ci était telle qu'on crut un jour à Londres que J. Herschell avait donné un bal dans l'intérieur de son télescope. On avait confondu l'illustre astronome avec un brasseur du même nom, et le grand télescope avec un tonneau à bière dans lequel ce dernier avait fait, en effet, danser ses amis. Il eût été assez difficile de transformer le tuyau astronomique d'Herschell en salle de bal, car son diamètre n'était que de 1 mètre 47 centimètres.

(126) Euler prétendait que pour apercevoir les plus gros animaux de la lune, il faudrait des télescopes de plusieurs centaines de pieds. Hooke demandait à cet effet des lunettes de 10 000 pieds de longueur (plus de trois quarts de lieue), et projetait d'en construire une. Le télescope de lord Rosse vient démontrer qu'on peut obtenir cet avantage beaucoup plus facilement.

« C'est, dit D. Brewter, une de nos plus merveilleuses combinaisons de la science et de l'art. »

« Ce magnifique instrument est installé au milieu de murailles qui ressemblent à des pans de fortifications. Le tube télescopique a 55 pieds anglais de longueur et pèse 6604 kilogrammes. »

Avec lui, on peut sonder les plus incommensurables profondeurs du ciel. On pense qu'à l'aide de cet instrument on apercevrait facilement un monument de la dimension des pyramides d'Égypte, s'il en existait dans la lune. La surface de cet astre s'y peint presque aussi nettement qu'un paysage terrestre.

Le télescope de lord Rosse, dit M. Babinet, ne rendrait pas sans doute visible un Éléphant lunaire, mais un troupeau d'animaux analogues aux troupeaux de Buffles de l'Amérique, serait très-visible. Des troupes qui marcheraient en ordre de bataille y seraient très-perceptibles. L'observatoire de Paris, Notre-Dame et le Louvre s'y distingueraient très-facilement. Il en faut donc conclure que si nous n'apercevons rien de tout cela dans notre pâle satellite, c'est que sa surface, anciennement toute brûlante, toute volcanique, et aujourd'hui toute glacée, n'a rien possédé ou ne possède rien d'analogue.

(127) Un épisode bien connu, tiré de la vie d'Euler, pourrait démontrer combien le monde réel surpasse l'empire des fictions.

Un ministre protestant de Berlin, qui, dans un de ses sermons, avait employé toutes les pompes d'une fausse éloquence pour peindre la Création, vint un jour trouver le grand physicien. Sa contenance était abattue, et une tristesse profonde semblait avoir glacé tout son être. « La religion est perdue, et toutes les bases de la foi sont ébranlées, dit-il à Euler, qui était son ami. Le croiriez-vous ? J'ai représenté le Créateur dans ce qu'il a de plus beau, de plus poétique et de plus merveilleux ; j'ai cité les anciens philosophes et évoqué la Bible elle-même ! et, cependant, la moitié de mon auditoire ne m'a point écouté, et l'autre moitié a dormi !

— Faites l'expérience que je vais vous indiquer, repartit

Euler; au lieu de puiser la description de l'univers dans les écrits des philosophes, prenez le monde des astronomes et dévoilez la Mécanique céleste, telle que les savants la connaissent.

« Dans le sermon qui a été si irrégulièrement écouté, vous avez, sans doute, cité Anaxagore, qui fait du soleil un astre égal au Péloponèse ? Eh bien ! dites à votre auditoire qu'en suivant des mesures exactes, cet astre est quatorze cent mille fois plus volumineux que la terre. Vous avez sans doute parlé des cieux et dit qu'ils étaient formés d'immenses voûtes de cristal emboîtées ? Dites que celles-ci n'existent pas, car dans leur marche rapide les Comètes les briseraient. Les Planètes, dans vos explications, ne se sont distinguées des étoiles que par les mouvements. Avertissez que ce sont des mondes ; que Jupiter est quatorze cent fois plus gros que la terre et que Saturne l'est sept cent fois. Décrivez l'étonnant anneau qui environne ce dernier, et parlez des lunes multiples qui, comme une heureuse compensation, épanchent leur lumière sur les planètes éloignées du soleil.

« En arrivant aux étoiles et en cherchant à apprécier leur distance de la terre, ne citez pas de lieues, les nombres seraient trop grands et on ne les apprécierait pas. Prenez pour échelle la vitesse de la lumière; dites aux fidèles qu'elle franchit 77 000 lieues par seconde, et ajoutez cependant qu'il n'existe guère d'étoiles dont la lumière nous arrive en moins de trois ans, et qu'il en est quelques-unes dont on a reconnu qu'elle ne nous parvient qu'en trente années. »

Tels furent, en abrégé, les conseils qu'Euler donna à son ami. Celui-ci se détermina à les suivre, et à substituer aux fabuleuses conceptions de l'esprit les documents des savants. Au jour fixé, Euler attendait avec impatience le ministre; mais quel ne fut pas son étonnement lorsqu'il se présenta à lui dans un profond désespoir. « Qu'est-il donc arrivé? s'écria le physicien. — Ah! monsieur Euler, répondit le prédicateur, je suis bien malheureux; ils ont oublié le respect qu'ils devaient au saint temple; ils m'ont applaudi. »

(128) Le volume du soleil est plus de six cent fois plus considérable que le volume de toutes les planètes réunies. Il tourne autour de son axe en vingt-cinq jours et demi.

On peut se faire une idée de l'immense volume de cet astre par rapport à la terre, à l'aide d'une comparaison que cite Arago, dans son *Astronomie populaire.* « Un professeur d'Angers, dit-il, imagina, à cet effet, de compter le nombre de grains de blé de grandeur moyenne qui sont contenus dans la mesure de capacité nommée litre : il en trouva 10 000. Conséquemment, un décalitre doit en renfermer 100 000, un hectolitre 1 000 000, et 14 décalitres 1 400 000. Ayant alors rassemblé en un tas les 14 décalitres de blé, il mit en regard un seul de ces grains, et dit à ses auditeurs : « Voilà en volume la terre, et voici le soleil. » Cette assimilation frappa les élèves de surprise infiniment plus que ne l'avait fait l'énonciatian du rapport des nombres abstraits 1 et 1 400 000.

Si l'on veut mettre en regard le poids du soleil et celui de la terre, l'astronomie les pèse avec autant de précision que si on les mettait chacun dans un des plateaux d'une balance ; voici ce que l'on obtient :

Le poids du soleil est de

2 096 000 000 000 000 000 000 000 000

de tonnes de mille kilogrammes.

Et celui de la terre seulement de

5 875 000 000 000 000 000 000.

La constitution physique du soleil n'a été bien débrouillée que par les astronomes de notre époque. Le corps de cet astre est presque entièrement obscur ; mais il est entouré de trois enveloppes, l'une formée de vapeurs qui le touchent; une autre qui est lumineuse, placée à une grande distance et que l'on appelle *photosphère;* enfin, une troisième qui recouvre celle-ci, et dans laquelle flottent des nuages. Les taches du soleil ne sont formées que par des percées qui se trouvent dans la photosphère et laissent voir le noyau terreux de l'astre.

(129) Le physicien Hartsoeker était déjà beaucoup plus près de la vérité que ne l'était Hésiode. Il prétendait qu'un boulet lancé de la terre, et se mouvant toujours avec la même rapidité qu'il a en sortant du canon, emploierait plus de cent millions d'années pour parvenir à l'une des étoiles du firmament (SAVERIEN. *Histoire des philosophes modernes.* Paris, 1778, p. 134.)

(130) L'Alpha du Centaure (l'une des étoiles les plus rapprochées de nous) qui n'est qu'à environ huit milliards de lieues de la terre, nous envoie sa lumière en trois ans; et la Polaire qui est à plus du soixante-dix mille milliards de lieues, en un demi-siècle.

(131) On peut voir dans Ambroise Paré, jusqu'à quel point les esprits les plus sérieux des derniers siècles se sont laissé égarer au sujet des comètes. L'illustre chirurgien, qui certes n'était pas superstitieux, donne, dans son important ouvrage, les plus fantastiques figures de quelques-uns de ces astres.

Dans son chapitre intitulé des *Monstres célestes*, Ambroise Paré parle de Comètes chevelues, barbues, en bouclier, en lance, en dragon ou en batailles de nuées. Et il y décrit surtout, et y représente, dans tous ses détails, une Comète sanglante qui apparut en 1528. « Cette Comète estoit si horrible, dit-il, si espouuantable quelle engendroit si grand terreur au vulgaire, qu'il en mourut aucuns de peur ; les autres tomberent malades. Elle apparoissoit estre de longueur excessiue, et si estoit de couleur de sang; à la sommité d'icelle, on voyoit la figure d'vn bras courbé tenant vne grande espée en la main, comme s'il eust voulu frapper. Au bout de la pointe, il y auoit trois estoilles. Aux deux costes des rayons de cette comete, il se voyoit grand nombre de haches, cousteaux, espées colorées de sang parmy lesquels il y auoit grand nombre de faces humaines hideuses, auec les barbes et les cheueux hérissez. » (AMBROISE PARÉ. Chap. XXXII.)

(132) Arago, quoique beaucoup moins audacieux que Kepler, fait encore monter assez haut le nombre des Comètes. Il évalue à dix-sept millions et demi le nombre de ces astres qui sillonnent le ciel dans l'espace qui sépare le soleil et Neptune, c'est-à-dire jusqu'aux confins de notre système.

(133) Selon de Humboldt, la chevelure des comètes de 1819 et de 1823, aurait atteint notre atmosphère. On suppose qu'il en a été de même de la dernière grande comète qui a été observée dans nos latitudes.

(134) L'un des hommes qui honorent le plus la science italienne, l'illustre Mantegazza, dans des travaux qui resteront à jamais célèbres, a démontré victorieusement combien étaient erronées les théories des Panspermites. Et M. Musset, de Toulouse, et l'illustre professeur Joly, par leurs importantes recherches sur les générations spontanées, ont porté le dernier coup à cette prétendue dissémination des germes. Comp. principalement : PAOLO MANTEGAZZA. *Sulla generatione spontanea*. Milan, 1864. — CH. MUSSET. *Nouvelles recherches expérimentales sur l'hétérogénie*. Toulouse, 1862. — V. JOLY. *Examen critique du mémoire de M. Pasteur*. Tououse, 1863

M. Castoldi, de Milan, a aussi, dans un savant mémoire critique, démontré toute l'inanité des hypothèses de M. Pasteur. EZEO GASTOLDI. *I fenomeni della generatione spontanea.* Milan, 1862.

FIN

TABLE DES MATIÈRES.

I.

LE RÈGNE ANIMAL.

II.

LE RÈGNE VÉGÉTAL.

III.

LA GÉOLOGIE.

IV.

L'UNIVERS SIDÉRAL.

BIBLIOTHÈQUE ... IMPÉR...

FIN DE LA TABLE DES MATIÈRES.

7854. — IMPRIMERIE GÉNÉRALE DE CH. LAHURE
Rue de Fleurus, 9, à Paris.

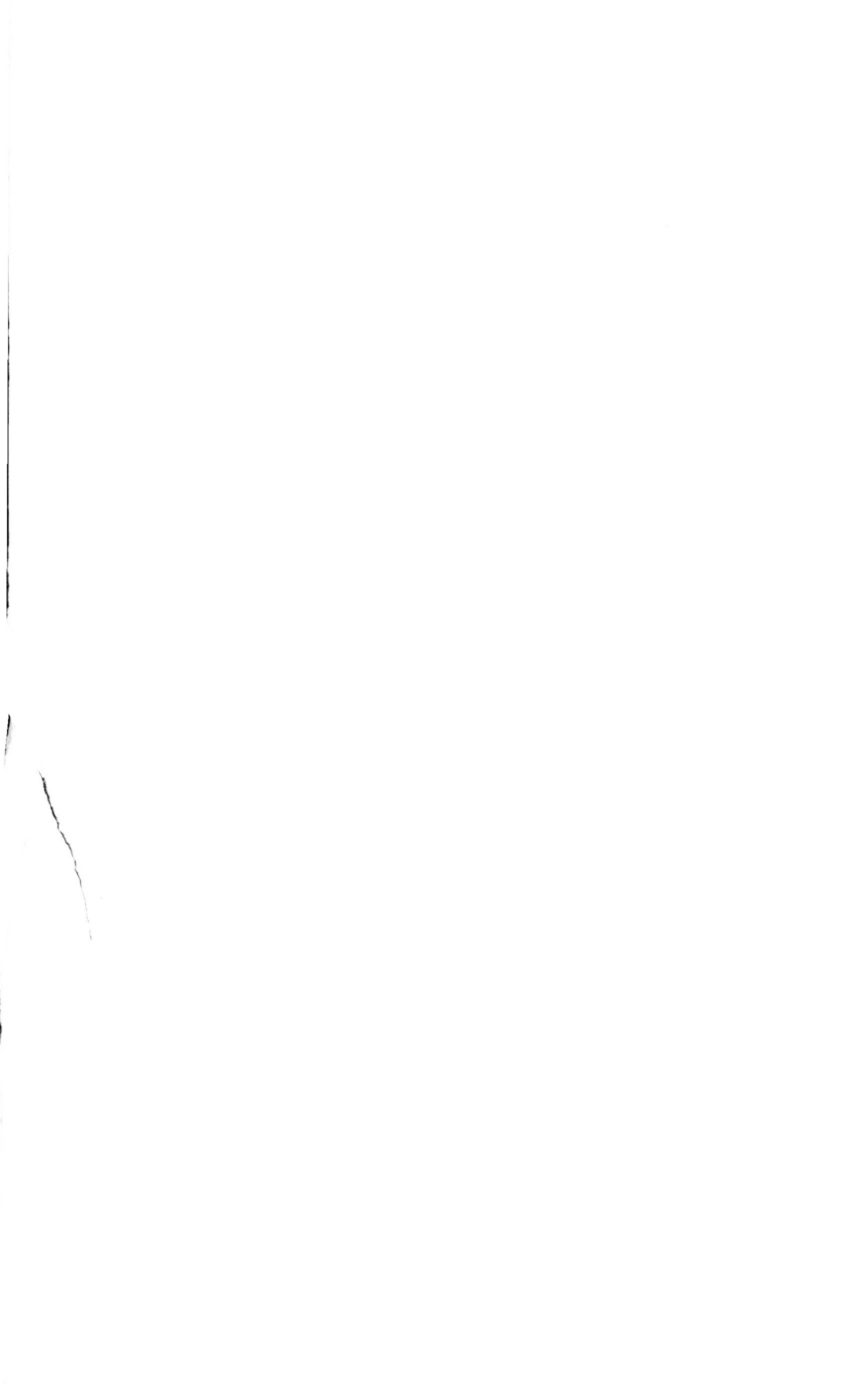

www.ingramcontent.com/pod-product-compliance
Ingram Content Group UK Ltd.
Pitfield, Milton Keynes, MK11 3LW, UK
UKHW020257230726
13925UKWH00001B/90

9 782013 697903